Offshore-Kompetenz

Berufliche Bildung in Forschung, Schule und Arbeitswelt

Vocational Education and Training: Research and Practice

Herausgegeben von Matthias Becker und Georg Spöttl

Band 9

Zur Qualitätssicherung und Peer Review der vorliegenden Publikation	*Notes on the quality assurance and peer review of this publication*
Die Qualität der in dieser Reihe erscheinenden Arbeiten wird vor der Publikation durch externe, von der Herausgeberschaft benannte Gutachter im Blind Verfahren geprüft. Dabei ist der Autor der Arbeit den Gutachtern während der Prüfung namentlich nicht bekannt.	Prior to publication, the quality of the work published in this series is blind reviewed by external referees appointed by the editorship. The referees are not aware of the author's name when performing their review.

Torsten Grantz / Frank Molzow-Voit /
Georg Spöttl / Lars Windelband

Offshore-Kompetenz

Windenergie und Facharbeit –
Sektorentwicklung und Aus- und Weiterbildung

Bibliografische Information der Deutschen Nationalbibliothek
Die Deutsche Nationalbibliothek verzeichnet diese Publikation
in der Deutschen Nationalbibliografie; detaillierte bibliografische
Daten sind im Internet über http://dnb.d-nb.de abrufbar.

Das diesem Bericht zugrundeliegende Vorhaben wurde mit Mitteln
des Bundesministeriums für Bildung und Forschung unter dem
Förderkennzeichen 21BBNE05 gefördert. Die Verantwortung für
den Inhalt dieser Veröffentlichung liegt beim Autor.

Unter Mitwirkung von: Heike Arold, Marius Klein und Tim Richter
Bremen: Institut Technik und Bildung (ITB), Universität Bremen, 2013

ISSN 1865-844X
ISBN 978-3-631-64317-4 (Print)
E-ISBN 978-3-653-03845-3 (E-Book)
DOI 10.3726/978-3-653-03845-3

© Peter Lang GmbH
Internationaler Verlag der Wissenschaften
Frankfurt am Main 2013
Alle Rechte vorbehalten.
Peter Lang Edition ist ein Imprint der Peter Lang GmbH.
Peter Lang – Frankfurt am Main · Bern · Bruxelles · New York ·
Oxford · Warszawa · Wien

Das Werk einschließlich aller seiner Teile ist urheberrechtlich
geschützt. Jede Verwertung außerhalb der engen Grenzen des
Urheberrechtsgesetzes ist ohne Zustimmung des Verlages
unzulässig und strafbar. Das gilt insbesondere für
Vervielfältigungen, Übersetzungen, Mikroverfilmungen und die
Einspeicherung und Verarbeitung in elektronischen Systemen.

Dieses Buch erscheint in der Peter Lang Edition
und wurde vor Erscheinen peer reviewed.

www.peterlang.com

Inhalt

Abbildungsverzeichnis 9
Tabellenverzeichnis 11
1   **Einleitung** 13
    1.1   Ausgangssituation in der Offshore-Windenergie 13
    1.2   Facharbeit und Technik als Gegenstand der Berufsbildung 17
    1.3   Sektoranalyse als methodischer Forschungsansatz 17
2   **Nachhaltigkeit als Leitziel der Energiewirtschaft** 20
    2.1   Ziele und Strukturen regenerativer Energiegewinnung 20
    2.2   Zum Prinzip der Nachhaltigkeit 22
    *2.3   Staatliche/politische und rechtliche Rahmenbedingungen
          zur ökologischen Energiegewinnung* 26
        2.3.1   Das Erneuerbare-Energien-Gesetz (EEG) 26
        2.3.2   Genehmigungsverfahren für Offshore-Windparks 29
    2.4   Zusammenhang zwischen Nachhaltigkeit, Facharbeit und Berufsbildung ... 32
3   **Der Sektor der Offshore-Windenergie und seine Strukturen** 36
    3.1   Ein geschichtlicher Exkurs 36
    3.2   Abgrenzung, Definition und Strukturen des Offshore-Windenergiesektors ... 38
        3.2.1   Abgrenzung und Definition 38
        3.2.2   Struktur und kategorisierte Bereiche 43
    3.3   Einordung der Offshore-Windenergie in den Bereich der regenerativen Energien . 45
        3.3.1   Daten und Statistiken zur Offshore-Windenergie 45
        3.3.2   Entwicklungstendenzen in der Offshore-Windenergie 51
4   **Organisation, Unternehmen, Beschäftigung und Verbandsstrukturen** ... 55
    4.1   Kooperation in der Offshore-Windenergie am Beispiel von Alpha Ventus ... 55
    *4.2   Exemplarische Darstellung von Wertschöpfungsketten
          in der Offshore-Windenergie* 60
    4.3   Struktur des Subsektors Offshore-Windenergie 62
    4.4   Unternehmen in der Offshore-Windenergie 64
    4.5   Beschäftigung und Berufsstrukturen im Sektor 71
        4.5.1   Beschäftigtenzahlen 71

| 4.5.2 | Fachkräftesituation | 72 |
| 4.5.3 | Berufsstrukturen und -abschlüsse | 74 |

4.6 Rolle und Strukturen der Arbeitgeberverbände und der Sozialpartner im Windenergiesektor ... 76

4.6.1	Arbeitgeber- bzw. Unternehmensverbände	76
4.6.2	Verbandsstrukturen	77
4.6.3	Sozialpartnerschaft in Deutschland	79
4.6.4	Berufsgenossenschaften und deren Aufgaben	82

5 Technik, Technologien und Facharbeit – Herausforderungen und Tendenzen ... 84

5.1 *Aufbau von Windenergieanlagen (WEA) ... 84*

5.2 *Von Onshore zu Offshore – Windturbinen für den Offshore-Einsatz ... 89*

5.3 *Fundamente für Offshore-Windenergieanlagen und Windparkaufbau ... 94*

5.3.1	Schwerkraftgründung	94
5.3.2	Monopile-Gründung	95
5.3.3	Tripod-Gründung	95
5.3.4	Jacket-Gründung	96
5.3.5	Tripile-Gründung	97
5.3.6	Windparkaufbau und elektrisches System	98

5.4 *Aufbau und Betrieb von Offshore-Windparks (OWP) ... 100*

5.4.1	Errichtung von OWP	100
5.4.2	Betrieb von OWP	102
5.4.3	Hafen-Infrastruktur	104

5.5 *Technologische Innovationen der WEA-Technik ... 105*

5.6 *Facharbeit in der Offshore-Windenergie ... 106*

5.6.1	Kernarbeitsprozesse während der Errichtung und Inbetriebnahme	108
5.6.2	Kernarbeitsprozesse während der Instandhaltung von WEA	114
5.6.3	Beispiel eines Arbeitsprozesses von Fachkräften im Service von WEA	121
5.6.4	Maritime An- und Herausforderungen an die Facharbeit	126
5.6.5	Aufgaben und Aufgabenfelder in der Windenergie	131

6 Untersuchungen zur Qualifikation, Ausbildung und Weiterbildung ... 133

6.1 *Unternehmensbefragung ... 133*

6.2 *Stand der Aus- und Weiterbildung ... 134*

6.2.1	(Erst-) Ausbildungssituation in Unternehmen	134
6.2.2	Einsatzgebiete gewerblich-technischer Fachkräfte	136
6.2.3	Anforderungen der Unternehmen	138
6.2.4	Aktuelle Initiativen und Maßnahmen hinsichtlich einer sektorspezifischen Erstausbildung	141
6.2.5	Fort- und Weiterbildungssituation der befragten Unternehmen	143
6.2.6	Fort- und Weiterbildungsangebote im Sektor	145
6.2.7	Weiterbildung zur Fachkraft zum Aufbau von (Offshore-) Windenergieanlagen	152
6.2.8	Weiterbildung zur Fertigungsfachkraft für Windenergieanlagen	153
6.3	*Bedingungen bei den Lern- und Arbeitsumgebungen im Bereich der Offshore-Windenergie*	*153*
6.3.1	Zur Bedeutung von Lern- und Arbeitsumgebungen	153
6.3.2	Lern- und Arbeitsumgebung „Berufsbildende Schule"	156
6.3.3	Lern- und Arbeitsumgebung „Betrieb"	159
6.3.4	Anforderungen an Lern- und Arbeitsumgebungen	160
6.4	*Situation bei den Lehrkräften im Bereich der Offshore-Windenergie*	*163*
6.4.1	Kompetenzen der Lehrkräfte	163
6.4.2	Didaktisch-curriculare und methodische Voraussetzungen bei den Lehrkräften	170
6.5	*Lernvoraussetzungen der Aspirantinnen und Aspiranten*	*172*
6.5.1	Allgemeinbildende Schulabschlüsse	172
6.5.2	Berufsabschlüsse	173
6.5.3	Bisherige Berufstätigkeit	173
6.6	*Zur Notwendigkeit und Bedeutung berufswissenschaftlicher Forschungen im Sektor der Offshore-Windenergie*	*174*
6.6.1	Bedeutung von Berufsforschung und Berufsbildungsforschung für die berufliche Aus- und Weiterbildung	174
6.6.2	Berufswissenschaft als didaktische Basis der Berufsbildung	175
6.7	*Didaktische Entscheidungsmöglichkeiten zur beruflichen Aus- und Weiterbildung*	*178*
6.7.1	Traditionelle Fachdidaktik	178
6.7.2	Technikzentrierte Berufsbildungskonzepte (Technikdidaktik)	179
6.7.3	Integrative Arbeits- und Technikdidaktik	181

	6.7.4	Didaktische Konzepte im Zusammenhang von (Fach-)Arbeit, Technik und (Berufs) Bildung	186
	6.7.5	Didaktische Konzepte unter besonderer Berücksichtigung der neuen Beruflichkeit	187
6.8		*Didaktische Kategorien und Prinzipien in der nichtakademischen beruflichen Aus- und Weiterbildung*	*188*
	6.8.1	Selbstgesteuertes und selbstorganisiertes Lernen	188
	6.8.2	Kompetenzorientierung	190
	6.8.3	Geschäfts- und Arbeitsprozessorientierung	192
	6.8.4	Zusatzqualifikation/Zusatzausbildung	194
	6.8.5	Handlungsorientierung und Lernfeldkonzept: Didaktische Umsetzung	197
7		**Perspektiven von Technik, Facharbeit und Aus- und Weiterbildung**	**201**
7.1		*Offshore-Ausbau, Fachkräftemangel und Qualifikationsbedarf*	*201*
	7.1.1	Situationsbeschreibung	201
	7.1.2	Erkenntnisse aus der Befragung	202
	7.1.3	Schlussfolgerungen	209
7.2		*Szenarien zur perspektivischen Entwicklung des Sektors*	*211*
	7.2.1	Situationsbeschreibung	211
	7.2.2	Drei Entwicklungswege für den Offshore-Sektor	211
	7.2.3	Fazit	217
7.3		*Perspektiven der Technik und Technologien*	*219*
7.4		*Perspektiven der Facharbeit und der Fachkräfte*	*219*
7.5		*Perspektiven der Aus- und Weiterbildung*	*220*
8		**Zusammenfassung**	**222**
Literatur			**227**
Abkürzungsverzeichnis			**247**

Abbildungsverzeichnis

Abb. 1:	Nordsee-Offshore-Windparks	15
Abb. 2:	Gegenüberstellung der Einspeisevergütungen On- vs. Offshore gemäß EEG-Novelle 2012	27
Abb. 3:	Statistische Systematik der Wirtschaftszweige der Europäischen Gemeinschaft und Ergänzung für die On- und Offshore-Windenergiegewinnung	39
Abb. 4:	Entwicklung der regenerativen Energien von 1990 bis 2010	41
Abb. 5:	Neu installierte Windenergieleistung pro Jahr	42
Abb. 6:	Prognose des Ausbaus der weltweiten Offshore-Windenergiegewinnung	46
Abb. 7:	Länderaufteilung der installierten Offshore-Windleistung in Europa	47
Abb. 8:	Kumulierter Marktanteil 1991-2010 - Europa	48
Abb. 9:	Lernkurvenbasierte Prognose von Stromgestehungskosten erneuerbarer Energien in Deutschland bis 2030	50
Abb. 10:	Probleme bei der Umsetzung von Offshore-Windparks in Deutschland	53
Abb. 11:	Zulieferunternehmen für die sechs Areva Multibrid M5000 Windturbinen für Alpha Ventus	58
Abb. 12:	Zulieferstruktur für Umspannwerk und Peripherie für Alpha Ventus	59
Abb. 13:	Zusammenarbeit beim Aufbau des OWP Alpha Ventus	61
Abb. 14:	Sektorstruktur Offshore-Windenergie mit hervorgehobenen Sektorbausteinen aufgrund des Projektfokus	63
Abb. 15:	Arbeitsplätze Offshore in Deutschland bis 2020	71
Abb. 16:	Verteilung der Arbeitsplätze Offshore auf Produktion und Wartung/Service	73
Abb. 17:	Differenzierung der Mitarbeiter nach ihrer Qualifikation	74
Abb. 18:	Aufbau einer WEA mit Generatorgetriebe	86
Abb. 19:	Blick auf Getriebe, Bremse und Generator einer im Service befindlichen, angehaltenen WEA vom Typ Nordex N100. Zu Wartungszwecken wurde der Funkenschutz der Bremsscheibe demontiert.	88
Abb. 20:	Leistungsentwicklung von Windenergieanlagen in den vergangenen zwei Jahrzehnten	90
Abb. 21:	Siemens Offshore-WEA mit Monopile-Gründung	95
Abb. 22:	Testanlage M5000 mit Tripod bei Bremerhaven	96
Abb. 23:	REpower Offshore Testanlage mit Jacket-Fundament	97
Abb. 24:	Bard 5.0, Nearshore-Anlage bei Hooksiel	98

Abb. 25: Die signifikante Wellenhöhe der Forschungsplattform FINO 1 im Jahr 2010 101

Abb. 26: Montage von Turmsegmenten bei der Errichtung einer Windenergieanlage vom Typ GE 2,75-103 111

Abb. 27: Zuordnung von Einsatzgebieten und Ausbildungsberufen laut Unternehmensbefragung 137

Abb. 28: Gliederung der Fort- und Weiterbildungen für den Windenergiesektor 149

Abb. 29: Anbieter für die Weiterbildung zum Servicemonteur für Windenergieanlagentechnik 151

Abb. 30: Modellvorstellung über eine Lern- und Arbeitsumgebung 155

Abb. 31: Begriff "Berufswissenschaft" aus Sicht der Lehrkräfte des Berufsbildungsbereiches 177

Abb. 32: Tätigkeitsbereich der Windenergieunternehmen 202

Abb. 33: Zuordnung der Unternehmen zur Sektorstruktur 203

Abb. 34: Prognosen für den Offshore-Ausbau der Windenergie 204

Abb. 35: Angaben zum Fachkräftebedarf der Windenergie-Unternehmen 205

Abb. 36: Ausbildungsberuf notwendig? 206

Abb. 37: Sicherung der Qualifikationen der Mitarbeiter 207

Abb. 38: Bedeutung von Weiterbildungsmodulen für die Offshore-Praxis 208

Tabellenverzeichnis

Tab. 1: Anteil der erneuerbaren Energien am gesamten Endenergieverbrauch 2009 und 2010 in Deutschland 21

Tab. 2: Eckdaten erneuerbare Energien in Deutschland 2009/2010 40

Tab. 3: Übersicht über alle deutschen Offshore-Windparks im Betrieb oder Bau 2011 49

Tab. 4: Offshore-Aktivitäten von Herstellerunternehmen 66

Tab. 5: Sozialpartnerschaft im Offshore-Sektor 80

Tab. 6: Beispiele für die Entwicklung von Offshore-Windenergieanlagen 92

Tab. 7: Übersicht der aktuellen Offshore-Windenergieanlagen 93

Tab. 8: Vergleich der Windenergieanlagen 5 MW und 20 MW 106

Tab. 9: Identifizierte Kernarbeitsprozesse bei der Errichtung und Inbetriebnahme von Windenergieanlagen 109

Tab. 10: Identifizierte Kernarbeitsprozesse bei der Instandhaltung von Windenergieanlagen 115

Tab. 11: Berufliche Anforderungen im Offshore-Sektor laut Unternehmensbefragung 140

Tab. 12: Übersicht identifizierter Fort- und Weiterbildungen in Unternehmen in den verschieden Sektorfeldern 144

Tab. 13: Checkliste zur Ausstattung und Gestaltung von Lern- und Arbeitsumgebungen speziell für den schulischen Unterricht im Bereich der Offshore-Windenergie 162

Tab. 14: Handlungs- bzw. Lernsituationen im Handlungsfeld „Instandhaltung an Offshore-WEA" 184

Tab. 15: Gegenüberstellung konzeptioneller Merkmale der Begriffe „Qualifikation" und „Kompetenz" 191

Tab. 16: Beschäftigtenzahlen in den Jahren 2010, 2016 und 2021 211

Tab. 17: Maximal-Szenario für den Fachkräftebedarf in Abhängigkeit der gestellten Gesamtanlagenleistung 213

Tab. 18: Mittleres Szenario für den Fachkräftebedarf in Abhängigkeit der gestellten Gesamtanlagenleistung 214

Tab. 19: Minimal-Szenario für den Fachkräftebedarf in Abhängigkeit der gestellten Gesamtanlagenleistung 216

1 Einleitung

1.1 Ausgangssituation in der Offshore-Windenergie

Nach der „stürmischen" Entwicklung der Energiegewinnung durch Windenergieanlagen (WEA) auf dem Festland erfolgt zurzeit die Ausweitung auf Offshore-Flächen, zumal die politischen Rahmenbedingungen[1] diese Entwicklung auch in absehbarer Zukunft unterstützen werden (vgl. § 31 Abs. 2 EEG). Insbesondere die Beschlüsse in Bundestag und Bundesrat zum Ausstieg aus der Atomenergie bis zum Jahr 2022 infolge der Katastrophe von Fukushima im Jahr 2011 stützen den Willen zum Ausbau der Energiegewinnung durch Offshore-Windenergieanlagen (OWEA). Der zuvor beschlossene teilweise Ausstieg vom Atomausstieg, der bereits bestehende Ausbaupläne und Finanzierungskonzepte durcheinander wirbelte, und die Krise der Kapital- bzw. Finanzmärkte, die gerade für mittlere Unternehmen und deren Investorenkonsortien die notwendigen Mittel für deren Offshore-Pläne bereitstellen sollten, behinderten die Offshore-Entwicklung jedoch wesentlich. Um dem entgegenzuwirken, hat die Bundesregierung über die Kreditanstalt für Wiederaufbau ein Programm aufgelegt, aus dessen Mitteln Offshore-Windparks mit insgesamt 5 Mrd. Euro gefördert werden sollen; gleichzeitig werden weitere flankierende Maßnahmen zum raschen Ausbau der Offshore-Windenergie geprüft (vgl. BMWi/BMU 2010).

Gerade für die tendenziell eher strukturschwachen Regionen im Norden Deutschlands beinhaltet der Auf- und Ausbau der Energiegewinnung auf hoher See große Möglichkeiten zur Ansiedlung neuer Industrien und ganzer Wirtschaftszweige, aber auch die Stützung bestehender und von deutlichen Veränderungsprozessen betroffener wirtschaftlicher Strukturen. So ist davon auszugehen, dass sich u. a. folgende regionalwirtschaftliche Nutzungseffekte einstellen:

- Anstieg der windinduzierten Arbeitsplätze um mehrere 1.000,
- Möglichkeit des Ausbaus der Häfen als Service- bzw. industrielle Fertigungs- und Verschiffungshäfen,

---

1   Mit dem am 01.01.2009 in Kraft getretenen Gesetz für den Vorrang erneuerbarer Energien (Erneuerbare-Energien-Gesetz, EEG 2009) setzt die Bundesregierung u.a. die Vergütung für Offshore-Windenergie fest und schafft damit Rahmenbedingungen für die Errichtung von Offshore-Windparks. Die EEG-Novelle zum 01.01.2012 sieht eine Grund- und eine Anfangsvergütung von insgesamt bis zu 15 ct/kWh erzeugter Energie für 12 Jahre vor. Daneben wird ein optionales Stauchungsmodell bis 01.01.2018 eingeführt. Die Zahlung der Anfangsvergütung von dann bis zu 19 ct/kWh erfolgt über 8 statt 12 Jahre. Anschließend gilt eine von der Wassertiefe und Küstenentfernung abhängige Grundvergütung.

- Einbeziehung der Werften, vieler Mittelstandsbetriebe und der Hochschulen in ein umfassendes Wind-Cluster (vgl. Jarass/Obermair/Voigt 2009, S. 131).

Einhergehend mit dieser Entwicklung resultieren daraus veränderte und neue Anforderungsprofile an berufliche Qualifikationen und Kompetenzen der Beschäftigten im Bereich der Offshore-Windenergiegewinnung.

Für die Regionen und ansässige wie ansiedlungswillige Unternehmen bedeutet der Nachweis des Vorhandenseins entsprechender Bildungsmöglichkeiten und adäquater, regional vernetzter Qualifikationskonzepte der Bildungsinstitutionen einen positiven Standortfaktor. Qualifizierung ergänzt die Wirtschaftsfaktoren wie Steuern, Löhne und Gehälter oder Sozialpartnerschaften und erlaubt die realistische Einschätzung der künftigen Entwicklungsperspektiven eines Standortes (vgl. Schmidt 1996, S. 11). Die Erschließung relevanter beruflicher Kompetenzen und Qualifikationsbedarfe ist demnach von Bedeutung, denn „Lernen im Prozess der Arbeit und das darüber entstehende Wissen sind gegenwärtig für viele Experten unterschiedlichster Disziplinen zur wichtigsten Produktivkraft in einer zunehmend kundenorientierten und globalisierten Ökonomie geworden" (Dehnbostel 2007a, S. 16).

Dabei ist besonders auf das Potenzial der Windenergie mit einem dynamischen Wachstum in den Bereichen Repowering von Onshore-Anlagen und dem Bau von Offshore-Windparks hinzuweisen. Die in der Umsetzung und in der Planung befindlichen Offshore-Projekte können den deutschen Küsten einen ökonomischen Wachstumsschub, aber auch einen Strukturwandel auf dem Arbeitsmarkt bringen. Das Potenzial für Offshore-Windparks beziffert eine Netzstudie der Deutschen Energie-Agentur in der Nordsee auf 18.700 MW und auf der Ostsee auf 1.700 MW (vgl. Deutsche Bank Research 2007, S. 7). Entsprechend groß ist das prognostizierte Gesamtinvestitionsvolumen für die Offshore-Industrie von bis zu 3,4 Mrd. Euro bis zum Jahr 2011, ca. 7,0 Mrd. Euro bis zum Jahr 2013 und ca. 48,0 Mrd. Euro bis zum Jahr 2025 und das erwartete Potenzial für Projektfinanzierungen von 1,6 Mrd. Euro bis zum Jahr 2011, 3,4 Mrd. Euro bis zum Jahr 2013 und 24,0 Mrd. bis zum Jahr 2025 (vgl. PricewaterhouseCoopers 2008). Deutschlandweit waren bereits bis Ende des Jahres 2007 über 90.000 Jobs in dem Sektor On- und Offshore geschaffen worden und es gilt, bis zum Jahr 2020 ein Potenzial von weiteren 112.000 Arbeitsplätzen alleine in der Windbranche zu erschließen (vgl. WAB 2007). Nach Angaben des Branchenverbands „Bundesverband Windenergie" werden bereits heute Ingenieurinnen und Ingenieure sowie qualifizierte Fachkräfte in diesem Wirtschaftssektor gesucht. Dieser Bedarf wird sich im Falle einer Forcierung des Ausbaus der Offshore-Windparks vermutlich erhöhen.

Im Jahr 2009 wurde Deutschlands erster Offshore-Windpark (OWP) mit 12 Anlagen der 5 MW Klasse 40 km nordwestlich der Insel Borkum für eine Investitionssumme von 250 Mio. Euro fertig gestellt. Die Strommenge, die der Forschungswindpark Alpha Ventus jährlich produzieren wird, entspricht dem Verbrauch von etwa 50.000 Haushalten (vgl. Alpha Ventus 2009). Eine Forschungsplattform wurde beim Testfeld errichtet und ermöglicht eine wissenschaftliche Begleitung des Projekts.

Ein weitaus größeres Projekt wird derzeit noch umgesetzt. Die Bard-Gruppe befindet sich mitten in den Installationsarbeiten des ersten kommerziellen Windparks in der deutschen Nordsee. Die Windkraftanlagen werden vom Betreiber an den Standorten Emden, Bremen und Cuxhaven hergestellt. Derzeit sind 59 von 80 Anlagen errichtet, 40 befinden sich am Netz. Damit ist das Feld „Bard Offshore 1" der leistungsstärkste Hochsee-Windpark in Deutschland (vgl. BARD Engineering 2013).

Die Abb. 1 gibt Aufschluss darüber, wie viele OWPs bereits allein vor der Deutschen Nordseeküste projektiert sind und in den nächsten Jahren realisiert werden können.

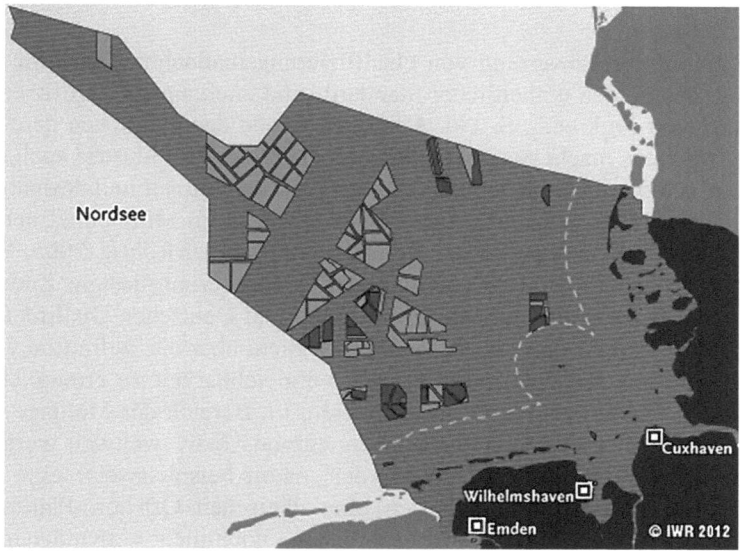

Abb. 1: Nordsee-Offshore-Windparks (Quelle: Internationales Wirtschaftsforum Regenerative Energien 2013)

Begünstigt durch die gesicherte Einspeisevergütung entsprechend der Novelle des Gesetzes für den Vorrang erneuerbarer Energien aus dem Jahr 2012, wird vor den deutschen Küsten eine Vielzahl von Offshore-Windenergieanlagen errichtet. Die dazu notwendigen Kompetenzen bei Facharbeitern/-innen, aber auch bei den Ingenieure(n)/-innen, müssen für eine effiziente Errichtung und einen sicheren Betrieb der Anlagen noch weitgehend entwickelt werden, da anders als bspw. in England, Norwegen oder auch Dänemark, die durch die Öl- und Gasförderindustrie bereits Erfahrungen im Bau derartiger Wasserbauwerke aufweisen können, diese Arbeitsfelder für die hiesige Industrie in weiten Teilen neu sind.

Gleichzeitig sind die Unternehmen der Branche immer weniger bereit, den aufwändigen Weg der innerbetrieblichen Qualifizierung zu gehen und erwarten vom Arbeitsmarkt bedarfsgerecht ausgebildetes Personal (vgl. Klemisch/Bühler 2006, S. 22). Die Herausforderung besteht allerdings darin herauszufinden, welche Qualifikationsprofile für den Bau und Betrieb von Offshore-Anlagen erforderlich sind und welche Rolle der Anlagenbau, die Seeschifffahrt, die Verladung, die Elektrotechnik u. a. spielen (vgl. Stadt Bremerhaven/Stadt und Landkreis Cuxhaven/Windenergie-Agentur Bremerhaven/Bremen e.V. 2004, S. 16). Weiterbildungsangebote konzentrieren sich bislang eher auf Teilaspekte wie Sicherheit, Abseiltechniken oder spezielle Offshore-Trainingsmaßnahmen. Dies sind notwendigerweise integrale Bestandteile eines Qualifizierungsprofils, vernachlässigt werden jedoch die sektorspezifischen, fachlich-technischen Aspekte der eigentlichen Facharbeit.

Eine qualitative Bewertung von Qualifizierungsmaßnahmen wird im Moment noch durch das Fehlen einheitlicher Standards und anerkannter Zertifizierungsverfahren erschwert (vgl. ebd., S. 14). Allein die Größe des möglichen deutschen Investitionsvolumens macht es notwendig, dass die Offshore-Industrie auch auf europäische und internationale Kooperationen und Märkte aufbaut und deshalb von Beginn an internationale Standards und Vergleichbarkeit im Mittelpunkt der Qualifikation und der Arbeitsorganisation stehen (vgl. Hammer/Röhrig 2005, S. 42 f.). Daher ist naheliegend, bei der Erstellung von Qualifizierungsdesigns Zuordnungen zum Europäischen Qualifikationsrahmen (EQR) und Deutschen Qualifikationsrahmen (DQR) zu berücksichtigen. Das sollte vor allem über die Definition von Kernprofilen geschehen, um eine internationale Vergleichbarkeit zu ermöglichen. Aus diesem Grund müssen Curricula unter anderem im Bereich der Montage und dem Betrieb von Offshore-Windenergieanlagen europa- bzw. weltweit vergleichbar, zumindest aber anwendbar gestaltet werden, damit beispielsweise eine deutsche Elektro-Fachkraft auf einer englischen oder dänischen Offshore-Plattform tätig werden kann. Ebenso dürfte der Ruf nach bislang noch nicht vorhandenen internationalen Standards zu Offshore-Trainingsmaßnahmen und Arbeitssicherheit mittlerweile auf gesamteuropäische Akzeptanz stoßen.

1.2 Facharbeit und Technik als Gegenstand der Berufsbildung

Unabhängig von der Wirtschaftsbranche bzw. dem wirtschaftlichen Sektor stehen Facharbeit und Technik in der berufswissenschaftlichen Theorie und Praxis heute grundsätzlich in einem sehr engen Zusammenhang. Dies war jedoch keinesfalls schon immer so. Durch das lange Zeit vorherrschende Organisationskonzept bzw. die lernorganisatorische Trennung von Technik als Fachtheorie in der Schule einerseits und Fachpraxis im Ausbildungsbetrieb andererseits ist die Trennung beider Komponenten noch verstärkt worden (vgl. Sachverständigenkommission Arbeit und Technik 1988). Diese Ansätze und Bedingungen gelten auch für den Subsektor[2] der Offshore-Windenergie. Der Subsektor ist sowohl durch schon lange etablierte als auch neue Technik- und Facharbeitsprofile gekennzeichnet.

Erst als Technik und Facharbeit stärker in das Erkenntnisinteresse berufswissenschaftlicher Forschungs- und Entwicklungsperspektive gerieten, hat das Verhältnis von Technik und darin vergegenständlichter Arbeit eine neue Ausrichtung und Ausprägung erhalten. Danach ist Technik nicht mehr die Facharbeit beherrschende Komponente, sondern beide sind gleichrangige Elemente, die durch Berufsbildung wirtschaftlich effektiver und sozial humaner gestaltet werden können und sollen. Technik, Arbeit und Berufsbildung bilden somit zumindest im berufspädagogischen Diskurs eine untrennbare Einheit. Dieser Ansatz ist Leitidee einer humanen, ökologischen, ökonomischen und nachhaltigen Gestaltung von Arbeit und Technik, die ein entwicklungsorientiertes Verständnis von Berufsbildung nach sich zieht (vgl. ebd.; vgl. Mersch 2008).

1.3 Sektoranalyse als methodischer Forschungsansatz

Um den spezifischen Qualifikations- und Kompetenzbedarf im Bereich der Offshore-Windenergiegewinnung zu analysieren, muss dieser Sektor abgegrenzt und beschrieben werden. Dazu wird das methodische Instrument der Sektoranalyse genutzt.

Sektoranalysen haben verschiedene Zielsetzungen (vgl. Becker/Spöttl 2008, S. 75). Darunter fallen die Ein- und Abgrenzung von Untersuchungsfeldern (Sektor-

---

[2] Es ist im Weiteren die Rede vom Subsektor Offshore-Windenergie. Grund dafür ist, dass die Subsektoren der Onshore- und der Offshore-Windenergiegewinnung Teile des Sektors der Stromerzeugung aus Windenergie sind (vgl. dazu Kapitel 3.2.1).

definition, Fallauswahl), die Sammlung von relevanten Informationen über einen Sektor zur Interpretation der im Forschungsprozess gesammelten Daten sowie die Gewinnung von Informationen über die Struktur von Branchen, Unternehmen, Ausbildungs- und Beschäftigungsfeldern, Berufen usw. Darüber hinaus werden Kennzahlen über die genauer zu untersuchenden Forschungsgegenstände erfasst und das Zusammenwirken der in den Sektoren agierenden Personen, Betriebe, Verbände und Institutionen analysiert. Schließlich folgt die Identifizierung von berufsbildungsrelevanten Innovationsfeldern und diesbezüglichen Entwicklungen.

Je nach Erkenntnisinteresse führt die Sektoranalyse zu Sektorabgrenzungen und Sektorbeschreibungen, zur Auswahl von geeigneten Unternehmen für Fallstudien und Arbeitsprozessanalysen und zu Dokumentenanalysen (vgl. Spöttl 2000; Spöttl 2005 und Becker/Spöttl 2008).

Zur Durchführung der Sektoranalyse sind zunächst eine Eingrenzung und damit eine Definition des zu betrachtenden Sektors (siehe Kapitel 1) notwendig. Anschließend erfolgt eine detaillierte und nach bestimmten Kriterien festgelegte Untersuchung bzw. Betrachtung des Sektors. Zur Charakterisierung des Offshore-Subsektors wurden folgende Kriterien festgelegt:

- Strukturen und Merkmale (Beschäftigungszahlen, Art der Unternehmen, Wertschöpfungskette im Sektor),
- aktuelle wirtschaftliche Entwicklung und Planung von Offshore-Windparks in Deutschland,
- Geschäftsfelder (Produktion, Logistik, Aufbau- und Montage, Instandhaltung, usw.),
- Beschäftigungsebenen (Hierarchieebenen in den Unternehmen: Geschäftsleitung, Techniker/-innen und Ingenieur(e)/-innen, Personal für Service und Instandhaltung, usw.),
- Personalentwicklung sowie das Einstellungsverhalten und -verfahren (Fachkräftesituation im Sektor),
- Aufgabenwandel und deren Parameter (Veränderungen auf der shop-floor-Ebene),
- Qualifizierungsstrategien, Aus- und Weiterbildungskonzepte (interne und sektorbezogene Qualifikationsmodelle),
- Rolle der Sozialpartner und Verbände im Sektor,
- Innovationen (neue Technologien, Aufbaukonzepte, Sicherheitsvorschriften usw.) und künftige Entwicklungen (z. B. neue Geschäftsfelder).

Auf dieser Basis lassen sich Aussagen zu den Stärken und Schwächen eines Sektors, den Beschäftigungsstrukturen und Entwicklungstendenzen, der Relevanz einzelner Geschäftsfelder sowie zu technischen und arbeitsorganisatorischen Innovationen und anderen Aspekten machen. Um entsprechende Informationen zu erhalten, werden verschiedene Methoden eingesetzt:

- Befragungen von Schlüsselpersonen und Expert(en)/-innen im Bereich der Offshore-Windenergiegewinnung,
- Interviews mit Unternehmensvertreter(n)/-innen des Sektors,
- Analyse von Veröffentlichungen im Sektor,
- Analyse innovativer Entwicklungen im Forschungsbereich Offshore-Windenergie,
- Auswertungen von Erhebungen wissenschaftlicher Institute, Literatur-, Quellen- und Internetrecherchen und Branchenberichte unterschiedlicher Verbände.

Insgesamt stehen drei Ziele bei der Analyse des Subsektors der Offshore-Windenergiegewinnung im Vordergrund. Erstens soll der aktuelle Entwicklungsstand des Sektors erschlossen und dokumentiert werden. Die Rolle und den Stellenwert des Sektors in Wirtschaft, Politik sowie deren Bedeutung für den Arbeitsmarkt zu identifizieren, stellt ein weiteres Forschungsfeld dar. Drittens geht es bei der Sektorstudie darum herauszufinden, zu welchen Wirkungen und Veränderungen Innovationen, betriebliche Reorganisationsmaßnahmen, neue Umsetzungsstrategien usw. für die (Fach)Arbeit im Bereich der Windkraftenergie führen.

Die Sektoranalyse dient gleichzeitig als Vorbereitung für die Fallstudien und die Arbeitsprozessanalysen, um Kriterien und Prinzipien für deren Auswahl aufzustellen. Dies bedeutet, dass für die Fallstudien und Arbeitsprozessanalysen Unternehmen ausgewählt werden müssen, welche im Querschnitt die im Sektor vertretenen Unternehmen repräsentieren. Dadurch soll sichergestellt werden, dass alle sektorrelevanten Spezifika erfasst werden. Weiterhin werden die Fallstudien und Arbeitsprozessanalysen unter der Prämisse ausgewählt und gestaltet, dass repräsentative und vergleichbare Unternehmen, Geschäftsfelder, und Arbeitsprozesse untersucht werden.

2 Nachhaltigkeit als Leitziel der Energiewirtschaft

2.1 Ziele und Strukturen regenerativer Energiegewinnung

Ursache für das weltweite Klimaproblem ist vor allem der Ausstoß von Kohlendioxid (CO_2) durch die Verbrennung fossiler Energieträger, was in der Atmosphäre den so genannten Treibhauseffekt mit auslöst (vgl. Latif 2005, S. 193). Die weltweite CO_2-Erzeugung ist dabei vor allem an die Energieerzeugung gekoppelt. Zur Reduzierung des CO_2-Eintrags gibt es in der EU feste Vereinbarungen: Der Ausstoß von klimaschädlichen Treibhausgasen soll bis zum Jahr 2020 um ein Fünftel im Vergleich zu 1990 verringert werden (vgl. Jarass/Obermair/Voigt 2009, S. 15). Nach dem Koalitionsvertrag der Bundesregierung aus dem Jahr 2009 haben sich die Parteien noch ambitioniertere Ziele gesetzt und sich vorgenommen, die Emission von Treibhausgasen bis zum Jahr 2020 um 40 % im Vergleich zu den Werten des Jahres 1990 zu senken (vgl. BMI 2009). Um diese Ziele erreichen zu können, muss vor allem die CO_2-Emission drastisch reduziert werden. Nach Jarass/Obermair/Voigt (2009) setzen dabei viele Länder auf die Substitution fossiler Energieträger durch nukleare. Diese Option ist nach der Rücknahme der Laufzeitverlängerung für deutsche Atomkraftwerke hierzulande nicht mehr möglich.

Aus ökonomischer Sicht hat der Ausbau erneuerbarer Energien nicht nur einen positiven Effekt auf die Reduzierung externer Folgekosten bspw. durch die Entsorgung nuklearen Abfalls, sondern auch Auswirkungen auf den Preisanstieg von Erdöl und Erdgas. Während in den 1990er-Jahren der Preis für ein Fass Rohöl zwischen 10 und 20 US$ pendelte, kostete die gleiche Menge im Juli 2008 fast 150 US$ (vgl. Jarass/Obermair/Voigt 2009, S. 2 f.) Durch kurzfristige Spekulationen und die Verknappung dieser endlichen Ressource ist zukünftig ein weiterer Preisanstieg zu erwarten (vgl. ebd.). Der Ausbau der erneuerbaren Energien wirkt sich in zweierlei Hinsicht positiv aus. Zum einen wird bei der Einbeziehung bzw. Berücksichtigung aller Folgekosten die Stromerzeugung günstiger; zum anderen sinkt durch die Einspeisung erneuerbarer Energien in das Energienetz die Nachfrage bzw. der Verbrauch von konventioneller Energie (vgl. Jarass/Obermair/Voigt 2009, S. 103 f.). Dies lässt mittelfristig den Preis für die zur Verfügung gestellte elektrische Energie sinken (Merit-Order-Effekt) (vgl. ebd.).

Die durch die Bundesregierung geförderte und in Zukunft vorgesehene Neuausrichtung der Energieversorgung auf regenerative Energieträger bewirkt nicht nur eine zunehmende Loslösung vom Rohöl und vom Rohölpreis, es bedeutet auch eine Verringerung der politischen Abhängigkeit von den Ländern, die über große Öl- und Gasvorkommen verfügen. Der Erhalt von strategischen Zugängen zu den

Energiequellen war in der Vergangenheit verstärkt auch mit militärischen Einsätzen verbunden (vgl. Jarass/Obermair/Voigt 2009, S. 5 f.). Diese Entwicklung ist mit der zunehmenden Verknappung der Ressourcen kritisch zu sehen und es ist naheliegend, die Abhängigkeit von den absehbar endlich werdenden Rohstoffen zu reduzieren.

Der Sektor der regenerativen Energien umfasst nicht nur den Bereich der Windenergiegewinnung, sondern auch die Energiegewinnung aus Wasserkraft, Biomasse und Photovoltaik. Bezogen auf den Gesamtenergieverbrauch von Deutschland lässt sich festhalten, dass die Windenergie ausschließlich zur Stromerzeugung genutzt werden kann. So hat sie zwar im Vergleich der Energien zur Stromerzeugung mit 36,5 Mrd. kWh eine führende Rolle inne, in der Gesamtbilanz ist aber die Biomasse als Energieträger mit einem deutlichen Abstand die dominierende Energieform (vgl. Tab. 1). Durch hohe Wachstumsraten wird Biomasse zukünftig auch für die Stromerzeugung wesentlich bedeutsamer (vgl. Bundesministeriums für Umwelt, Naturschutz und Reaktorsicherheit (BMU) 2010a, S. 8). Hinzu kommt, dass der auf diese Weise erzeugte Strom eher grundlastfähig ist als der Windstrom. Aufgrund des vergleichsweise schlechten Windjahres 2010 und durch zunehmende Abschaltungen von Windenergieanlagen infolge eines verschleppten Netzausbaus ging die erzeugte Windenergieleistung im Vergleichszeitraum um 5,4 % zurück (vgl. BWE 2011a).

Tab. 1: *Anteil der erneuerbaren Energien am gesamten Endenergieverbrauch 2009 und 2010 in Deutschland (vgl. BMU 2011a, S. 7)*

	Strom		Wärme		Kraftstoff		Gesamt		Δ Veränderung
	2009	2010	2009	2010	2009	2010	2009	2010	09/10
Einheit	[Mrd. kWh]								[%]
Wasserkraft	19,1	19,7	-	-			19,1	19,7	3,1
Windenergie	38,6	36,5	-	-			38,6	36,5	-5,4
Biomasse	30,3	33,5	114,1	127,0	33,8	35,9	178,2	196,4	10,2
Photovoltaik	6,6	12,0	-	-			6,6	12,0	81,8
Gesamt (inklusive Solar- und Geothermie)	94,6	101,7	123,8	137,8	33,8	35,9	252,2	275,4	9,2

Zur Erreichung der gesetzten Vorgaben bedarf es zukünftig u. a. einer schnelleren und nachhaltigen Integration der regenerativen Energien in die deutsche Strategie zur Stromerzeugung. Laut einer Leitstudie des BMU (2008) soll die Stromerzeugung im Jahr 2050 zum Großteil auf der Nutzung der On- und Offshore-Windenergie basieren. Im Vergleich zu den Windenergieanlagen an Land wird ab dem Jahr 2050 sogar ein mehr als doppelt so hoher Anteil an Offshore-Kapazität prognostiziert. Daher soll die Offshore-Windenergiegewinnung ein wesentlicher Stützpfeiler der zukünftigen Energieversorgung werden. Mit fossilen Brennstoffen betriebene Kraftwerke werden nach diesem Szenario nur eingesetzt, um eine Reserveleistung zur Versorgungssicherheit bereitzustellen (vgl. Jarass/Obermair/Voigt 2009, S. 14f; vgl. BMU 2008, S. 21). Eine Etappe auf diesem Weg ist die angestrebte Installation von Offshore-Windkraftanlagen mit einer Leistung von 25 GW bis zum Jahr 2030 (vgl. BMWi/BMU 2010, S. 8). Dazu sind massive Investitionen erforderlich. Das zu erwartende Investitionsvolumen beträgt rund 75 Mrd. Euro. Allerdings ist der Ausbau der Offshore-Windenergiegewinnung lange noch nicht so weit fortgeschritten wie erhofft.

2.2 Zum Prinzip der Nachhaltigkeit[3]

Der Energiegewinnung mittels Offshore-Windenergie-Anlagen (OWEA), wird Nachhaltigkeit zugesprochen, weil für den Betrieb der Anlagen kein Primärenergiebedarf besteht und zur Stromerzeugung ein relativ geringer zerstörerischer Eingriff in die Natur erforderlich ist. Inwieweit der Bau von Offshore-Windenergie-Anlagen Natur zerstört und den Nachhaltigkeitsanspruch relativiert, ist allerdings ein bisher nicht geklärter Diskussionspunkt.

Die Leitidee der Nachhaltigkeit (bzw. der nachhaltigen Entwicklung) wurde weltweit erstmals im Jahr 1987 benannt, als die Brundtland-Kommission für Umwelt und Entwicklung ihren Bericht „Unsere gemeinsame Zukunft" vorlegte. In diesem Bericht wird der Begriff „sustainable development" bzw. in der gebräuchlichsten deutschen Übersetzung „nachhaltige Entwicklung" erstmals erwähnt:

> "Humanity has the ability to make development sustainable to ensure that it meets the needs of the present without compromising the ability of future generations to meet their own needs. The concept of sustainable development does imply limits – not absolute limits but limitations imposed by the present state of technology and social organization on environmental resources and by the ability of the biosphere to absorb the effects of human activities." (vgl. Brundtland 1987, S. 24).

---

3 In Anlehnung an Köth (2012) verfasst.

Aus Sicht der Wirtschaftswissenschaften besteht zwischen der Diskussion über die Grenzen des (Wirtschafts-)Wachstums und dem Diskurs über nachhaltige Entwicklung jedoch ein entscheidender Unterschied: Während der Diskurs in den siebziger Jahren des vorigen Jahrhunderts von der Vorstellung dominiert war, dass Wirtschaftswachstum und ökologische Belange unvereinbar sind, wird im Diskurs über nachhaltige Entwicklung davon ausgegangen, dass die Probleme, die zur Entwicklung dieses Leitbildes geführt haben, nur gelöst werden können, wenn Wirtschaftswachstum und Umweltschutz komplementär zueinander sind (vgl. Pearce et al. 1989; Luks 1999).

Ein wesentlicher Verdienst dieses Berichtes ist es, dass die verschiedenen Problemlagen, auf die Bezug genommen wird, nicht mehr isoliert dargestellt werden, sondern als Teil einer einzigen, großen Herausforderung, welcher die Menschheit sich stellen muss, um nicht die Lebenschancen zukünftiger Generationen zu schmälern oder gar zu annullieren. Die Umweltkrise, die Entwicklungskrise, die Energiekrise usw. werden alle als Teile einer einzigen Krise verstanden und sollten deshalb auch nicht länger isoliert voneinander betrachtet werden (vgl. Hauff 1987, S. 4; Kirkby et al. 1995, S. 2 ff.). Dieser Gedanke, der als Retinitäts- oder Vernetzungsgedanke bezeichnet wird, wird von manchen Autoren auch als das eigentlich Neue am Leitbild der nachhaltigen Entwicklung angesehen, da die einzelnen darin enthaltenen Problemlagen ja keinesfalls neu auf der politischen Agenda und in der wissenschaftlichen Diskussion sind (vgl. exemplarisch: Meyer/Stomporowski/Vollmer 2009).

Bereits im 16. Jahrhundert wurden in Deutschland aufgrund massiven Holzeinschlags Ordnungsmittel durchgesetzt, die die Waldnutzer verpflichteten, für jeden gefällten Baum neue Bäume zu pflanzen. Als es um die Wende vom 18. zum 19. Jahrhundert mit der beginnenden Industrialisierung zu einer erneuten Übernutzung der Wälder kam, setzte sich das Nachhaltigkeitsprinzip für die Waldnutzung in Deutschland endgültig durch. In diesem Prinzip ist die Forderung enthalten, dass „[…] den Nachkommen die Option offen steht, einen ebenso großen Nutzen aus dem Wald ziehen zu können wie die bereits vorhandenen Generationen." (Birnbacher/Schicha 2001, S. 25). Wie Birnbacher und Schicha weiter ausführen, ist der Begriff der Nachhaltigkeit noch kein Konzept. Nach Meinung dieser Autoren bieten sich die folgenden Interpretationen für eine Operationalisierung dieses Begriffes an:

1. Nachhaltigkeit als Forderung nach einer Erhaltung des physischen Naturbestands,

2. Nachhaltigkeit als Forderung nach einer Erhaltung der Funktionen des gegenwärtigen Naturbestands,

3. Nachhaltigkeit als Forderung nach einer Sicherung der Grundbedürfnisse zukünftiger Generationen,

4. Nachhaltigkeit als Forderung nach einer aktiven Vorsorge für die Grundbedürfnisse zukünftiger Generationen.

Die erste, von Birnbacher und Schicha als materiale Definition bezeichnete Interpretation von Nachhaltigkeit findet beispielsweise in den vom Bundesministerium für Umwelt im Jahr 1998 veröffentlichten Managementregeln für eine nachhaltige Entwicklung Anwendung. Diese besagen u. a., dass nicht-erneuerbare Naturgüter (z. B. Erdöl) nur genutzt werden dürfen, wenn man sie durch andere Güter substituieren kann und die Freisetzung von Stoffen auf die Dauer nicht in einem Maß erfolgen darf, welches die Anpassungsfähigkeit der Ökosysteme übersteigt (vgl. BMU 1998).

Die zweite von Birnbacher und Schicha genannte Interpretation von Nachhaltigkeit bezieht sich auf funktionale Größen des gegenwärtigen Naturbestandes. Diese Interpretation schließt neben der rein wirtschaftlichen Funktion des Naturbestandes ökologische, ästhetische und kulturelle Funktionen mit ein. Dies bedeutet, dass der Wald nicht allein zur Sicherstellung der Holznutzung schützenswert ist, sondern auch, weil er ein Lebensraum für Pflanzen und Tiere ist und als Erholungsraum für den Menschen dient. Darüber hinaus schließt die Forderung nach dem Erhalt der Funktion der Naturbestände auch monetär schwer bezifferbare Funktionen wie den Schutz vor Bodenerosion oder die Funktion des Waldes als Kohlendioxidspeicher mit ein.

Die dritte Definition lässt sich laut Birnbacher und Schicha als „[...] eine Version des so genannten negativen Utilitarismus interpretieren, der eine Verpflichtung zur Befriedigung der Bedürfnisse anderer lediglich bis zur Schwelle der Vermeidung und Linderung ausgesprochener Notlagen fordert" (Birnbacher/Schicha 2001, S. 29). Eine Interpretation von Nachhaltigkeit, die diesem Begriff am nächsten kommt, wird im Brundtland-Bericht verwendet. Sie besagt, dass die heute lebenden Menschen die Ressourcen nur soweit verbrauchen dürfen, dass nicht zu befürchten ist, dass kommende Generationen ihre Bedürfnisse nicht mehr befriedigen können (vgl. Brundtland 1987).

Die vierte Definition von Birnbacher und Schicha geht noch über die Vermeidung und Linderung von ausgesprochenen Notlagen hinaus, es soll aktive Vorsorge für die Grundbedürfnisse kommender Generationen getroffen werden. Dies schließt auch ein, dass die derzeit lebenden Menschen zugunsten von kommenden Generationen auf Ressourcen verzichten, um diesen einen ähnlich hohen Lebensstandard zu ermöglichen. In einem Bericht vom Bund für Umwelt und Naturschutz Deutschland e.V. (BUND) und Misereor wird eine ähnliche Sichtweise vertreten, mit der lebensnahen Begründung, dass für die Entscheidung, nachhaltig zu handeln, nicht zuletzt ein „aufgeklärter Eigennutz" spricht, da diese Entscheidung ja auch den eigenen Kindern und Enkeln nutzt (vgl. BUND/Misereor 1996, S. 24).

Vertritt eine Person die Meinung, dass die Menschheit als Ganzes verantwortlich für ihren Fortbestand und die Erhaltung der natürlichen Umwelt ist, stellen sich bei genauerer Betrachtung der Thematik einige grundlegende Fragen. Die erste Frage ist die des Zielzustandes, der durch das verantwortliche nachhaltige Handeln der Menschheit angestrebt wird.[4] Dieter Birnbacher stellt zu Recht fest, dass es seit der Entstehung der Erde viele verschiedene Gleichgewichtszustände gegeben hat und dass die Lebensverhältnisse auf der Erde immer schon teilweise drastischen Änderungen unterworfen waren. Zu erwähnen sind hier beispielhaft die vergangenen Eis- und Warmzeiten, in denen es ohne anthropogene Einflüsse zu drastischen Klimaänderungen kam. Die natürliche Umwelt kennt keinen stabilen Zustand im engeren Sinne. Sie verhält sich gegenüber äußeren Einflüssen wie z. B. Eingriffen des Menschen resilient, d. h., sie ist in der Lage, diese bis zu einem gewissen Grad zu tolerieren. Ein Gleichgewicht im engeren Sinn kennt sie ebenfalls nicht; vielmehr ist sie durch sich ständig neu einstellende Fließgleichgewichte gekennzeichnet (vgl. SRU 1994; Luks 1999). Das Ziel nachhaltigen Handelns wäre also die dauerhafte Erhaltung einer „menschengerechten", das heißt einer dem Menschen angenehme Lebensbedingungen bietenden, Lebensumwelt. Nach Beck (1986, S. 8) ist dieses Ziel nicht in Einklang mit der Nutzung der Atomenergie zur Erzeugung elektrischer Energie zu bringen: „Kernkraftwerke sind seit Tschernobyl auch zu Vorzeichen eines modernen Mittelalters der Gefahr geworden. Sie weisen Bedrohungen zu, die den gleichzeitig auf die Spitze getriebenen Individualismus der Moderne in sein extremstes Gegenteil verkehrt".

Eine weitere Herausforderung, die sich mit der Verantwortung für nachhaltige Entwicklung und damit für den Fortbestand einer menschengerechten Lebensumwelt stellt, ist, einen Adressaten für diese Verantwortung zu finden. Laut Jonas (1979, S. 175) ist derjenige für eine Sache verantwortlich, der Macht über diese hat: „Die Sache wird meine, weil die Macht meine ist und einen ursächlichen Bezug zu eben dieser Sache hat. Das Abhängige in seinem Eigenrecht wird zum Gebietenden, das Mächtige in seiner Ursächlichkeit zum Verpflichteten." Dies klingt zunächst unmittelbar einleuchtend, wird aber für viele anthropogen verursachte Umweltveränderungen zum Problem, da diese durch kumulative Effekte entstehen. Zu nennen ist hier beispielhaft die massenhafte Nutzung von Primärenergie. Dieses Problems ist sich auch Jonas bewusst:

„Diese Zeitbombe tickt, während wir einfach so leben, wie wir es tun, als Mitglieder der westlichen technischen Zivilisation, und woran jeder von uns mitwirkt. Indem wir in

---

4 Die Frage, was praktisch nötig ist, um die Erde als menschengerechte Lebensumwelt für die nachfolgenden Generationen zu erhalten, ist ebenso weiter ungeklärt (vgl. exemplarisch: Luks 1999).

unser Auto steigen und durch die Gegend fahren und indem wir an dem großen Güterreichtum des modernen Lebens teilnehmen und indem wir alle diese Dinge benutzen, für die Wälder abgeholzt werden, für deren Herstellung ganze Gegenden chemisch vergiftet werden, die Verschmutzung der Atmosphäre, der Gewässer, des Bodens, die Ausraubung der Biosphäre, der ganzen Lebenswelt durch Überbeanspruchung, durch Ausrottung von Arten oder auch nur durch solche Änderungen der Umwelt, dass gewisse Arten nicht mehr lebensfähig sind" (Jonas 2004, S. 59).

Für das Erreichen der Ziele einer nachhaltigen Entwicklung werden unterschiedliche Strategien benannt, die sich u. a. auf den schonenderen Ressourcenverbrauch beziehen. Damit rücken auch das entsprechende Wissen sowie die Einstellungen, das Verhalten und letztlich die allgemeine und berufliche Bildung der handelnden Menschen bzw. Personen in den Fokus.

2.3 Staatliche/politische und rechtliche Rahmenbedingungen zur ökologischen Energiegewinnung

2.3.1 Das Erneuerbare-Energien-Gesetz (EEG)

Im Jahr 2000 wurde von der damaligen rot-grünen Bundesregierung das Gesetz für den Vorrang erneuerbarer Energien mit dem allgemein gebräuchlichen Kurztitel Erneuerbare-Energien-Gesetz (EEG) verabschiedet und wird heute als einer ihrer „größten politischen Erfolge" (Jarass/Obermair/Voigt 2009, S. 99) eingeordnet. Die Notwendigkeit zur Einführung des EEG wurde zum einen als Konsequenz des in den 1990er-Jahren verabschiedeten Stromeinspeisungsgesetzes (StromEinspG) beschrieben und zum anderen mit dem hohen Stellenwert des Themas „Energie" der damals neuen Bundesregierung nach dem Regierungswechsel im Jahr 1998 begründet (vgl. ebd.).

Mit dem Gesetz wurde ein Rahmen geschaffen, der eine Vorreiterrolle Deutschlands im Bereich der erneuerbaren Energien festigte und vorantrieb. Es wurden Bedingungen geschaffen, die ein „massives Wachstum" (BMWi/BMU 2010, S. 7) im Sektor der erneuerbaren Energien erzeugten. Die bis heute anhaltende meist positive Sektorentwicklung wurde u. a. durch eine auf mehrere Jahre zugesicherte Mindestvergütung der erzeugten Energie ausgelöst. Aufgrund der zukünftigen Bedeutung der Offshore-Windenergie bildet dieser Sektor den Schwerpunkt der weiteren Betrachtungen (vgl. u. a. BMU 2010a).

„Voraussetzung für diese Ausbaudynamik ist [...] eine Vergütungsregelung für die Offshore-Windenergie, die diesen Einstieg und den nachfolgenden stetigen Ausbau attraktiv genug für die potenziellen Investoren macht" (Jarass/Obermair/Voigt 2009, S. 17). Die Attraktivität im Sinne einer festgeschriebenen Vergütung bedeutet eine Investitions- und Verzinsungssicherheit sowie die

Planbarkeit für alle Akteure entlang der Sektorstruktur wie Komponenten- oder Windenergieanlagenhersteller und Projektierer von Offshore-Windparks (OWP). Laut Art. 31 Abs. 1 EEG beträgt die Grundvergütung für Offshore-Anlagen 3,5 Cent pro erzeugte Kilowattstunde über die Gesamtlebensdauer der Anlage. Durch die Novellierung des EEG im Jahre 2012 wurde die Einspeisevergütung neu geregelt. So erhalten die Offshore-Anlagenbetreiber in den ersten 12 Jahren nach der Inbetriebnahme einer OWEA 15 ct/kWh. Hier ist ein vormaliger Sprinter-Bonus für errichtete OWEA bis zum 1. Januar 2016 in die Anfangsvergütung integriert worden. Dazu wurde ein optionales Stauchungsmodell bis zum 01.01.2018 eingeführt, welches die Zahlung von 19 ct/kWh über acht Jahre vorsieht. Abb. 2 gibt die Einspeisevergütungen für Windstrom auf See gegenüber der Energiegewinnung an Land wieder. Zu einem weiteren Kriterium für Höhervergütung wurde die Entfernung zur Küste. Der Zeitraum der Anfangsvergütung verlängert sich, wenn die Anlage in einer Mindestentfernung von 12 Seemeilen und in einer Wassertiefe von mindestens 20 Metern errichtet wird. Für jede weitere Seemeile Küstendistanz verlängert sich die Anfangsvergütung um einen halben Monat und für jeden zusätzlichen Meter Wassertiefe um 1,7 Monate. Die genannten Angaben gelten nicht, wenn die Offshore-Anlage nach dem 31. Dezember 2004 in einem Gebiet genehmigt wurde, das unter Naturschutz steht.

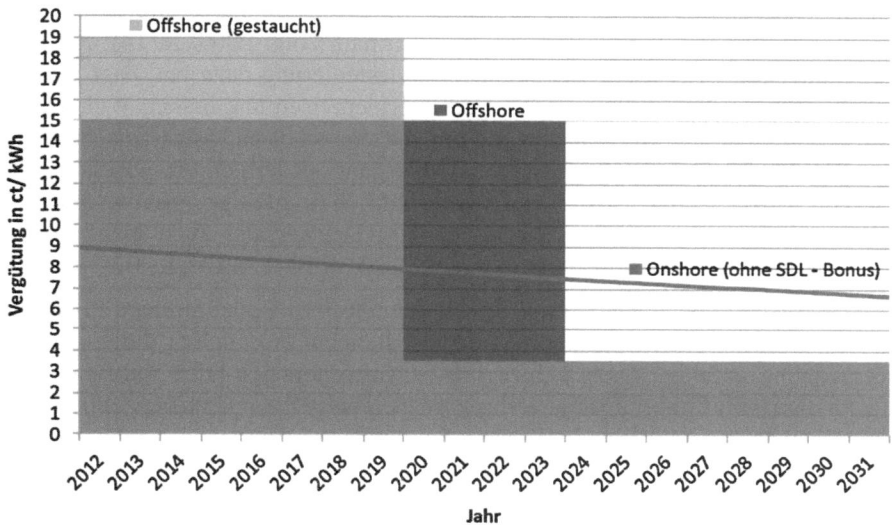

Abb. 2: Gegenüberstellung der Einspeisevergütungen On- vs. Offshore gemäß EEG-Novelle 2012 (eigene Darstellung)

Das bedeutet, dass nicht nur ein Zusammenhang zwischen der Leistungsfähigkeit der OWEA und dem Vergütungssatz besteht. Je effizienter, je schneller in Betrieb genommen und je weiter sich die Offshore-Anlage auf See befindet (beschränkt durch die Seeanlagenverordnung), desto höher ist die vom Stromabnehmer zu entrichtende Vergütung. Dadurch verkürzt sich der Zeitraum für den Betreiber, in dem sich die Anlage amortisiert, und erhöht die Verzinsung. Gleichzeitig steigen durch die weite Entfernung vom Festland die Investitionskosten sowie die Anforderungen an Mensch und Technik. Entsprechend steigt die Nachfrage nach OWEA mit den passenden Charakteristiken. Das heißt, dass durch die Vergütungsregelung des EEG nicht nur Anreize geschaffen werden, sondern auch ein Innovationsdruck auf die Windenergieanlagen-Hersteller ausgeübt wird.

Abschließend kann das EEG unter verschiedenen Aspekten betrachtet werden, die im Zusammenhang stehen. In erster Linie ist es ein gesetzliches Instrument, um die Entwicklung der erneuerbaren Energien aufrecht zu halten und zu fördern. Dies ist eine Voraussetzung, um den Klimaschutzzielen der Bundesregierung zu entsprechen und eine Trendwende in der Energieversorgung einzuleiten (in der Stromerzeugung die Unabhängigkeit von konventionellen Energieträgern). Wie weiter oben dargestellt, haben die Inhalte des EEG nicht nur Auswirkungen auf den Klimaschutz, sondern auch eine ökonomische, volkswirtschaftliche und politische Dimension. Insofern ist das EEG vorwiegend ein Steuerungsinstrument der Bundesregierung, um den Ausbau der erneuerbaren Energien weiter voranzutreiben und zugleich den Druck auf Innovationen und Kostensenkung zu verstärken. Insbesondere Investitionen in den Klimaschutz sind nicht nur kostenintensiv, sondern auch kosteneffektiv und kurbeln, bei gleichzeitiger Absenkung der Umweltbelastung das Wirtschaftswachstum an (vgl. Jarass/Obermair/Voigt 2009, S. 14). Auf diese Weise trägt das EEG nach Aussage der Bundesregierung dazu bei, dass Deutschland „in Zukunft bei wettbewerbsfähigen Energiepreisen und hohem Wohlstandniveau eine der energieeffizientesten und umweltschonendsten Volkswirtschaften der Welt werden [soll]. Ein hohes Maß an Versorgungssicherheit, ein wirksamer Klima- und Umweltschutz sowie eine wirtschaftlich tragfähige Energieversorgung sind zugleich zentrale Voraussetzungen, dass Deutschland auch langfristig ein wettbewerbsfähiger Industriestandort bleibt" (BMWi/BMU 2010, S. 3).

Die Auswirkungen der Stromerzeugung durch fossile oder atomare Energieträger sind mit zusätzlichen Kosten verbunden, die nicht unmittelbar durch die Energierzeugung anfallen. Dazu zählen bspw. Aufwendungen zum Ausgleich land- und forstwirtschaftlicher Ertragsverluste (vgl. Jarass/Obermair/Voigt 2009, S. 94) oder allgemeiner formuliert: die Kosten, die durch den Einfluss der umweltschädlichen Nebenprodukte entstehen. Diese Kosten werden jedoch nicht vom Verursacher, den Kraftwerksbetreibern oder Lieferanten, sondern von der Gesellschaft als Ganzes getragen. Die externen finanziellen Belastungen durch Schäden, die allein durch die Kohlendioxid-Emission entstehen (Richtwert: 70 Euro/t CO_2), belaufen sich für die Erzeugung einer Kilowattstunde elektrischer Energie aus fossilen Brennstoffen auf 3 bis 8 ct/kWh (vgl. ebd.). „Demgegenüber werden die externen Kosten der Stromerzeugung aus erneuerbaren Energien mit weniger als 0,5 ct/kWh sehr niedrig eingeschätzt" (ebd.). Bereits heute werden durch die Nutzung erneuerbarer Energien zur Stromerzeugung 1,2 Mrd. Euro pro Jahr eingespart (vgl. BMU 2008, S. 21). Somit dient die vom EEG forcierte Entwicklungsdynamik in der technologischen Innovation der Windkraftanlagen und in der Errichtung von On- und besonders Offshore-Anlagen auch ökonomischen Aspekten. Diese stellen sich nicht nur durch die Einsparung externer Kosten, sondern auch durch indirekte Effekte (notweniger Ausbau von Hafeninfrastrukturen oder Fertigung von Spezialschiffen) dar. Allein das Ausbauziel der Bundesrepublik bis 2030 im Offshore-Bereich beschert der Branche ein mögliches Potenzial von bis zu 10.000 Arbeitsplätzen (vgl. BMU 2010b).

2.3.2 Genehmigungsverfahren für Offshore-Windparks

Da die deutschen Offshore-Windparks meist in der „Ausschließlichen Wirtschaftszone" (AWZ)[5] errichtet werden, ist das Bundesamt für Seeschifffahrt und Hydrographie in Hamburg die zuständige Genehmigungsbehörde (vgl. Jarass/Obermair/Voigt 2009, S. 141). In der Verordnung über Anlagen seewärts der Begrenzung des deutschen Küstenmeeres (SeeAnlV) ist das entsprechende Genehmigungsverfahren gesetzlich geregelt. Über die Zulassung von Windenergieanlagen innerhalb der Ausschließlichen Wirtschafszone entscheidet das Bundesamt für Seeschifffahrt und Hydrographie (BSH) (vgl. BSH 2011).

Das Genehmigungsverfahren durchläuft mehrere Phasen (vgl. Bundesministerium für Justiz 2010):

---

5 Ausschließliche Wirtschaftszonen sind auf der Grundlage internationalen Seerechts bis zu 200 Seemeilen breite Seegebiete vor Küstenstaaten, die nicht unmittelbar zum Hoheitsgebiet der jeweiligen Staaten gehören, für die diesen jedoch funktional beschränkte Hoheitsrechte zugewiesen werden. Diese Rechte umfassen u. a. die ausschließliche Kompetenz zur Erhaltung und Nutzung lebender Meeresressourcen, zur Erforschung und Nutzung natürlicher Ressourcen und zur wirtschaftlichen Ausbeutung dieser Zonen durch Energieerzeugung aus Wasser, Strömung und Wind (vgl. Czybulka 2008). Für die Bundesrepublik Deutschland sind für die Nord- und Ostsee ausschließliche Wirtschaftszonen ausgewiesen. Während diese Zone in der Nordsee dem Festlandssockel entspricht, trifft dies für die Ostsee nur für den östlichen Teil des Festlandssockels zu, da im westlichen Teil die Grenzen Dänemarks zu nah gelegen sind. Zur Ausgestaltung der deutschen Ausschließlichen Wirtschaftszone hat die Bundesregierung Raumordnungspläne erlassen, die Ziele und Grundsätze enthalten für die Ausgestaltung innerhalb der o. a. Kompetenzen, also auch für die Windenergienutzung auf See (vgl. Bundesministerium für Verkehr, Bau und Stadtentwicklung 2011).

Start ist ein schriftlicher Antrag bei der zuständigen Behörde. Dieser beinhaltet die Darstellung der Anlage und ihres Betriebes einschließlich der Sicherheits- und Versorgungsmaßnahmen mit Zeichnungen, Erläuterungen und Plänen. In einem ersten Abstimmungsverfahren mit zuständigen Einrichtungen für öffentliche Belange wie Wasser- und Schifffahrtsdirektionen, Umweltbundesamt, Bundesamt für Naturschutz wird über das Vorhaben informiert und um Stellungnahme gebeten. Auf Verlangen der Genehmigungsbehörde muss der Antragsteller ein Gutachten über die Beachtung der einschlägigen Regeln und den Stand der Technik eines anerkannten Sachverständigen vorlegen.

Im Rahmen einer zweiten Abstimmungsrunde, die nach der Auswertung der ersten Stellungnahmen stattfindet, werden auch Interessenverbände mit (z. B. Fischerei- und Windenergieverbände) und das für das Küstengebiet zuständige Bundesland mit einbezogen. Dieses ist für die Genehmigung des zu verlegenden Kabelsystems, welches den Windpark mit dem Stromnetz am Festland verbindet, verantwortlich. Anschließend findet eine Antragskonferenz statt. Der Antragsteller kann hier sein Konzept vorstellen. Mögliche konkurrierende Nutzungen für das entsprechende Gebiet werden diskutiert sowie ein Untersuchungsrahmen zur Ermittlung von möglichen Auswirkungen auf die marine Umwelt festgelegt. Der Antragsteller erstellt eine Umweltverträglichkeitsstudie. Des Weiteren wird in einer Risikoanalyse die mögliche Kollisionshäufigkeit von Schiffen mit der OWEA ermittelt. Ist ein Windpark mit mehr als 20 Anlagen geplant, muss eine sogenannte Umweltverträglichkeitsprüfung durch den Antragsteller vorgelegt werden.

Nachdem der Antragsteller die Unterlagen dem BSH vorgelegt hat, nehmen die Träger öffentlicher Belange und Verbände Stellung. Diese werden innerhalb eines Erörterungstermins diskutiert. Im Anschluss prüft das BSH, ob die Voraussetzungen für die Erteilung einer Genehmigung vorliegen sowie ob ggf. und in welcher Form Ausgleichs- und Ersatzmaßnahmen oder Ersatzgelder zu leisten sind. Gleichzeitig prüft die zuständige Wasser- und Schifffahrtsdirektion die Zustimmungsfähigkeit im Hinblick auf die Sicherheit und Effektivität des maritimen Verkehrs. Das Bundesamt für Naturschutz prüft auf Grundlage der Umweltverträglichkeitsstudie, ob ein Verstoß gegen artenschutz- und biotopschutzrechtliche Verbote vorliegt und ob ggf. eine Ausnahme zugelassen werden kann.

Eine Genehmigung wird insbesondere dann nicht erteilt, wenn

- der Betrieb oder die Wirkung von Schifffahrtsanlagen und Kurszeichen, die Benutzung der Schifffahrtswege oder des Luftraumes oder die Schifffahrt beeinträchtigt würde,
- eine Verschmutzung der Meeresumwelt zu befürchten ist (z. B. durch Korrosionsschutz oder Betriebsmittel),
- der Vogelzug gefährdet wird oder

- ein Widerspruch zu den Zielen der Raumordnung vorliegt (vgl. Art. 3 See-AnlV).

Ein wichtiger Bestandteil der Genehmigung sind die Nebenbestimmungen. Diese sind zum Großteil standardisiert. Darunter fällt eine zeitliche Befristung der Genehmigung auf 25 Jahre. Auch muss der Errichtungsbeginn innerhalb eines bestimmten Zeitraumes erfolgen. Weiterhin bestehen u. a. Auflagen für:

- einen sicheren Baubetrieb,
- die Einhaltung des Standes der Technik bei der Konstruktion der OWEA,
- die Verwendung möglichst verträglicher Stoffe und blendfreier Anstriche,
- die Verwendung möglichst kollisionsfreundlicher Fundamente,
- die Vorlage eines Schutz- und Sicherheitskonzeptes und
- den Nachweis einer Bankbürgschaft zur Absicherung der Rückbaukosten.

Derzeit existiert eine Herausforderung bezüglich der Schallemissionen beim Rammen der Pfähle für die Gründungswerke von OWEA bzw. den weiteren Parkinstallationen. Eine Anfrage an den Deutschen Bundestag erbrachte folgende Antwort:

„Durch Nebenbestimmungen in den Genehmigungen werden zudem die Einhaltung eines Lärm-Grenzwertes (Schallereignispegel von 160 Dezibel bzw. Spitzenpegel von 190 Dezibel, je in 750 m Entfernung) sowie die Durchführung von Maßnahmen gegen Vergrämung der Tiere einschließlich der Durchführung eines so genannten Softstarts im unmittelbaren zeitlichen Vorfeld der Baumaßnahme vorgesehen." (Deutscher Bundestag 2011).

Das Umweltbundsamt fand heraus:

„Bei der Errichtung mit der derzeit gebräuchlichen Methode des Rammens wird der einzelne Pfahl mit einem hydraulischen Hammer mit 2.000 bis 3.000 Schlägen je nach Gründungsstruktur (Monopile, Jacket, Tripod) in das Sediment getrieben. In der Nordsee wurden bei der Rammung von Stahlmonopiles im Windpark Horns Reef Schalldruckpegel an der Quelle (Ramme) Werte von 235 dB gemessen. Der Trend geht in Richtung immer größerer und leistungsfähigerer Anlagen, der Quellschallpegel erhöht sich mit zunehmendem Durchmesser der Gründungsstrukturen" (Umweltbundesamt 2011).

Dies hat zur Folge, dass die Baugenehmigungen durch die Nebenbestimmungen so lange unwirksam sind, so lange das Lärmproblem beim Rammen besteht. Es werden derzeit Versuche unternommen, den Rammschall bspw. durch Blasenvorhänge im Wasser zu senken, um den Schutz der Schweinswale gewährleisten zu können.

2.4 Zusammenhang zwischen Nachhaltigkeit, Facharbeit und Berufsbildung[6]

Bereits im 1987 erschienenen Brundtland-Bericht wurde darauf hingewiesen, dass Bildungsmaßnahmen Individuen dazu ermutigen sollen, zu nachhaltiger Entwicklung beizutragen: „Sustainable development has been described here in general terms. How are individuals in the real world to be persuaded or made to act in the common interest? The answer lies partly in education ..." (Brundtland 1987, S. 57).

Das Ziel „nachhaltige Entwicklung" soll also auch durch Bildungsmaßnahmen erreicht werden (vgl. Agenda 21 2002; vgl. Brundtland 1987). Um Bildung für nachhaltige Entwicklung (BNE) auszugestalten, wurde von der UNESCO für den Zeitraum von 2005 bis 2014 die Dekade „Bildung für nachhaltige Entwicklung" ausgerufen, deren Ziel es ist, allen Menschen Bildungschancen zu eröffnen, damit diese sich Wissen und Werte aneignen können und Verhaltensweisen entwickeln können, die für eine lebenswerte Zukunft erforderlich sind (vgl. BMBF 2006).

Berufsbildung hat darüber hinaus weitere direkte Anknüpfungspunkte zu den Zielen nachhaltiger Entwicklung. So wird im Brundtland-Bericht dargelegt, dass nachhaltige Entwicklung nur dann erreicht werden kann, wenn ressourcenschonende Technologien entwickelt werden. Um diese zu gestalten, sind gut ausgebildete Fachkräfte (auf allen Ausbildungsniveaus) erforderlich, auch, um Risiken, die mit technischen Innovationen einhergehen können, zu minimieren: „The development of environmentally appropriate technologies is closely related to questions of risk management" (Brundtland 1987, S. 70). Bildung für nachhaltige Entwicklung trägt darüber hinaus zu dem Ziel der Agenda 21 bei, Jugendliche verstärkt an Entscheidungsprozessen zu beteiligen (vgl. Agenda 21 2002, S. 245). Ein positiver Beitrag der Förderung einer „nachhaltigen Selbstbestimmung" auf Mitbestimmungsfragen im beruflichen Umfeld wäre ein zusätzlicher Beitrag zu den Zielen der Agenda 21, da die Beteiligung von Arbeitnehmer(n)/-innen in Gewerkschaften und Mitbestimmungsgremien ausdrücklich als Beitrag zu nachhaltiger Entwicklung angesehen wird (vgl. Agenda 21 2002, S. 254). Aus Sichtweise der UNEVOC trägt technische Berufsbildung (TVET) außerdem direkt zur sozialen Nachhaltigkeit von Staaten und Regionen bei: „Quality TVET training that prepares students for the knowledge/information society will provide employment, and employment will be sustainable due to the quality of training and thus, provide social and economic sustainability for communities" (Pavlova 2007, S. 5).

Neben dieser sehr wichtigen Funktion von Berufsbildung wurde in dem Bericht auch thematisiert, dass nachhaltige Entwicklung in und durch die Lerninhalte der technischen Berufsbildungsgänge vermittelt werden kann (vgl. Pavlova 2007).

---

6 In Anlehnung an Köth (2012).

Zusammenfassend kann festgehalten werden, dass sich im Bereich Bildung für nachhaltige Entwicklung das so genannte Nachhaltigkeitsdreieck mit den drei Eckpunkten soziale, ökologische und ökonomische Nachhaltigkeit als Operationalisierungshilfe etabliert hat. Die Dreiecksform symbolisiert dabei, dass Entscheidungen zugunsten eines Eckpunktes stets Auswirkungen auf das gesamte Dreieck haben. Insbesondere berufliche Bildung ist laut Brundtland-Bericht sehr wichtig, um das Ziel einer nachhaltigen Entwicklung zu erreichen (vgl. Brundtland 1987), da Bildung zum einen die Lebenschancen von Menschen und die Entwicklungschancen von Regionen verbessert. Zum anderen steht dahinter die Hoffnung, dass Menschen zu einer nachhaltigen Entwicklung beitragen werden, wenn sie lernen, wie sie dies erreichen können und warum dies sinnvoll und notwendig ist.

Insbesondere die Fachkräfte der Windenergiebranche bzw. die Akteure im Sektor der regenerativen Energien sind durch ihre Tätigkeit auf mehrfache Weise mit den Aspekten nachhaltiger Entwicklung verbunden. Windenergieanlagen, ob an Land oder auf See installiert, versuchen eine Verbindung ökologischer, ökonomischer und sozialer Nachhaltigkeit und technologischer Innovationen. Im Folgenden wird die Interdependenz dieser Punkte aus der Perspektive der Facharbeiter/-innen beschrieben.

Eines der hauptsächlichen Argumente, die von Befürwortern der Windenergienutzung angeführt werden, bezieht sich auf die Verantwortung gegenüber zukünftigen Generationen. In den weiter oben dargestellten Ausführungen von Birnbacher und Schicha wurde in diesem Zusammenhang der Erhalt des physischen Naturbestandes erwähnt. Dies impliziert die Schonung nicht-erneuerbarer Ressourcen. Insofern stehen die Arbeitsgegenstände der Fachkräfte, die Windenergieanlage und die zur Installation benötigten Komponenten, symbolisch für die ökologische Komponente der Nachhaltigkeit. Die Facharbeiter/-innen, die diese Anlagen installieren, instand setzen und instand halten, bestreiten durch ihre Tätigkeit nicht nur ihren Lebensunterhalt. Die Anwendung ihres Know-hows ist zudem als nachhaltiges Handeln im ökologischen Sinne zu charakterisieren, da die Intention ihrer Tätigkeit u. a. die Steigerung der Anlagenverfügbarkeit ist. Das Arbeitsprozesswissen beinhaltet zudem ein Wissen über Gesetze und Verordnungen, die ein nachhaltiges Unternehmenshandeln fördern (z. B. EEG 2012; Wasserhaushaltsgesetz (WHG) 2009; Verpackungsverordnung (VerpackV) 2009). Somit kann von Nachhaltigkeit im doppelten Sinn gesprochen werden. In diesem Fall wird in der Facharbeit ein Zusammenhang zwischen den ökologischen und ökonomischen Elementen von Nachhaltigkeit gebildet.

Durch die vertragliche Beziehung zum Arbeitgeber wird der Facharbeiter zum Objekt sozialer Nachhaltigkeit in Unternehmen. Diese wird durch solche Gesetze gebildet, die zum Schutz der Rechte des Arbeitnehmers dienen (z. B. Betriebsverfassungsgesetz (BetrVG), Kündigungsschutzgesetz (KSchG)). Ein weiterer Bezugspunkt wird durch die Handlungen im Arbeitsprozess gebildet, die soziale Prozesse (z. B. Konfliktbewältigung, Teamarbeit, interkulturelle Kompetenzen) mit umfassen.

Das Besondere der Facharbeit an OWEA in Bezug auf die Berufsbildung ist die Verquickung eines Nachhaltigkeitsanspruchs mit Arbeitsinhalten. Durch dieses Charakteristikum ist die Domäne prädestiniert für die praktische Umsetzung der Ausführungen Fischers (1998), der sich für den Bereich Wirtschaftspädagogik mit den Möglichkeiten und Grenzen einer Bildung für nachhaltige Entwicklung beschäftigt hat. Seine Gedanken zur Nachhaltigkeit in der beruflichen Bildung werden am ausführlichsten in „Wege zu einer nachhaltigen beruflichen Bildung" (vgl. Fischer 1998) dargestellt. Er entwickelte fünf Thesen, welche seiner Auffassung nach Anstöße für die Entwicklung einer nachhaltigen beruflichen Bildung geben können, und geht davon aus, dass die Bedeutung von Bildung für nachhaltige Entwicklung zunehmen wird. In den Thesen 4 und 5 hebt Fischer hervor, dass es bei Bildung für nachhaltige Entwicklung um Bildung im Allgemeinen und nicht nur um berufliche Ausbildung gehen solle:

„4. Eine berufliche Bildung für eine nachhaltige Entwicklung bedeutet nicht, dass mit der Präposition «für» auf die Indienstnahme der beruflichen Bildung pro Nachhaltigkeit abgestellt wird. Da für die Bildung das reflexive Verhältnis zum Gegenstand der Auseinandersetzung elementar ist, gilt dieser Vereinnahmungs-Vorwurf nicht. Eine berufliche Bildung für eine nachhaltige Entwicklung ist also als Reflexion auf/über nachhaltige Entwicklung zu verstehen. Gleichzeitig ist sie eingebunden in eine wirtschaftspolitische und gesellschaftliche Entwicklung, die die Wertvorstellungen der Moderne reflexiv überdenkt und eine Neuorientierung einleitet.

5. Eine an der Nachhaltigkeitsidee orientierte berufliche Bildung löst sich aus ihrer funktionalistischen Verengung und verstärkt das reflexive Lernen. Sie ist durch Offenheit und kommunikative Auseinandersetzung gekennzeichnet. Ein zusammenhängendes und einsichtsvolles Lehren und Lernen wird angestrebt, um ein Handlungswissen verfügbar zu machen, auf dessen Grundlage Problemsituationen und Aufgaben adäquat gelöst bzw. bearbeitet werden können. Ziel ist es, dem einzelnen eine Verhaltensänderung im Sinne einer humanen, umweltschonenden Produktion und Konsumtion zu ermöglichen. Dabei geht es nicht um Vereinheitlichung, sondern vor allem um eine Differenzpflege" (Fischer 1998, S. 14).

Diese beiden Richtungen prägen den deutschen Diskurs über berufliche Bildung für eine nachhaltige Entwicklung: Zum einen sollen Inhalte, die etwas mit dem Leitbild „nachhaltige Entwicklung" zu tun haben, in die berufliche Bildung integriert werden (z. B. ein sparsamer Umgang mit Ressourcen). Zum anderen soll die Leitidee „nachhaltige Entwicklung" selbst im Rahmen beruflicher Bildung thematisiert werden, damit die Lernenden in die Lage versetzt werden, sich aktiv und kompetent am Diskurs über nachhaltige Entwicklung auf gesellschaftlicher und betrieblicher Ebene zu beteiligen.

Somit sind die Analyse des Bedarfs an Fachkräften sowie die Erhebung der zur Installation, Instandsetzung und -haltung von OWEA benötigten beruflichen Kompetenzen und Kompetenzen von hoher wirtschafts- und gesellschaftspolitischer Bedeutung. Hierzu verfügt die Berufsforschung und -wissenschaft über geeignete Instrumentarien und Methoden und kann dadurch einen wesentlichen Beitrag zur nachhaltigen Entwicklung im Sektor der Windkraftenergie leisten.

3 Der Sektor der Offshore-Windenergie und seine Strukturen

3.1 Ein geschichtlicher Exkurs

Mechanische Anlagen zur Gewinnung und Übertragung von Kräften bzw. von Energie haben eine lange Tradition. Schon Windmühlen und Wasserräder nutzten die regenerativen Ressourcen Wind und Wasser. Mit Beginn der industriellen Revolution und der Entdeckung der Elektroenergie gerieten diese Energiequellen immer mehr in den Hintergrund. Nach einer etwa 200 Jahre dauernden Unterbrechung durch das Industriezeitalter erfolgt nunmehr die erneute Hinwendung zu regenerativen Ressourcen (vgl. Schabbach 2007). Gemessen an der Nutzungshistorie kann dabei zwischen alten erneuerbarer Energien, wie zum Beispiel Wasserkraft, und neuen, wie etwa der Photovoltaik unterschieden werden (vgl. Wüstenhagen 1998, S. 16).

Die Geschichte der Windenergienutzung zur Stromerzeugung begann vor etwa 120 Jahren. Der Däne Poul La Cour baute im Jahr 1891 eine Windkraftanlage, die einen Dynamo antrieb (vgl. Rüdiger/Oppermann 2010, S. 94 f.). Sein Ziel war es, eine Möglichkeit zur Versorgung der ländlichen Gebiete Dänemarks mit Elektrizität zu entwickeln. Bereits der Beginn der Stromerzeugung durch Windkraft ist charakteristisch für die weitere Entwicklungsdynamik in den folgenden Jahrzehnten. Die Innovationsschübe sind bis zum Aufkommen eines Umweltbewusstseins ausschließlich an die Ressourcenknappheit gebunden (vgl. Hau 2008, S. 36 ff.). In erster Linie galt und gilt es, die Abhängigkeit vom Rohstoff Erdöl zu verringern.

So kann beispielsweise das deutsche Windenergieanlageprojekt GROWIAN (Große Windkraftanlage) als Reaktion seitens der Politik auf die Ölkrise in den 1970er-Jahren betrachtet werden (vgl. ebd., S. 47). Mit dieser ersten Anlage wurde versucht, gleich vom Start weg in eine Größenklasse über 3 MW einzusteigen. Allerdings konnten die technischen Herausforderungen für den Prototyp in dieser Skalierung nie gelöst werden, so dass große Unternehmen für das Erste ihr Interesse an der Windenergie weitgehend verloren. Damit war der Weg frei für kleinere Betriebe und ein eher organisches Wachstum der Anlagen entlang der technologischen Entwicklung. Erfolgreich waren Anfang der 1980er-Jahre eher kleine dänische Landmaschinenbauer, wie etwa Vestas, Bonus oder Nordtank, die kleinere Anlagen mit einem Rotordurchmesser bis 15 m, Flügeln aus glasfaserverstärktem Kunststoff und mit einem bewährten technischem Design umsetzten (vgl. Gasch/Twele 2011, S. 35). Im Grunde sind diese Hersteller erst heute in der Größenklasse angelangt, an der die Großunternehmen z. B. mit GROWIAN gescheitert sind. Mittlerweile sind aber auch die Hersteller der ersten Stunde meist selbst Großunternehmen geworden, wie das Unternehmen Vestas, das heute weltweit mehr als 20.000 Mitarbeiter/-innen beschäftigt (vgl. Vestas 2012).

Die Entwicklung der Windenergie vollzog sich vorerst an Land. Mit der Einführung des EEG entwickelten sich dieser Onshore-Markt und die Technologien auch in Deutschland. Das Hochskalieren der Leistung der Anlagen führte dazu, dass Anlagen über 1 MW zunehmend vom bewährtem dänischen Design mit starren Flügeln und entsprechend der Netzfrequenz fester Drehzahl abwichen und als drehzahlvariable Anlagen mit veränderlichem Anstellwinkel der Flügel und Frequenzumrichtern konzipiert wurden. Parallel entwickelte gerade die Firma Enercon einen Anlagentypus, der auf ein Getriebe verzichten konnte. Damit wurde das Unternehmen zum deutschen Marktführer.

Im Offshore-Bereich leisteten dänische Unternehmen Pionierarbeit. Im Jahr 1991 wurde der weltweit erste Offshore-Windpark Vindeby in Betrieb genommen. Elf Windenergieanlagen vom Typ Bonus 450 kamen auf eine Gesamtnennleistung von fünf Megawatt. Das deutsche Engagement bezog sich zunächst fast ausschließlich auf den Onshore-Bereich. Zwar gab es bereits Anfang der 1930er-Jahre erste Überlegungen für Offshore-Windenergieanlagen, die Realisierung einer ersten Testanlage sollte jedoch bis zum Jahr 2004 und eines ersten Testwindparks bis zum Jahr 2010 dauern (vgl. Tab. 3). Das ist zum einen auf den im Vergleich zu Ländern wie Dänemark, England oder Schweden verhältnismäßig kleinen Küstenbereich zurückzuführen und zum anderen auf die durch Meeresnaturschutz erschwerten Bedingungen, in der deutschen AWZ Windenergieanlagen zu errichten. Zudem besteht in Bezug auf die Errichtung von Offshore-Bauwerken generell nur wenig Erfahrung in Deutschland, was die Entwicklung des Offshore-Segments zusätzlich erschwert. Ebenso kann in Deutschland im Vergleich zu Ländern wie Großbritannien, Norwegen oder Dänemark kaum auf Erfahrungen aus dem Offshore-Ölgeschäft zurückgegriffen werden. Deutschlands einzige Bohrinsel „Mittelplate" liegt direkt in der Elbmündung auf einer künstlich aufgeschütteten Insel im Wattenmeer (vgl. RWE 2012).

Der erste deutsche Offshore-Windpark Alpha Ventus wurde im April 2010 in Betrieb genommen. Die jeweils sechs Anlagen des Typs Multibrid M5000 und des Typs REpower 5M speisten laut positiver Zwischenbilanz bis Ende Januar 2011 230 GWh in das deutsche Stromnetz ein (vgl. DOTI 2011a). Mit der Forderung nach mehr staatlichen Hilfen zeigen die Betreiber aber auch, dass es Herausforderungen gibt, die noch nicht gelöst wurden. Ein Hinweis darauf könnte bspw. der notwendig gewordene Austausch der Gondeln der M5000 sein, der auf ein Getriebeproblem zurückzuführen war (Knight 2010). In einem Artikel im Jahr 2011 äußerte einer der Befragten, dass jede einzelne Anlage zurzeit etwa 450 Servicestunden im Jahr benötige; das Ziel seien 150 Stunden, damit sich das Projekt rechne (vgl. Smoltczyk 2011).

Im März 2010 wurde mit der Installation des ersten kommerziellen Windparks „Bard Offshore 1" nordwestlich von Borkum begonnen. Es sollen dort 80 Windenergieanlagen der 5-MW-Klasse und eine Wohnplattform für das Servicepersonal errichtet werden (vgl. BARD Engineering o. J.). Derzeit sind 40 WEA installiert und am Stromnetz. Die Fertigstellung des Parks musste vom Jahr 2011 auf das Jahr 2013 verschoben werden. Ursachen dafür waren unter anderem die Wetterverhältnisse und Probleme mit dem eigenen Aufbauschiff. Parallel wurde von finanziellen Schwierigkeiten berichtet, die mit dem ersten Windpark von Bard in Zusammenhang stehen sollen, da die Kosten sich von 1,5 Mrd. Euro auf 1,7 Mrd. Euro erhöhten und mit einer weiteren Kostensteigerung gerechnet wird (vgl. Werner 2011).

Die Stromerzeugung durch Windkraft, besonders im Offshore-Bereich, wird trotz aller Herausforderungen als zukunftsweisend betrachtet. Das zeigt sich u. a. in wissenschaftlichen Untersuchungen, die das immense Potenzial des Windangebotes in der deutschen AWZ der Nordsee belegen (vgl. Greenpeace 2010). In dem Energiekonzept der Bundesregierung (vgl. BMWi/BMU 2010, S. 8) wird deshalb eine Beschleunigung des Ausbaus der regenerativen Energien im Offshore-Bereich gefordert.

Der gesamte Sektor der Stromerzeugung aus Windenergie mit seinen beiden Subsektoren Onshore- und Offshore-Windenergiegewinnung ist demnach ein junger und verhältnismäßig dynamischer Wirtschaftsbereich. Viele Unternehmen haben in diesem Sektor große und schnelle (Weiter-)Entwicklungen beschritten und sind über die Jahre gewachsen. Trotzdem befindet sich der Bereich in einer politischen Abhängigkeit, die insbesondere durch das EEG und den internationalen Wettbewerb bedingt ist. Derzeit befindet sich der Sektor in einem Übergangsbereich von der eher manufakturellen hin zur industriellen Fertigung. Dies scheint auch dringend geboten und notwendig, damit die europäischen Hersteller im Vergleich zur Konkurrenz als Fernost und Indien bestehen können. Der technologische Wandel wird aber nur durch Produktion im industriellen Maßstab und mit entsprechend professionalisierten Mitarbeiter(n)/-innen nach dem Vorbild der deutschen Kfz-Industrie funktionieren können. Um auf höhere Produktionszahlen zu kommen, steht der Sektor vor einigen Maßnahmen zur Konsolidierung.

3.2 Abgrenzung, Definition und Strukturen des Offshore-Windenergiesektors

3.2.1 Abgrenzung und Definition

Ein Sektor zeichnet sich aus durch:

- ein Fachgebiet mit vergleichbaren Arbeitsaufgaben und ähnlichen Produktions-, Dienstleistungs- oder Servicestrukturen,

- das Vorhandensein nationaler und internationaler Daten, Statistiken und Studien für den Sektor,
- die Definition von Tätigkeiten in Anlehnung an statistische Systematiken (vgl. Spöttl 2006, S. 114).

> *Der Sektor der Offshore-Windenergie* ist somit die Branche bzw. das Fachgebiet, in dessen Zentrum Herstellung, Errichtung, Betrieb und Instandhaltung von Windenergieanlagen sowie Windparks auf dem Meer stehen.

Der Sektor der Offshore-Windenergiegewinnung kann in die Struktur der „Statistischen Systematik der Wirtschaftszweige in der Europäischen Gemeinschaft" (NACE) eingeordnet werden (vgl. Eurostat 2008). Danach wird das gesamte Feld als „Energieversorgung" (NACE Code 35) bezeichnet (siehe dazu Abb. 3). Ein Subbereich der Energieversorgung ist der Wirtschaftszweig der „Elektrizitätsversorgung" (NACE Code 351). Dazu gehört u. a. der Bereich der „Elektrizitätserzeugung" (NACE Code 3511). Dieser Wirtschaftszweig untergliedert sich unter anderem in die „Elektrizitätserzeugung mit Fremdbezug zur Verteilung" (NACE Code 35112). Für die Definition des zu analysierenden Sektors und seiner Spezifika kann der diesem Bereich zugeordnete NACE-Wirtschaftszweig „Stromerzeugung aus Windenergie" (NACE Code 351121) zusätzlich in die Subsektoren Onshore- und Offshore-Windenergiegewinnung unterteilt werden.

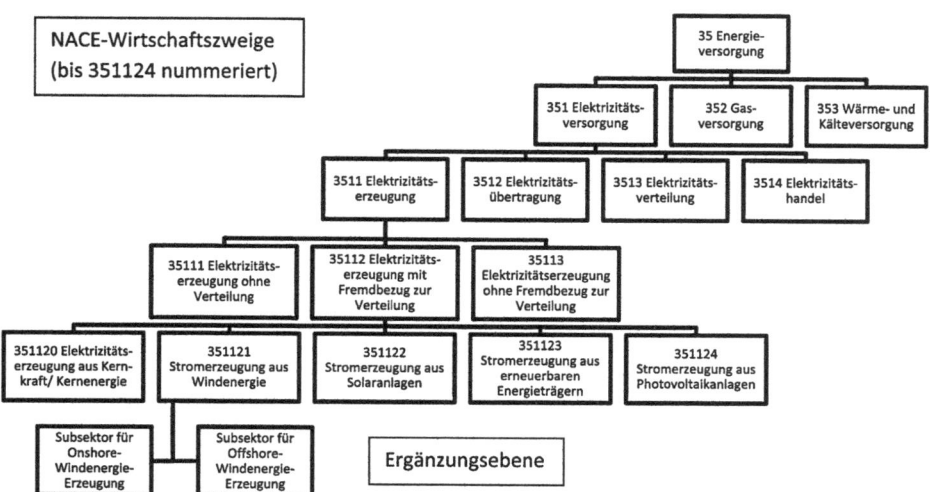

Abb. 3: *Statistische Systematik der Wirtschaftszweige der Europäischen Gemeinschaft und Ergänzung für die On- und Offshore-Windenergiegewinnung (eigene Darstellung)*

Die Bruttostromerzeugung aus Windenergie ist derzeit mit einem Anteil von 8 % noch eine untergeordnete Quelle im deutschen Energiemix (vgl. BMWi 2012, S. 35). Bislang decken die Industrieländer ihren Energiebedarf primär durch den Verbrauch von fossilen Energieträgern wie Erdöl, Kohle und Erdgas. So wuchs der Weltprimärenergieverbrauch um 5,6 % im Jahr 2010, so stark wie seit 1973 nicht mehr (vgl. BP 2011, S. 42). Die Steigerungsraten für Öl, Erdgas, Kohle, Kernenergie und Elektrizität aus Wasserkraft lagen über dem Durchschnitt, wobei der Anteil der Kohle im Weltenergiemix stetig steigt (ebd.). Hieraus werden elektrischer Strom und Wärme, aber auch Kraftstoffe zum Antrieb von Motoren und Maschinen gewonnen. Daneben wird Erdöl zur Herstellung von Kunststoffen und anderen Chemieerzeugnissen benötigt. Durch absehbar endliche Vorkommen der fossilen Energieträger rücken erneuerbare Quellen wieder stärker in den Fokus.

Es kann festgehalten werden, dass die elektrische Energieerzeugung und -versorgung in der Bundesrepublik derzeit auf drei grundlegenden Energieträgern basiert. Dies sind *fossile Energieträger, Nuklearenergie* und die *regenerativen Energien*.

Tab. 2: *Eckdaten erneuerbare Energien in Deutschland 2009/2010 (vgl. BMU 2011a, S. 3)*

	2009	**2010**	**Veränderung 2009/2010**
Endenergie aus erneuerbaren Energien	252 Mrd. kWh	275 Mrd. kWh	+ 9,1 %
Anteile EE am gesamten Endenergieverbrauch1)	10,4 %	11,0 %	+ 5,8 %
Anteil EE-Strom am gesamten Stromverbrauch	16,3 %	16,8 %	+ 3,1 %
Anteil EE-Wärme am gesamten Endenergieverbrauch für Wärme2)	9,1 %	9,8 %	+ 7,7 %
Anteil EE am gesamten Kraftstoffverbrauch3)	5,5 %	5,8 %	+ 5,5 %
Anteil EE am gesamten Primärenergieverbrauch4)	8,9 %	9,4 %	+ 5,6 %
durch EE vermiedene **- Treibhausgas-Emissionen** **- CO2-Emissionen**	111 Mio. t 110 Mio. t	120 Mio. t 117 Mio. t	+ 8,1 % + 6,4 %
Investitionen in EE-Anlagen	20,7 Mrd. €	25,5 Mrd. €	+ 23,2 %
Beschäftigte im EE-Bereich	339.500	366.000	+ 7,8 %

Die Tab. 2 zeigt unter anderem, dass der Anteil der erneuerbaren Energien in Deutschland steigt. So wurden im Jahr 2010 insgesamt 275 Mrd. kWh Strom aus nachhaltigen Quellen erzeugt. Dies bedeutet einen Zuwachs von 9,1 % zum Vorjahr. Durch die Zuwächse konnte Deutschland als einziges EU-15-Land bereits im Jahr 2008 die individuelle Zielvorgabe der Richtlinie des Europäischen Parlaments und des Rates vom 27. September 2001 zur Förderung der Stromerzeugung aus erneuerbaren Energiequellen im Elektrizitätsbinnenmarkt in Bezug auf den Anteil der erneuerbaren Energien am Stromverbrauch entsprechen (vgl. KPMG 2010, S. 28). Ebenfalls konnte die Anzahl der Beschäftigten im Bereich der regenerativen Energien in Deutschland auf 366.000 Mitarbeiter/-innen ausgebaut werden.

Im Vergleich zu weiteren regenerativen Energiequellen wie Wasserkraft oder Photovoltaik hat die Nutzung der Windenergie seit 1990 am deutlichsten zugenommen (vgl. Abb. 4). Die installierte Leistung im Bereich der Windenergie stieg ab dem Jahr 1990 von 55 MW bis auf 27.204 MW im Jahr 2010 an. Die dargestellte Entwicklung bezieht sich auf den Onshore- und Offshore-Sektor.

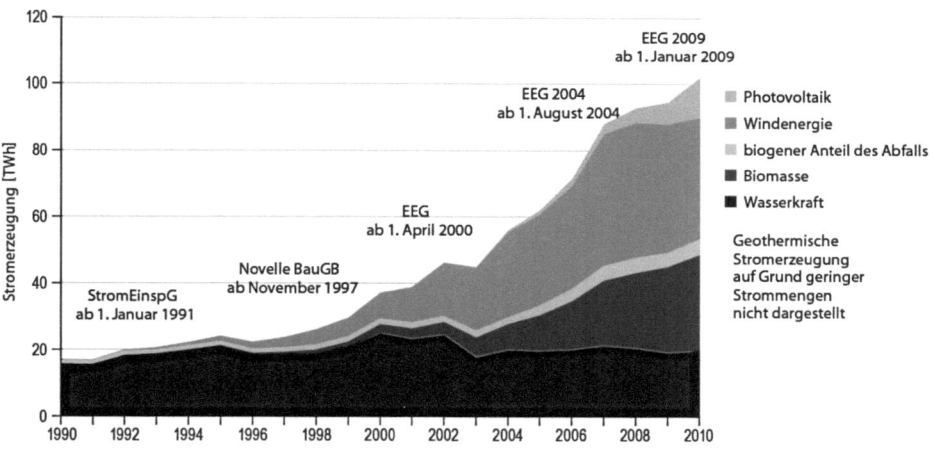

Abb. 4: Entwicklung der regenerativen Energien von 1990 bis 2010 (vgl. BMU 2011b, S. 21)

> Der Sektor der Energiegewinnung aus *regenerativen Ressourcen* lässt sich demnach in die Bereiche *Photovoltaik, Windenergie, Biomasse* und *Wasserkraft* aufteilen.

Die bis zum Ende des Jahres 2012 in Deutschland errichteten 23.030 WEA an Land und auf See entsprechen einer installierten Gesamtleistung von 31.307 MW (vgl. BWE 2013). Bis zum Jahr 2015 ist der Ausbau um 10.927,5 MW in der Nord-

und Ostsee geplant (vgl. European Wind Energy Association (EWEA) 2009). Die über 4.900 Anlagen aller in Betrieb befindlichen und der bereits genehmigten deutschen OWP sollen nach ihrer Fertigstellung insgesamt 22,55 GW Windstrom auf See produzieren können, so die Planung der Bundesregierung. Unter Berücksichtigung der darüber hinaus noch im Genehmigungsverfahren befindlichen Offshore-Windparks erhöht sich nach derzeitiger Datenlage die im optimalen Fall erreichbare Nennleistung um weitere 13,98 GW auf insgesamt 36,53 GW (vgl. Dena o. J.).

Trotz aller Herausforderungen rückt durch die politisch gewollte Bedeutung der Windenergie zur Stromerzeugung in Deutschland die Offshore-Technologie mit in den Vordergrund. So prognostiziert die Husum Wind Energy, dass durch den limitierten Umfang an verfügbaren Flächen für Onshore-Windenergieanlagen ab dem Jahr 2020 eine höhere Energieausbeute auf dem Festland ausschließlich durch das Ersetzen alter Anlagen durch leistungsstärkere neue, dem sogenannten Repowering, zu erreichen sein wird. Damit einher geht der Ausbau der Windenergiegewinnung auf See (vgl. Abb. 5).

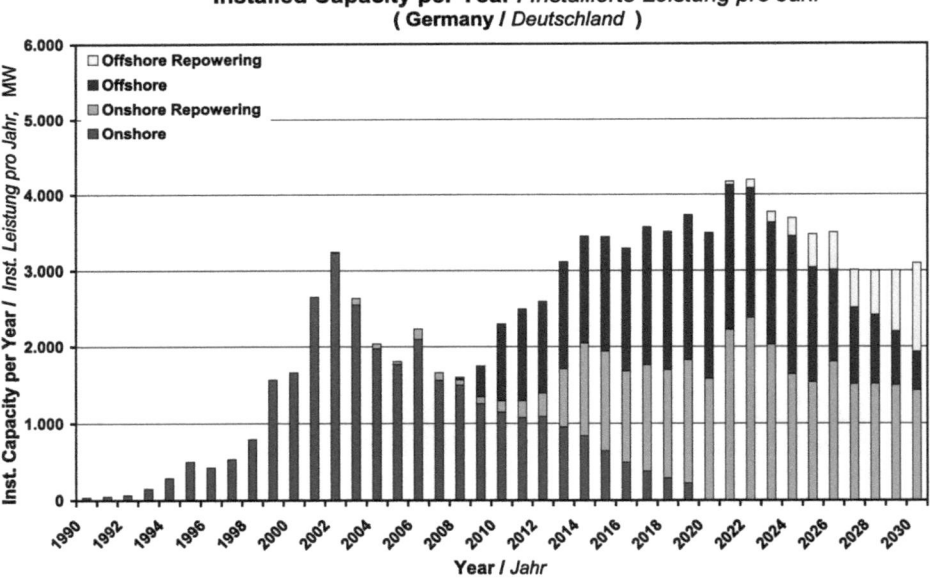

Abb. 5:   Neu installierte Windenergieleistung pro Jahr (vgl. Husum WindEnergy 2008)

So sollen allein in den Jahren 2019 und 2020 Offshore-Windenergieanlagen mit einer maximalen Gesamtleistung von annähernd 2.000 MW pro Jahr installiert werden – was 400 OWEA mit je 5 MW Leistung oder 5 neuen Offshore-Windparks in der Größe von Bard Offshore 1 entspricht. Bemerkenswert ist der ab dem Jahr

2021 zunehmende Wert des „Offshore Repowering". Das bedeutet, dass auch im Offshore-Segment leistungsärmere Anlagen gegen leistungsstärkere ausgetauscht werden, um die Effizienz der Windparks zu steigern.

> Der Subsektor der *Offshore-Windenergiegewinnung* lässt sich gemeinsam mit dem Subsektor der *Onshore-Windenergiegewinnung* im Bereich der *Stromerzeugung aus Windenergie* subsumieren.

Die Ausweisung eigenständiger Subsektoren für die Onshore- und die Offshore-Windenergiegewinnung scheint notwendig, da diese beiden Sektoren zwar auf der einen Seite in Teilen vergleichbar sind, auf der anderen Seite aber auch deutlich unterschiedliche An- und Herausforderungen in Bezug auf Arbeit, Technik und damit auch auf Bildung mit sich bringen. So unterscheidet sich der Offshore- vom Onshore-Sektor bspw. durch unterschiedliche und komplexe Korrosionsschutzsysteme, aufwändigere Belüftungsanlagen, schwierige Arbeitsbedingungen auf hoher See alleine schon für den Zugang zu den Offshore-Windenergieanlagen sowie besondere Aus- und Weiterbildungsanforderungen bspw. für das Erlernen des Verhaltens bei einer Notwasserung eines Helikopters oder des Überlebens auf See. Diese grundlegenden Unterschiede werden unten weiter herausgearbeitet.

3.2.2 Struktur und kategorisierte Bereiche

Es stellt sich die Frage, wie die Struktur eines Sektors weiter analysiert und herausgearbeitet werden kann. Spöttl und Becker untergliedern dazu bspw. den NACE-Wirtschaftszweig für die Herstellung von Kraftwagen und von Kraftwagenteilen in die Kategorien

- Produktion und Berufe, die diese bewerkstelligen,
- Service, Reparatur und Handel (vgl. Becker/Spöttl 2008, S. 77).

Diese Form der Untergliederung eines Wirtschaftssektors in trennscharfe Kategorien lässt sich auch für den Subsektor der Offshore-Windenergiegewinnung (im Folgenden wird dieser Sektor auch kurz Offshore-Sektor benannt) anwenden. Da sich die einzelnen Teilbereiche des Sektors in Bezug auf die erstellten Produkte und Dienstleistungen, die Technik und Technologien, die Facharbeit, die Arbeits- und Qualifizierungsanforderungen und die beteiligten Berufe unterscheiden und beschreiben lassen, wird an dieser Stelle eine entsprechende differenziertere Kategorisierung und damit auch Strukturierung des Sektors vorgenommen. Danach ergibt sich für den Offshore-Sektor folgende Sektorstruktur:

- *Anlagenkomponenten* – Produktion und Berufe, die sich mit dem Bau von Komponenten für OWEA beschäftigen. Anlagenkomponenten können bspw. Gründungselemente, Tragstrukturen, Flügel, Türme, Crew-Transfer-Systeme, Brandschutzeinrichtungen sein. Abgesehen vom Bau von Flügeln aus Kunststoffen sind in dieser Kategorie eher Unternehmen aus dem Stahlbau zu finden.
- *Anlagenherstellung* – Produktion von Windenergieanlagen und Berufe, die dies bewerkstelligen. Bei der Herstellung von OWEA gibt es verschiedene Positionen in Bezug auf die Anlagentechnik wie z. B. aufgelöste, integrierte oder getriebelose Anlagen sowie in Bezug auf die verschiedenen Fertigungstiefen der Anlagenhersteller. Am Markt gibt es einige Unternehmen, die ausschließlich OWEA produzieren (bspw. Areva, Bard). Trotz aller Ähnlichkeiten der Anlagen, unterscheiden sich Offshore-Anlagen technisch durchaus in Details von Onshore-Anlagen, wie z. B. in Zusatzspezifikationen: Lüftung, Blitzschutz, Brandschutz, Warnbefeuerung, Korrosionsschutz etc.
- *Planung/Projektierung* – Tätigkeiten zur Planung und Projektentwicklung von Windparks auf hoher See und Berufe, die dieses leisten. Im Offshore-Sektor gibt es eine Anzahl von Unternehmen, die sich auf diesen Schwerpunkt spezialisiert haben und entsprechende Projekte planen, ausführen lassen und später meist veräußern.
- *Errichtung* – Bereich, der sich mit der Montage und Errichtung von Offshore Windparks beschäftigt. Dies geht von der Installation von OWEA samt Gründungswerken, Gondeln, Rotoren o. ä. über den Aufbau von Umspann- und Wohnplattformen im Park bis hin zur Parkverkabelung und Inbetriebnahme. Neben den technischen Herausforderungen spielt die Logistik bei dieser Kategorie eine bedeutende Rolle.
- *Betrieb* – Berufe, die sich mit dem Betrieb von Windparks beschäftigen. Diese maritime Parküberwachung geschieht vor Ort oder von einer Leitwarte an Land aus. Die Analyse der Daten der Condition-Monitoring-Systeme und anderer Betriebsdaten, die Planung von Offshore-Einsätzen und die kaufmännische Betriebsführung stehen dabei im Mittelpunkt.
- *Service & Wartung* – Aufgaben und Berufe, die sich mit der Wartung und Instandhaltung von OWEA beschäftigen. Dabei ist die OWEA als Einheit von Rotor, Maschinenhaus, Turm mit Befahranlage und Gründungsbauwerk zu betrachten. Neben technischen Anforderungen werden große Anforderungen u. a. an das selbstständige und verantwortungsvolle Handeln der Fachkräfte, die Arbeitsvorbereitung und Sicherheitsaspekte gestellt.
- *Rückbau* – Der Rückbau ist ein wichtiger Bestandteil des Sektors, auch wenn es dafür derzeit noch keine erprobten Umsetzungsstrategien gibt. Allerdings ist diese Kategorie auch aus Gründen der Nachhaltigkeit unverzichtbar. Die Anlagen haben in der Regel einen geplanten Lebenszyklus von 20 Jahren.

Parallel zu diesen Kategorien, die auch als eine Sequenzierung verstanden werden können, liegen zwei weitere Kategorien, die alle anderen Punkte tangieren und beeinflussen:

- *Maritime Industrie und Logistik* – besondere Herausforderungen entstehen für die Logistik von Komponenten und Personen an Land und vor allem von Land auf See für die Zuführung in die Windparks bzw. das Leben auf den Offshore-Baustellen. Hierfür sind spezielle Kompetenzen und Qualifikationsprofile notwendig. Diese Kategorie umfasst auch mögliche Helikoptertransfers vom Festland in die Parks.
- *Klassifizierung/Investitionen/Versicherung* – Offshore-Windenergieanlagen benötigen spezielle Klassifizierungen von speziellen Prüfgesellschaften wie dem Germanischen Lloyd. Auch Banken und Versicherungen beschäftigen Spezialisten für den Offshore-Sektor.

Diese kategoriale Sektorstruktur könnte auch für den Sektor der Onshore-Windenergiegewinnung Anwendung finden. Allerdings unterscheiden sich beide Systeme in der inhaltlichen Ausgestaltung zum Teil durch unterschiedliche Komponenten und logistische Herausforderungen, verschiedene Arbeitsbedingungen und weitere Merkmale, die im Verlauf weiter herausgearbeitet werden. Viele Herausforderungen im Zusammenhang mit den angesprochenen Kategorien bzw. mit dem Sektor der Offshore-Windenergiegewinnung sind allerdings noch nicht bekannt, da dieser erst am Anfang seiner Entwicklung steht.

3.3 Einordung der Offshore-Windenergie in den Bereich der regenerativen Energien

3.3.1 Daten und Statistiken zur Offshore-Windenergie

Bemerkenswert an dem Subsektor der Offshore-Windenergiegewinnung ist die Tatsache, dass es sich dabei schon zu Beginn seiner Entwicklung um einen globalen Markt handelt. Nicht nur, dass viele Staaten die Energiegewinnung auf dem Meer als eine Möglichkeit sehen, zukünftig nachhaltig Strom zu produzieren; auch der Aufbau eines Windparks in der Deutschen AWZ wird durch internationale Akteure realisiert.

Der Global Wind Report vom Global Wind Energy Council (GWEC) spricht von einem Rekordjahr 2010, in dem weltweit 308 neue OWEA ans Netz gingen und dabei eine Leistung von 883 MW erbrachten (vgl. GWEC o. J., S. 38 ff.). Die gesamte installierte Offshore-Leistung sah das GWEC im Jahr 2010 bei 2,95 GW.

Derzeit befinden sich 10 weitere Offshore-Projekte in der EU in Umsetzung. Sind diese in den nächsten Jahren vollständig am Netz angeschlossen, wächst die Offshore-Stromkapazität auf 6 GW (vgl. ebd.).

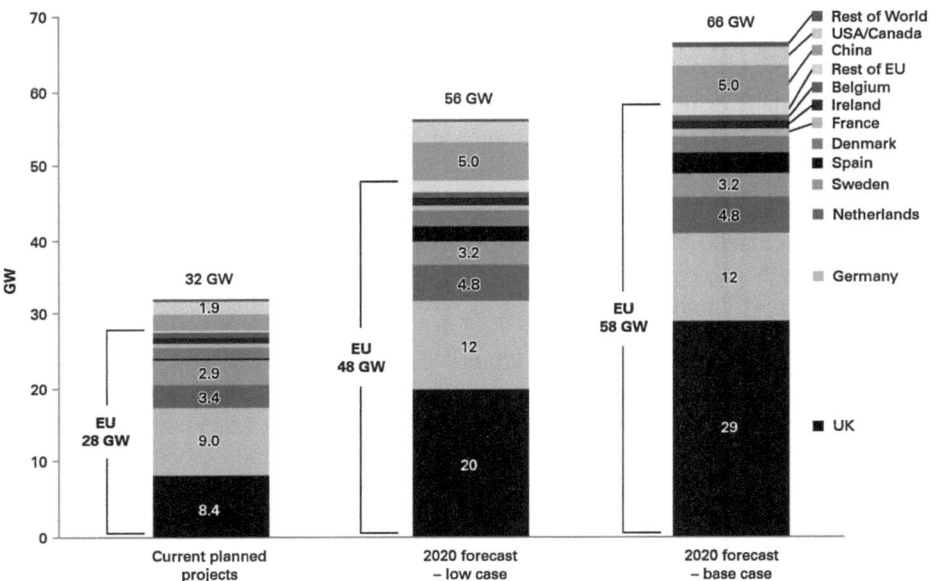

Abb. 6: *Prognose des Ausbaus der weltweiten Offshore-Windenergiegewinnung (Quelle: Carbon Trust 2008, S. 15)*

Weltweit gehen die Experten von einem intensiven Ausbau der Offshore-Windenergiegewinnung aus, wobei entsprechend einer Studie des Carbon Trusts der Fokus auf dem europäischen Markt liegt (vgl. Abb. 6). Dabei stellt sich gerade Großbritannien als verhältnismäßig schnell wachsender Markt heraus, was an der vergleichsweise hohen Einspeisevergütung von 18,1 ct/kWh (vgl. KPMG 2010, S. 25), der vorhandenen Offshore-Erfahrung durch die Ölindustrie, steuerlichen Vorteilen und der Möglichkeit, Anlagen auch in geringeren Wassertiefen als in Deutschland aufstellen zu können, liegen dürfte. Daher ist Großbritannien, wie auch aus Abb. 7 ersichtlich, derzeit der europäische Sektorprimus. An zweiter Stelle folgt Dänemark.

In Dänemark wurden schon verhältnismäßig frühzeitig Offshore-Windparks errichtet. Der Windpark Vindeby Offshore ist schon seit dem Jahr 1991, der Windpark Tuno Knob seit dem Jahr 1995 in Betrieb (vgl. Bruns/Köppel/Ohlhorst/Schön 2008, S. 157).

Der Sektor der Offshore-Windenergie und seine Strukturen 47

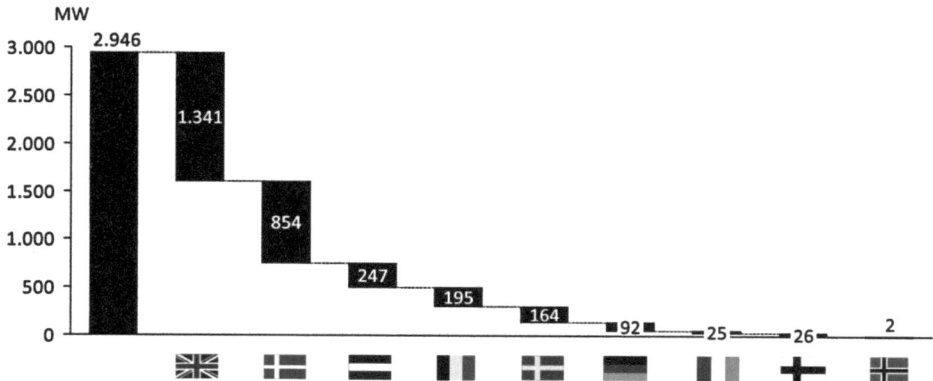

Abb. 7: Länderaufteilung der installierten Offshore-Windleistung in Europa (Quelle: WAB Branchenbericht 2011, S. 20)

Entsprechend groß ist auch der Wissensvorsprung dänischer Turbinenhersteller, was sich in der Anzahl der bereits auf See installierten Anlagen niederschlägt. Dies verdeutlicht die Abb. 8, aus der ersichtlich wird, dass sowohl Vestas als auch Siemens die Marktführerschaft für OWEA unter sich ausmachen.

Generell befindet sich der Offshore-Sektor noch in einer relativ jungen Phase der Entwicklung. In den folgenden Jahren wird sich der Subsektor höchst wahrscheinlich immer mehr zu einem eigenständigen Industriezweig entwickeln. Dieses ist auch notwendig, um die Kosten für Offshore-Windparks und damit für den erzeugten Strom langfristig senken zu können, um damit zum einen bei gleich bleibender Einspeisevergütung die Marge und damit die Verzinsung des investierten Kapitals für die Unternehmen zu erhöhen und zum anderen im Wettbewerb der regenerativen Energien wettbewerbsfähig zu werden. Der deutsche Markt befindet sich derzeit noch in einer Entwicklungsphase. Verschiedene Konzepte von der Windturbine über das Fundament bis zum Wartungskonzept werden erprobt. Der Markt steht an der Schwelle zur Industrialisierung. War er bislang eher durch mittelständische Strukturen geprägt, treten immer mehr große Unternehmen und Konzerne ein.

Wie eingangs beschrieben, verfolgt die Bundesregierung ebenfalls eine Strategie zum Ausbau der Offshore-Windenergieerzeugung.

So besteht vorrangiger Handlungsbedarf, den Ausbau der Offshore-Windenergie deutlich zu beschleunigen. Um die Offshore-Windleistung bis 2030 auf 25 GW auszubauen, müssen insgesamt etwa 75 Mrd. Euro investiert werden" (BMWi/BMU 2010, S. 8). So beginnt der Passus für den Ausbau der Offshore-Energie im Energiekonzept für eine umweltschonende, zuverlässige und bezahlbare Energieversorgung der Bundesregierung. Ausgehend von einer durchschnittlichen Nennleistung einer OWEA von 5 MW, sollen also bis zum Jahr 2030 5.000 Anlagen in der deutschen AWZ errichtet werden. Dies sind rund 270 pro Jahr. Hinzu kommen weitere Anrainer-Länder, die ebenfalls in Offshore-Windenergie investieren werden. Ziel ist es, bis zum Jahr 2020 eine Offshore-Windleistung von 10 GW zu erreichen (vgl. WAB 2011b, S. 21). Mit dem Kreditprogramm „Offshore-Windenergie" der Kreditanstalt für Wiederaufbau (KfW) möchte die Bundesregierung dem Finanzbedarf des Sektors Rechnung tragen und unterstützt mit insgesamt fünf Milliarden Euro Kreditvolumen die Finanzierung von bis zu zehn Offshore-Windparks (vgl. BMWi 2011). Auch die Novelle des Erneuerbare-Energien-Gesetzes (EEG) soll zur Beschleunigung des Offshore-Ausbaus beitragen.

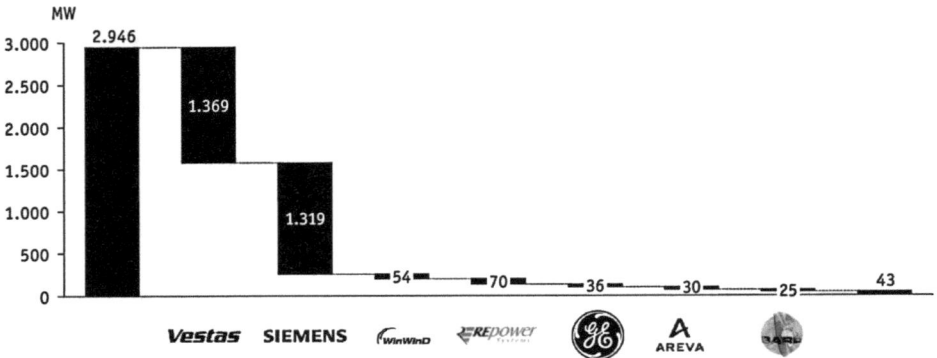

Abb. 8: *Kumulierter Marktanteil 1991-2010 - Europa (Quelle: WAB 2011a, S. 22)*

Die ursprüngliche Strategie der Bundesregierung zum Ausbau der Offshore-Windenergie (vgl. Bundesregierung 2002, S. 8) ging im Jahr 2002 davon aus, dass zwischen 2003/04 und 2006 mindestens 500 MW und zwischen 2007 und 2010 2.000 – 3.000 MW hätten errichtet werden können. Die Tab. 3 zeigt, dass diese Ziele verfehlt wurden. Bis zum Jahr 2006 wurden 8 MW Offshore-Leistung errichtet; bis zum Jahr 2011 waren 198 MW am Netz (vgl. WAB 2011a). In der im Auftrag des BMU erstellten Leitstudie 2010 korrigierten die Verfasser den Offshore Ausbau. Sie gehen jetzt davon aus, dass bis zum Jahr 2020 10 GW und bis zum Jahr 2030 25 GW Nennleistung auf See errichtet werden können (vgl. BMU 2010c, S. 48).

Tab. 3: Übersicht über alle deutschen Offshore-Windparks im Betrieb oder Bau 2011 (vgl. 4C Offshore 2012)

Wind-park	Region	Distanz zur Küste [km]	Projekt-kosten [Mio. €]	Fertig-stellung	Nenn-leistung Park [MW]	Nenn-leistung Turbine [MW]	Anzahl Turbi-nen	Funda-ment
Alpha Ventus (Borkum West I)	Nordsee/ AWZ	56	250	2010	60	5	12 (Areva M5000 und RE-power 5M)	Tripod/ Jacket
Breit-ling	Ostsee/ 12 sm Zone	0,3	k.A.	2006	3	2,5	1 Nordex N90/ 2500 HS	Schwerlast
EnBW Baltic 1	Ostsee/ 12 sm Zone	16	200	2011	48	2,3	21 SWT-2.3-93 Siemens	Monopile
ENOVA Offsho-re Pro-ject Ems	Nordsee/ 12 sm Zone	0,6	k.A.	2004	5	4,5	1 Ener-con E-112	Monopile
Hooksiel	Nordsee/ 12 sm Zone	0,4	k.A.	2008	5	5	1 Bard 5.0	Tripile
In Bau befindliche Windparks mit partieller Stromproduktion								
Bard Offsho-re I	Nordsee/ AWZ	101	1.500	voraus-sichtlich 2013	400	5	80 Bard 5.0	Tripile
In Bau befindliche Windparks								
Borkum West II Phase I	Nordsee/ AWZ	66	860	voraus-sichtlich 2013	200	5	40 Areva M5000	Tripod

Auch wenn die Basisvergütung pro Kilowattstunde für Offshore-Anlagen deutlich über der Vergütung für Anlagen an Land liegt, so sind die Errichtungskosten auf See mehr als doppelt so hoch und mit dem Risiko hoher Schäden und damit hoher Kosten bei Betriebsunterbrechungen behaftet. Die Erzeugungskosten von Onshore-Windstrom liegen heute je nach Standort bei 6 bis 8 ct/kWh (vgl. Fraunhofer ISE 2012, S. 3). Die Abb. 9 zeigt, dass die Erzeugungskosten von Offshore-Windenergie deutlich über den Kosten anderer erneuerbarer Energien liegen und langfristig liegen werden. Bei dieser Berechnung ist fraglich, ob alle aktuellen Herausforderungen an Technik und Arbeit berücksichtigt werden konnten und ob damit nicht die Stromgestehungskosten noch höher anzusetzen sind.

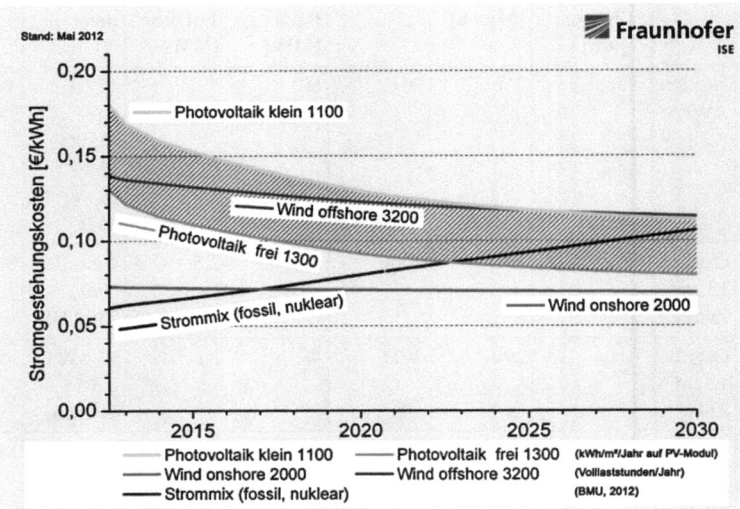

Abb. 9: Lernkurvenbasierte Prognose von Stromgestehungskosten erneuerbarer Energien in Deutschland bis 2030 (vgl. Fraunhofer ISE 2012, S. 4)

Die Herausforderungen für OWP zeigen, dass bei der Finanzierung von Offshore-Windparks Risiken eingegangen werden müssen, die Kreditinstitute und Investoren auch aufgrund der Finanzkrise eher scheuen. So haben 82 Prozent der Teilnehmer einer Umfrage der KPMG mittelstarke bis starke Auswirkungen der Finanzkrise auf die Kreditvergabe und damit auf die Finanzierungsfähigkeit von OWP festgestellt (vgl. KPMG 2010, S.44). Dies hat zur Folge, dass heute weniger OWEA als ursprünglich geplant realisiert werden konnten. So weist aktuell die Windenergie-Agentur WAB auf Finanzierungsprobleme bei Offshore-Windenergieprojekten hin und schlägt ein Beschleunigungsprogramm des Offshore-Windenergieausbaus vor (vgl. WAB 2011b). In die gleiche Kerbe schlagen die Betreiber des Windparks Alpha Ventus, die anmerken, dass die deutschen Rahmenbedingungen schwieriger seien als im europäischen Vergleich (vgl. DOTI 2011b). Hierzu gehören die weiten Küstenentfernungen und große Wassertiefen. Diese Gegebenheiten erfordern eine daran angepasste, aufwändige Anlagen- und Fundamenttechnologie sowie entsprechende Infrastrukturen. Diese Faktoren wirkten sich negativ auf die Wirtschaftlichkeit von deutschen Offshore-Windparks aus und sind dadurch investitionshemmend. Daher bedürfe nach Ansicht der Alpha

Ventus Betreiber die deutsche Offshore-Windindustrie zunächst ausreichender finanzieller Hilfestellungen, um den Industriezweig in Deutschland zu etablieren. Diese Worte richten sich vorrangig an staatliche Geldgeber, da das Akquirieren von Geldmitteln am Kapitalmarkt sehr schwierig ist. So „ist die aktuelle Diskussion im Offshore-Windsektor von akuten Finanzierungsengpässen geprägt" (KMPG 2010, S. 46).

3.3.2 Entwicklungstendenzen in der Offshore-Windenergie

Gerade an klaren Tagen im Winter wird es deutlich, warum der Ausbau der Energieerzeugung auf hoher See mitunter als die Zukunft der Windstromerzeugung angesehen wird; denn dann können Interessierte von Cuxhaven auf die Schleswig-Holsteiner Seite der Elbmündung blicken und eine große Anzahl von Windenergieanlagen sehen. Unzählige Flügel drehen sich dort an der Küste. Und dies nicht nur zum Gefallen der Anwohner. Gerade an den Anlagen der neuesten Multimegawatt-Generation, die bis zur Flügelspitze eine Höhe von bis zu 180 m und höher erreichen können, scheiden sich die Geister. Ein Beispiel: In der nordfriesischen Gemeinde Langenhorn sollen Anlagen mit einer Gesamthöhe von 150 m errichtet werden. Gegen dieses Vorhaben regt sich Widerstand von Bürgern. Sie befürchten die Zerstörung ihrer Landschaft, Lärmbelästigung oder sinkende Grundstückswerte. In vielen Gemeinden haben sich Bürgerinitiativen gebildet, die sich gegen die Ansiedlung neuer Windparks wehren. Auf der anderen Seite ist die Energiewende nur mit dem zunehmenden Ausbau regenerativer Energien als Ersatz für Energie aus fossilen Quellen zu schaffen. Darüber hinaus stellen derartige Windenergieanlagen einen Wirtschaftsfaktor dar und spülen Geld in die Kasse einer Gemeinde in einer eher strukturschwachen Region[7].

Zwar sieht der Bundesverband Windenergie (BWE) oder auch der BUND die Verlagerung der Windstrom-Produktion vom Land auf die See durchaus kritisch[8], es ist aber politischer Wille und auch Absicht der großen Elektrizitätsversorgungsunternehmen (EVU), sich auf das Offshore-Geschäft zu konzentrieren. Gerade die großen Stromkonzerne sehen ihre ökonomische Zukunft auch auf dem Meer und im internationalen Maßstab. So gab der Energieversorger E.ON am 15. Dezember 2011 eine Pressemitteilung heraus, in der das Unternehmen eine entsprechende In-

---

7   Dieser Fall wurde ausführlich in einer Dokumentation des NDR dargestellt.
8   Hermann Albers vom BWE bemängelt bspw., dass die Regierung sich stark für Windkraft auf See engagiere und damit den kostengünstigeren Ausbau an Land stoppe. Geplant seien von der Regierung 10 Gigawatt an Offshore-Leistung. Die Netzagentur rechne mit 12 bis 14 Gigawatt, wahrscheinlich aber sind nach Ansicht des BWE eher 7 Gigawatt.

vestition von 7 Mrd. Euro in den nächsten fünf Jahren ankündigte (vgl. E.ON 2011). Darunter fällt auch ein erstes konkretes Projekt von E.ON in Deutschland. Mit 80 Anlagen und einer Investitionen von 1 Mrd. Euro soll unweit von Helgoland der Windpark Amrumbank West bis zum Jahr 2015 errichtet werden. E.ON plant, zukünftig alle 18 Monate einen Offshore Windpark in Betrieb zu nehmen. Parallel errichtet das Unternehmen einen Offshore Windpark in England und Schweden. Ähnliche Pläne verfolgen auch die EVU Vattenfall und RWE.

In dem sich abzeichnenden „Big-Business" mit den erwarteten hohen Investitionssummen, dem hohen Aufwand bspw. für die Logistik und den technischen Herausforderungen liegt ein wesentlicher Kritikpunkt des Branchenverbandes BWE: Der bisherige Windenergiemarkt wurde nicht durch die großen EVU bestimmt, sondern das EEG half, dieses Monopol der Stromerzeugung ein Stück weit aufzubrechen, da sich auch kleinere Unternehmen, Genossenschaftsmodelle oder Bürgerwindparks als Stromproduzenten etablieren konnten. Diese eher mittelständisch geprägte Struktur – mitunter wird auch von der Demokratisierung der Stromerzeugung gesprochen – wird für Offshore-Windparks nicht oder nur schwer möglich sein, da Aufbau und Betrieb von OWP ungleich kapitalintensiver sind als der Betrieb an Land. So belaufen sich die geplanten Investitionen für den Windpark DanTysk mit 80 Anlagen und einer Nennleistung von insgesamt 288 MW auf mehr als 1 Mrd. Euro (vgl. Vattenfall 2012). Als ein Argument für die Nutzung der Offshore-Windenergie wird vielfach eine knappe Aufstellfläche für WEA an Land ins Feld geführt. Demgegenüber kommt eine Studie des BWE zum Potential der Windenergienutzung zu der Erkenntnis, dass durch die Nutzung von 2 % aller Landflächen in Deutschland bis zu 65 % des Bruttostromverbrauchs von 603 TWh im Jahr 2010 durch Windenergie gedeckt werden können (vgl. BWE 2011b, S. 4). Der potenzielle Energieertrag läge bei 390 TWh. Die Studie geht davon aus, dass bis zu 8 % der Landfläche außerhalb von Schutzgebieten und Wäldern und in genügender Entfernung zu Wohngebieten für die Windstrom-Erzeugung genutzt werden können.

Eine wesentliche Besonderheit im Vergleich zu internationalen Offshore-Windpark-Projekten ist, dass in Deutschland aus Gründen des Naturschutzes und Tourismus die Errichtung von Windenergieanlagen auf See (fast) ausnahmslos innerhalb der deutschen AWZ erfolgen darf. Dies gilt fast vollständig für die Nordsee und überwiegend auch für die Ostsee (vgl. Jarass/Obermair/Voigt 2009, S. 141), für die Nordsee vor allem deshalb, da die Wattenmeere als UNESCO-Weltkulturerbe besonderen Schutz verlangen. Entsprechend heißt es in der Strategie der Bundesregierung zur Windenergienutzung auf See: „Den Belangen des Umwelt- und Naturschutzes wird hinreichend dadurch Rechnung getragen, dass es grundsätzlich ausgeschlossen ist, Windparks in gem. § 38 BNatSchG [Allgemeine Vorschriften für den Arten-, Lebensstätten- und Biotopschutz, Anm. d. Verf.] ausgewiesenen Schutzgebieten [...] zu errichten, solange weniger schädliche Alternativen, insbesondere auch unter wirtschaftlichen Gesichtspunkten ausreichend nutzbare Eignungsgebiete, zur Verfügung stehen" (Bundesregierung 2002, S. 12). So war die Diskussion um die Entwicklung von OWP stets von Auseinandersetzungen um den Schutz der Meereslebensräume und möglichen Nutzungskonflikten mit Fischerei, Militär, Rohstoffexploration oder mit der Berufs- und Großschifffahrt begleitet (vgl. Jarass/Obermair/Voigt 2009, S. 122). Bessere Windressourcen auf hoher See und ein erhöhter garantierter Einspeisesatz durch das EEG, wenn sich ein Park in großer Küstenentfernung und tiefem Wasser in der AWZ befindet, stehen dementsprechend zusätzlichen technischen Anforderungen in Bezug auf die Turbinen, die Fundamente oder das Logistikkonzept gegenüber.

Die Abb. 10 gibt Aufschluss über die wesentlichen Hemmnisse bei der Umsetzung von Offshore-Windparks in Deutschland (vgl. KMPG 2010, S. 45 f.). Demnach stellt die Fremdkapitalbeschaffung derzeit die größte Hürde für den Aufbau von OWEA dar.

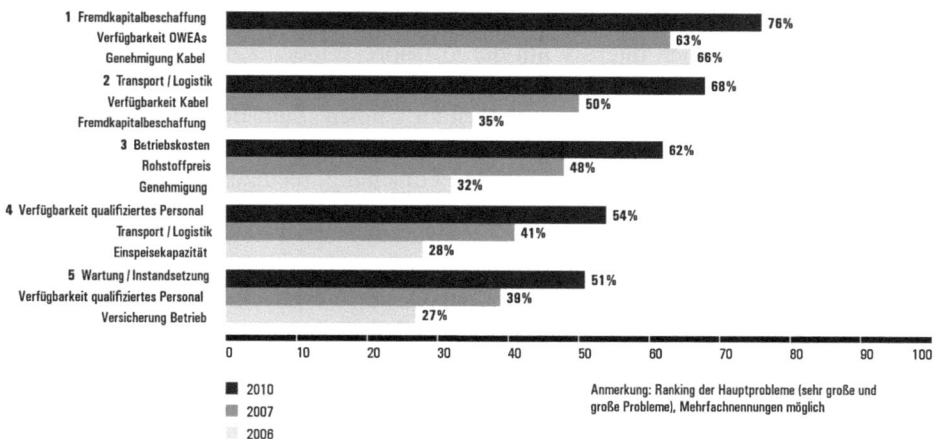

Abb. 10: *Probleme bei der Umsetzung von Offshore-Windparks in Deutschland (Quelle: KPMG 2010, S. 49)*

Auf der anderen Seite versprechen die höheren Windgeschwindigkeiten auf dem Meer eine höhere Energieausbeute als bei vergleichbaren Anlagen auf dem Festland. Zudem wird die zunehmende Dimensionierung von Offshore-Windenergieanlagen und Windparks als Argument angeführt. Die Leistung von Windparks wird im Offshore-Bereich eine Größe erreichen, die mit der Leistung konventioneller Kraftwerke zu vergleichen ist und steigert somit das Interesse der großen und finanzstarken Energieversorger (vgl. Hau 2008, S. 679). Für die Erreichung der Ausbauziele, die sich die Bundesregierung für die Offshore-Windenergie gesetzt hat, wird folgende Strategie verfolgt (vgl. Jarass/Obermair/Voigt 2009, S. 142 f.):

- Forschungsplattformen in Nord- und Ostsee (FINO): Insgesamt wurden drei Forschungsplattformen, zwei in der Nordsee, eine in der Ostsee, aufgestellt. Diese Forschungsplattformen liefern eine Reihe von Daten über die Bedingungen auf dem Meer und dienen dazu, neue technologische Verfahren unter realen Bedingungen zu testen.
- Offshore Testfeld Alpha Ventus: Dieses Offshore-Pilotprojekt, bei dem insgesamt zwölf OWEA mit jeweils 5 MW Leistung aufgestellt wurden, wurde vom Bundesumweltministerium über fünf Jahre mit 50 Millionen Euro gefördert. Die beim Aufbau gewonnenen Forschungs- und Entwicklungserkenntnisse sollen in die Konstruktion sowie den Bau und Betrieb künftiger Offshore-Anlagen einfließen. Die Realisierung des Windparks wurde u. a. als notwendig angesehen, um den Erfahrungsvorsprung anderer Länder aufholen zu können.
- Nationale Maritime Konferenzen: Diese regelmäßigen Konferenzen der Bundesregierung setzen sich intensiv mit der Offshore-Windenergie als Feld der maritimen Wirtschaft auseinander. Sie spricht Empfehlungen aus, um die Offshore-Windenergienutzung effizient ausbauen zu können. Zum Beispiel: Realisierung eines Offshore-Testfeldes, Netzanbindung der Offshore-Windparks, schnelle Umsetzung des Netzausbaus, verstärkte Forschung, rechtzeitige Investitionsentscheidungen und Weiterentwicklung der Rahmenbedingungen.

Der Bau und Betrieb von Offshore-Windparks stellt höhere Anforderungen an alle Beteiligten, an die Technik und die Logistik im Vergleich zur Errichtung von Windenergieanlagen an Land. Dies erklärt sich beispielsweise aus

- den Kräften aus Wellengang, Strömung und Wind und deren Kombination,
- der korrosiven Umgebung mit Salzwasser und salzhaltiger Luft,
- der großen Entfernung zu Hafen-Basen und damit
- der schwierigen und zeitaufwändigen Erreichbarkeit,
- den Herausforderungen bei der Gründung und dem Aufbau von OWEA,
- den besonderen Arbeitsbedingungen und -anforderungen auf See und
- den Anforderungen an die Logistik bei Wartung und Reparatur.

Zudem müssen bei der Planung weitere besondere Bedingungen berücksichtigt und die effektive Netzanbindung zum Transport der elektrischen Energie zum Verbraucher geschaffen und gewährleistet werden.

4 Organisation, Unternehmen, Beschäftigung und Verbandsstrukturen

4.1 Kooperation in der Offshore-Windenergie am Beispiel von Alpha Ventus

Durch den Bau und die Inbetriebnahme von Alpha Ventus, dem ersten deutschen Offshore-Windpark, im April 2010 können in die Studie neben der oben hergeleiteten Sektorstruktur der Offshore-Windenergiegewinnung auch die ersten Erfahrungen bei der Realisierung eines Offshore-Windparks mit einbezogen werden. Dabei wurden die einzelnen Phasen des Anlagenbaus rekonstruiert und nachvollzogen. Die folgenden Informationen basieren im Wesentlichen auf der Befragung der Betreiber des OWP Alpha Ventus.

Standortauswahl

Wichtige Kriterien für die Auswahl eines Offshore-Standortes sind der zu erwartende Wind- bzw. Energieertrag der OWEA, die Meerestiefe und Meeresgrundbeschaffenheit am geplanten Standort, sowie die Entfernung zum Festland (vgl. SeeAnlV). Über Machbarkeitsstudien und Windmessungen werden konkurrierende Standorte verglichen, bewertet und danach ausgewählt.

Alpha Ventus ist ein gemeinsames Projekt der Unternehmen EWE, E.ON Climate & Renewables und Vattenfall Europe Windkraft und gleichzeitig ein Forschungswindpark, der unter anderem durch das Bundesministerium für Umwelt, Naturschutz und Reaktorsicherheit gefördert wurde (vgl. Alpha Ventus 2011, S. 1). In einer Ausschreibung des BMU wurde der zukünftige Standort von Alpha Ventus bereits vor der konkreten Planung durch einen möglichen Betreiber festgelegt. Alpha Ventus war seinerzeit der am weitesten vom Festland entfernte Windpark der Welt und wurde rund 45 km nördlich von Borkum entfernt in einer durchschnittlichen Wassertiefe von 30 Metern errichtet (vgl. ebd.).

Planung

Für die Errichtung eines Offshore-Windparks bedarf es einer ausführlichen und genauen Planung der einzelnen Arbeitsschritte. Neben der erwähnten wirtschaftlichen Betrachtung gilt es, die Antrags- und Genehmigungsverfahren aufzunehmen und notwendige Gutachten zu erstellen. Des Weiteren müssen Baupläne für Turbinen, Gründungsstrukturen und notwendige Umspannwerke konzipiert werden. Neben den technischen Details ist auch eine finanzielle und rechtliche Absicherung eines Projektes unabdingbar.

Die folgende Zeittafel für Alpha Ventus ermöglicht einen Überblick über die wichtigsten Eckpunkte während der Planungs- und Realisierungsphase.

Zeittafel für Alpha Ventus (vgl. DOTI 2010, S. 49):

99/01	Antrag auf Errichtung „Windpark Borkum-West" (heute Alpha Ventus) durch die Prokon Nord GmbH.
2001	Genehmigung durch das Bundesamt für Seeschifffahrt und Hydrographie (BSH).
2005	Gründung der Stiftung Offshore-Windenergie, Verkauf der Nutzungsrechte von Prokon Nord GmbH an die Stiftung.
2006	Gründung der Deutschen Offshore-Testfeld- und Infrastruktur GmbH & Co. KG (DOTI) zur Realisierung des Windparks. Infrastrukturplanungsbeschleunigungsgesetz der Bundesregierung regelt den Netzanschluss.
06/2007	Auftragsvergabe an die Multibrid Entwicklungsgesellschaft mbH für Bau und Errichtung von sechs Windturbinen der 5 MW-Klasse.
07/2007	Auftragsvergabe für das Umspannwerk an Areva.
08/2007	Beginn der Arbeiten an der Kabeltrasse.
10/2007	Auftragsvergabe über die Lieferung des Umspannwerks an Areva
12/2007	Auftragsvergabe Offshore-Umspannplattform und Innerparkverkabelung an Arge Bilfinger Berger, Hochtief Construction, Weserwind und Norddeutsche Seekabelwerke.
09/2008	Errichtung der Offshore-Umspannplattform
11/2008	Auftragsvergabe an die REpower Systems AG über die Lieferung von sechs Windrädern der 5 MW-Klasse.
07/2009	Erste Windenergieanlage vollständig errichtet.
08/2009	Beginn von Einstell- und Probebetrieb, erste Netzeinspeisung erfolgt.
11/2009	Fertigstellung des Windparks Alpha Ventus, Fortsetzung des Einstell- und Probebetriebes.
04/2010	Offizielle Inbetriebnahme.

Errichtung

Die Errichtung eines Offshore-Windparks ist eine logistische Herausforderung. Neben dem eigentlichen Aufbau der Windturbinen ist ebenso die Verfügbarkeit von Errichterschiffen, Berufstauchern und ähnlichen Spezialisten sicherzustellen. Funktionierende Netzwerke am Festland und die notwendige Hafeninfrastruktur,

z. B. gesicherte Wassertiefen an der Hafenkante oder spezielle Schwerlastkräne zum Verladen der Gründungen auf Transportschiffe, sind weitere wesentliche Faktoren für eine erfolgreiche Umsetzung. Bei derart großen Distanzen zum Festland, wie sie im Fall von Alpha Ventus bestehen, erfahren auch die Arbeiten am Netzanschluss für den Windpark sowie insgesamt das Transportwesen für die Fach- und Servicekräfte sowie die Technik eine große Bedeutung. Das bisherige Investitionsvolumen beläuft sich auf knapp 250 Millionen Euro, wobei sich Bund und EU mit Fördergeldern in Höhe von ca. 50 Millionen Euro beteiligt haben (vgl. Alpha Ventus 2011; vgl. DOTI 2010).

Die nachfolgenden zwei Abbildungen zeigen stellvertretend für das gesamte Projekt Alpha Ventus die Breite der internationalen Kooperation zur Errichtung des Windparks. An der Fertigung der sechs Areva-Anlagen waren 16 Firmen aus sieben europäischen Ländern beteiligt. Jedoch ist eine Konzentration der einzelnen Arbeitsschritte im (nord-)deutschen Raum zu erkennen. Bei der Herstellung der Umspannplattform für Alpha Ventus, und der dazugehörigen Peripherie spiegelt sich ein ähnliches Bild wider. Im Speziellen werden zwar das Seekabel und die Vorfertigung der Umspannplattform in Italien bzw. Polen hergestellt, die restlichen Arbeiten führen jedoch wiederum Firmen aus, die verstärkt im norddeutschen Raum angesiedelt sind (vgl. Alpha Ventus 2011, S. 14-16).

Betrieb

Für den Betrieb von Alpha Ventus haben sich die Energieversorger EWE AG (47,5 % Beteiligung), EON Climate & Renewables GmbH (26,25 %) und Vattenfall Europe Windkraft GmbH (26,25 %) zu der DOTI zusammengeschlossen (vgl. Alpha Ventus 2011, S. 1). Kernbereiche während der Betriebsphase einer Offshore-Windenergieanlage sind, neben der technischen und kaufmännischen Betriebsführung die Überprüfung, Wartung und Instandsetzung der einzelnen Anlagen. Eine hohe Anlagenverfügbarkeit und die damit verbundene Stromerzeugung muss unter allen Umständen erreicht werden. Speziell für Windenergieanlagen auf hoher See gibt es eine entscheidende Einfluss- und Störgröße für den Betrieb und die Wartung der Windturbinen. Bei entsprechender Witterung, also bei zu großem Wellengang oder einer zu hohen Windgeschwindigkeit, können die Servicemannschaften weder per Schiff noch per Helikopter zu den entsprechenden Anlagen gebracht werden. Das macht eine vorausschauende und flexible Arbeitsplanung notwendig.

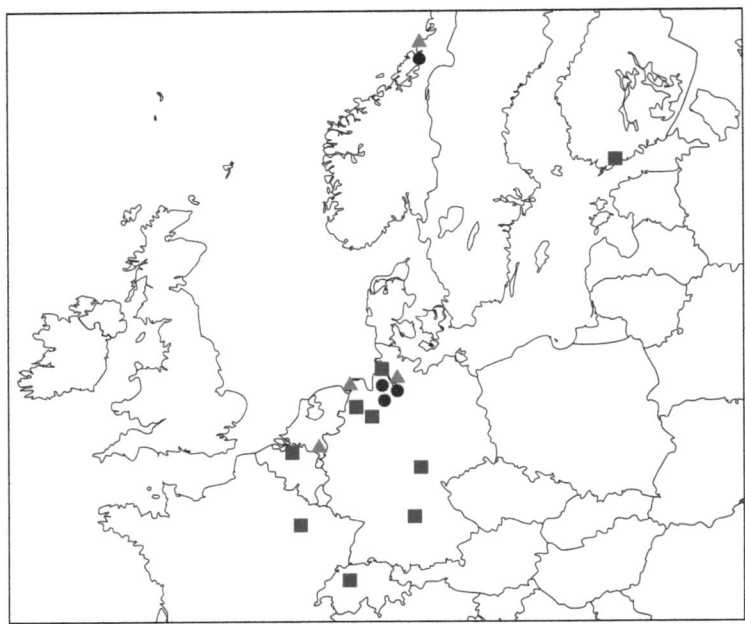

Zulieferer Gründung ▲	**Zulieferer Gondel** ■
• Röhren für Tripod: Sif Group bv, Verdal (NL)	• Generator: ABB Oy, Helsinki (FI)
• Gründung: Aker Solutions, Roermond (NO)	• Umrichter: ABB Schweiz AG, Baden (CH)
• Gründung & Turmhülle Offshore Wind Technologie GmbH, Leer (DE)	• Transformatoren: Pauwels Trafo Belgium NV, Mechelen (BE)
• Unterwasserrammung: Menck, Kaltenkirchen (DE)	• Maschinengehäuse: Siempelkamp Giesserei GmbH, Krefeld (DE)
	• Getriebe: Renk AG, Augsburg (DE)
Zulieferer Turm	• Nabe: Friedrich Wilhelms Hütte GmbH, Mühlheim a.d. Ruhr (DE)
• Turmbau: Ambau GmbH, Bremen (DE)	• Hohlwelle: Ferry-Capitain, Joinville (FR)
Zulieferer Rotorblätter	• Montage- & Mittelspannungsarbeiten: REETEC GmbH, Dingen (DE)
• Rotorblattfertigung: PN Rotor GmbH, Stade (DE)	• Vorrichtungsbau & Anschlagmittel: Bode & Wrede GmbH, Dingen (DE)
Montageorte ●	• Condition Monitoring Systeme: µ-Sen, Rudolstadt (DE)
• Gründung: Verdal (NO)	
• Turm: Bremen (DE)	
• Gondel: Bremerhaven (DE)	
• Rotorblätter: Stade (DE)	

Abb. 11: Zulieferunternehmen für die sechs Areva Multibrid M5000 Windturbinen für Alpha Ventus (eigene Darstellung)

Organisation, Unternehmen, Beschäftigung und Verbandsstrukturen 59

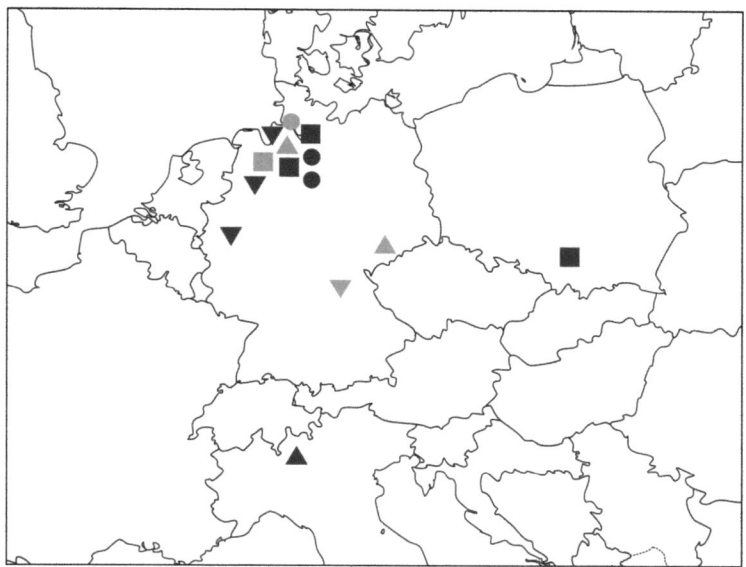

Umspannwerk ▲	Leittechnik Offshore-Windpark ■
• AREVA Energietechnik GmbH, Bremen/Dresden (DE)	• Windpark-Leit- und Managementsystem: BTC Business Technology Consulting AG, Oldenburg (DE)
Umspannplattform ▼	
• Bilfinger Berger AG, Mannheim (DE)	Netzanschluss ▼
• Hochtief Construction, Essen (DE)	• TenneT TSO GmbH, Bayreuth (DE)
• WeserWind GmbH, Bremerhaven (DE)	
	Seekabel ▲
Zulieferer Umspannplattform ■	• Herstellung & Lieferung: Prysmian Cables and Systems: Mailand (IT)
• Engineering Jacket & Topside:IMS Ingenieurgesellschaft mbH, Hamburg (DE)	
• Vorfertigung Topside: Mostostal, Krakau (PL)	Leerrohrverlegung Norderney/ Hilgenriedersiel ●
• Helikopterdeck: BVT Brenn- und Verformtechnik Bremen GmbH, Bremen (DE)	• Ludwig Freytag GmbH &Co. KG, Oldenburg (DE)
Seekabel für Innerparkverkabelung ●	• MOLL-prd GmbH & Co. KG, Schmallenberg (DE)
• Herstellung & Verlegung: NSW, Nordenham(DE)	

Abb. 12: Zulieferstruktur für Umspannwerk und Peripherie für Alpha Ventus (eigene Darstellung)

Alpha Ventus hat hierzu ein eigenes Betriebsbüro in der Nähe von Emden errichtet. Von dort aus werden alle anstehenden Arbeiten geplant und koordiniert. Servicearbeiten erledigen hierbei die eigenen Fachkräfte, während die Wartung und Instandsetzung der Offshore-Windenergieanlagen von den Herstellern Areva und REpower gewährleistet wird. Um den Zustand der Anlagen stetig überprüfen zu können, wird bei Alpha Ventus ein speziell abgestimmtes Condition-Monitoring-System eingesetzt. Über die Datenerfassung zahlreicher Sensoren können an den Windturbinen bereits vor dem Eintritt eines Schadenfalles Verschleiß oder Abweichungen vom Regelbetrieb festgestellt und somit einem Komplettausfall der Anlage vorgebeugt werden.

Rückbau

Zu einer vollständig betrachteten Wertschöpfungskette gehört auch der Rückbau von installierten WEA. Das Ziel ist es hierbei, den ursprünglichen Ausgangszustand nach dem Betrieb wiederherzustellen und somit den Eingriff in die Natur restlos zu beheben.

Die genehmigte Laufzeit von Alpha Ventus beträgt 25 Jahre und der Rückbau ist somit für das Jahr 2035 vorgesehen, wobei eine Verlängerung der Genehmigung möglich ist. Nach Erlöschen der Betriebserlaubnis ist der Betreiber nach § 12 See-AnlV verpflichtet, die Anlagen wieder abzubauen und kontrolliert zu entsorgen bzw. zu recyceln. Er trägt ferner dafür Sorge, dass von den nicht mehr zu entfernenden Gründungsteilen im Boden keine Gefahr für den Schiffsverkehr und die Umwelt ausgeht. Schon vor Baubeginn von Alpha Ventus musste der Rückbau berücksichtigt und planerisch sichergestellt werden. Ohne diese Vorkehrungen hätte der Windpark keine Bewilligung von den zustimmungspflichtigen Institutionen erhalten und wäre nicht realisiert worden (vgl. BSH 2001).

4.2 Exemplarische Darstellung von Wertschöpfungsketten in der Offshore-Windenergie

Unter Berücksichtigung des Wertschöpfungsanteils von Dienstleistungen, wie sie Fay für Windenergieanlagen analysiert hat (vgl. Fay 2009, S. 16), entsteht in Verbindung mit der inhaltlichen Verknüpfung der oben genannten fünf Kernbereiche eine konkrete Wertschöpfungskette, die in Abb. 13 dargestellt ist.

Durch die Ergänzung von weiteren für WEA typischen Arbeitsschwerpunkten kann diese Wertschöpfungskette als Beispiel dafür angesehen werden, welche Teilbereiche in den Prozess einer Windparkerrichtung integriert sind. Je nach Ausrichtung einer Wertschöpfungskette variieren die einzelnen Arbeitsschwerpunkte stärker oder schwächer und aufgrund dieser Varianz können unterschiedliche Wertschöpfungsketten nur begrenzt miteinander verglichen werden.

Abb. 13: Zusammenarbeit beim Aufbau des OWP Alpha Ventus (eigene Darstellung)

Zum Beispiel unterteilen Hammer/Röhrig (2005) die Wertschöpfungskette speziell für den Offshore-Bereich in folgende Bausteine, wobei jedem dieser Schwerpunkte spezifische Branchen und Unternehmen, die im Geschäftsfeld Windenergie tätig sind, zugeordnet werden können:

- Planung, Entwicklung, Finanzierung und Versicherung,
- Gründungstechnik und Turmbau,
- Maschinen- und Anlagenbau (z. B. Getriebe),
- Kunststoff- und Faserverbundtechnik (z. B. Rotor- und Gondelbau),
- Elektrotechnik (z. B. Generatorbau, Kabelherstellung),
- Montage und Logistik,
- Service, Wartung und Instandsetzung,
- Maritime Konstruktion und Dienstleistung (vgl. Hammer/Röhrig 2005, S. 28ff.).

Die Windenergieagentur WAB wiederum verfolgt in ihrem Branchenbericht eine etwas andere Darstellung für die Wertschöpfungskette im Offshore-Bereich (vgl. WindPowerCluster 2011, S. 4). Sie unterscheidet in der Hauptrichtung der Wertschöpfung die Schwerpunkte:

- Komponenten,
- Windturbine,
- Planung,
- Errichtung,
- Betrieb,
- Service und Wartung,
- Integration und
- Energieversorgung.

Eine vertiefende Auseinandersetzung mit dieser Thematik beschäftigte auch den WAB Arbeitskreis „Service & Betrieb". Hier erarbeitete die Fachgruppe „Prozesse und Strukturen" ein in sechs Ebenen untergliedertes Prozessmodell (vgl. Albers/Greiner/Appel 2013). Dabei wird der Prozessablauf der höchsten Ebene wie folgt dargestellt:

- Planung,
- Entwicklung und Konstruktion,
- Produktion,
- Bau,
- Betrieb,
- Rückbau (Repowering).

4.3 Struktur des Subsektors Offshore-Windenergie

Eine Wertschöpfungskette stellt den gesamten Prozess der Entstehung eines Produktes oder eines Projektes dar: von der Planung und Projektierung eines Vorhabens über die Fertigung und Montage bis hin zum Betrieb und dem sich anschließenden Rückbau bzw. Recycling. Die Gliederung für den Offshore-Bereich in dem hier gewählten Abstraktionsgrad unterscheidet sich nicht wesentlich von der anderer technischer Bereiche und Prozesse. In der Akzentuierung der jeweiligen Inhalte passt sie sich aber den Anforderungen für den Betrieb von Windenergieanlagen auf hoher See an.

Bei der Darstellung einer Wertschöpfungskette für den Offshore-Sektor verbleibt der Fokus auf Sequenzen im Lebenszyklus der Windenergieanlage. Eine den Offshore-Sektor beschreibende Struktur weist zudem auch auf Aufgabenbereiche hin, welche parallel und übergreifend zu dieser Abfolge liegen. Mithilfe der eingangs beschriebenen Zusammenarbeit der im Sektor agierenden Akteure im Rahmen von Alpha Ventus, aus in Expertengesprächen gewonnenen Erkenntnissen sowie durch weitere Abstrahierung und Berücksichtigung von Qualifizierungsaspekten wurde eine eigene Sektorstruktur entwickelt (vgl. Abb. 14).

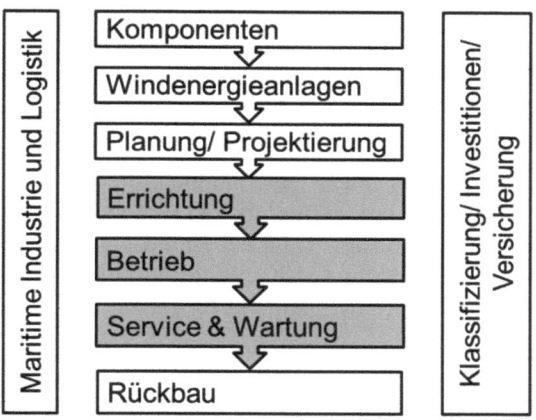

Abb. 14: Sektorstruktur Offshore-Windenergie mit hervorgehobenen Sektorbausteinen aufgrund des Projektfokus (eigene Darstellung)

Innerhalb des Projekts „Offshore-Kompetenz" liegt der wesentliche Fokus für die Curriculumarbeit nicht auf dem gesamten Subsektor der Offshore-Windindustrie, sondern auf den Sektorbausteinen *Errichtung, Betrieb und Service & Wartung*. Dabei soll herausgefunden werden, welche erforderlichen Qualifikationen und Kompetenzen von Fachkräften notwendig sind, um in diesen Bereichen effizient zu arbeiten. Die Fokussierung auf die Bereiche Errichtung bzw. Montage, Inbetriebnahme und Betrieb sowie Service & Wartung bzw. Instandhaltung bedeutet wiederum nicht, dass keine Analysen in Unternehmen, die in anderen Schwerpunkten der Sektorstruktur verortet sind, stattfinden müssen. Beispielsweise wird der Korrosionsschutz für die Türme der Windanlagen oder die Fundamente bereits im Werk bzw. an Land aufgetragen. Dieser muss auf See mitunter ausgebessert und an bestimmten Stellen repariert werden. Daher können durch die Analyse der Arbeiten in angrenzenden Bereichen Hinweise auf den Qualifikationsbedarf für Offshore-Fachkräfte gewonnen werden. Die flankierend dargestellten Felder Maritime Industrie und Logistik sowie Klassifizierung/Investitionen/Versicherung zeigen die Bausteine der Sektorstruktur an, die alle anderen Bestandteile mitbetreffen. Hierzu gehört auch der nicht separat ausgewiesene Bereich der Qualifizierung des Personals.

4.4 Unternehmen in der Offshore-Windenergie

Im Folgenden werden ausgewählte Unternehmen entlang der Sektorstruktur exemplarisch vorgestellt. Die benannten Betriebe stehen als Beispiele für Unternehmen im jeweils dargestellten Sektorbaustein. Die Informationen zu den Unternehmen entstammen einer telefonischen Befragung sowie der BWE-Marktübersicht 2011, beziehungsweise den Internetauftritten der Unternehmen.

Hersteller von Anlagenkomponenten

In diesen Bereich des Sektors fallen Unternehmen, die sich mit Bau von Komponenten für OWEA befassen. Das können bspw. Gründungselemente, Tragstrukturen, Flügel, Türme, Crew-Transfer-Systeme, Brandschutzeinrichtungen o. ä. sein. Abgesehen vom Bau von Flügeln aus Kunststoffen sind in dieser Kategorie eher Unternehmen aus dem Metall- bzw. Stahlbau zu finden.

Dieser Sektorbaustein umfasst Unternehmen wie die im Jahr 2013 insolvente Cuxhaven Steel Construction GmbH, die als Unternehmensneugründung und Teil der Bard-Gruppe erst Know-how im Stahlbau aufbauen musste. Dagegen kann ein Unternehmen wie WeserWind GmbH aus Bremerhaven als Tochter der Georgsmarienhütte Holding GmbH auf breitere Kompetenzen in diesem Bereich zurückgreifen. Neben den Herstellern von Fundamenten gehören auch die Hersteller von Türmen für OWEA zum Bereich der Komponentenhersteller. Ein Beispiel für diesen schnell wachsenden Bereich ist das Unternehmen Ambau GmbH. Der Hersteller von Stahlrohrtürmen und Stahlfundamenten für den On- und Offshore-Bereich beschäftigte im Jahr 1993 35 Mitarbeiter; heute sind es über 850 Mitarbeiter an fünf Standorten (vgl. Ambau 2012).

Je nach Fertigungstiefe des Windanlagenherstellers kann die Zulieferung von Flügeln auch in diesen Sektorbaustein gehören. Einige Hersteller produzieren ihre Flügel im eigenen Unternehmen, wie das Beispiel der Firma Nordex zeigt. Andere kaufen diese extern ein, z. B. von der im Jahr 2007 gegründeten PowerBlades GmbH, die ein Joint Venture des Windenergieanlagenherstellers REpower Systems SE und des Rotorblattherstellers SGL Rotec GmbH & Co KG ist (vgl. PowerBlades 2013).

Ebenfalls in den Bereich der Komponenten fallen Hersteller von Getrieben, Antrieben für Rotorblattverstellung, Bremsen, Rotorarretierungen, Condition-Monitoring-Systeme, Lager, hydraulische Komponenten etc.

Anlagenhersteller Windenergieanlagen

Dieser Sektorbaustein umfasst Unternehmen, die die Produktion von Windenergieanlagen bewerkstelligen. Bei der Herstellung von OWEA gibt es zwei verschiedene Philosophien und zwar

- in Bezug auf die Anlagentechnik wie aufgelöste, integrierte oder getriebelose Anlagen und
- in Bezug auf die verschiedenen Fertigungstiefen der Anlagenhersteller.

Am Markt finden sich einige Unternehmen, die ausschließlich OWEA produzieren, wie Areva oder Bard. Trotz aller Ähnlichkeiten der Anlagen in Bezug auf ihren Einsatz unterscheiden sich Offshore-Anlagen technisch durchaus von Onshore-Anlagen. Sie enthalten Zusatzspezifikationen wie Lüftung, Blitzschutz, Brandschutz, Warnbefeuerung, spezieller Korrosionsschutz etc. Die Hersteller von Windenergieanlagen für den Offshore-Bereich sind zudem unterschiedlich strukturiert. In den vergangenen Jahren waren im Onshore-Bereich vorwiegend mittelständische Unternehmen tätig. Derzeit findet eine Umstrukturierung statt. Kleinere Hersteller oder auch Komponentenlieferanten wurden aufgekauft und damit vom Markt verdrängt. So übernahm Siemens im Jahr 2004 den dänischen Windanlagenhersteller AN Bonus und wurde damit gleichzeitig zum Marktführer von OWEA. Ein weiteres Beispiel ist die Firma Tacke Windtechnik aus Ahrenviöl, die im Jahr 2002 von General Electric übernommen wurde.

Tab. 4 zeigt die Offshore-Aktivitäten einiger Hersteller im Jahre 2010. Weltweit ist die Vestas-Unternehmensgruppe mit Hauptsitz im dänischen Randers der führende Windenergieanlagenhersteller. Vestas begann bereits im Jahr 1980 mit der Serienherstellung von Windenergieanlagen und konzentriert sich seit 1987 ausschließlich auf den Windenergiesektor. Darüber hinaus ist Vestas heute weltweit tätig und beschäftigt mehr als 20.000 Mitarbeiter an verschiedenen Service- und Projektstandorten sowie in Forschungseinrichtungen und Produktionsstätten. Seit dem Jahr 1985 ist Vestas in Deutschland mit Hauptsitz in Husum vertreten. Das Unternehmen beschäftigt in Deutschland ca. 2.100 Mitarbeiter und hat allein dort bereits ungefähr 5.800 Windenergieanlagen errichtet.

Das Unternehmen Siemens Energy ist ein weltweit agierender Anbieter für Produkte, Dienstleistungen und Lösungen im Bereich der gesamten Energieerzeugung und -übertragung. Windenergieanlagen sind Teil des Siemens-Umweltportfolios, mit dem das Unternehmen im Geschäftsjahr 2010 einen Umsatz von rund 28 Mrd. Euro erzielte. Siemens Energy hat bspw. einen Großauftrag zur

Errichtung eines Offshore-Windparks in Deutschland erhalten. Für das Projekt Borkum Riffgrund 1 soll das Unternehmen 80 Windturbinen liefern. Borkum Riffgrund 1 entsteht etwa 80 Kilometer nordwestlich von Emden und 55 Kilometer vor der deutschen Nordseeküste. Siemens wird die Windturbinen mit einer Leistung von je 3,6 MW und einem Rotordurchmesser von 120 Metern montieren, anschließen, in Betrieb nehmen und für zunächst fünf Jahre warten. Die Windturbinen werden auf einer Fläche von 36 Quadratkilometern und Wassertiefen von bis zu 29 Metern errichtet. Der Baubeginn ist für 2013 vorgesehen.

Tab. 4:   Offshore-Aktivitäten von Herstellerunternehmen (Quelle: BWE 2010, S. 75)

Hersteller	AREVA	BARD	General Electric	REPOWER	SIEMENS	VESTAS
Anzahl der errichteten OWEA	6	3	7	14	409 (ohne angefangene Projekte)	564
Errichtet in Gewässertiefe > 25 Meter	6	3	0	8	1	39 zzgl. 55 Projekte im Bau (Blingh Bank)
Errichtet in Gewässertiefe < 25 Meter	0	1	7	6	408	525
Errichtet in Entfernung zur Küste > 25 km	6	3	0	6	30	39 zzgl. 55 Projekte im Bau (Blingh Bank)
Errichtet in Entfernung zur Küste < 25 km	0	1	7	2	379	525
Standorte der Anlagenfertigung	Bremerhaven (Deutschland)	Emden (Deutschland)	Verdal (Norwegen)	Bremerhaven (Deutschland)	Brande, Aalborg (Dänemark)	Ringkobing, Viborg (Dänemark), Lauchhammer (DE) et al.

Nach EnBW Baltic 1 (48 MW), EnBW Baltic 2 (288 MW), Borkum Riffgat (108 MW) und Dan-Tysk (288 MW) ist Borkum Riffgrund 1 bereits der fünfte Auftrag zum Bau eines Offshore-Windparks, den Siemens aus Deutschland erhalten hat. In den vergangenen 20 Jahren hat Siemens mehr als 500 Windturbinen erfolgreich in europäischen Gewässern installiert (vgl. Siemens 2011a).

Die REpower Systems SE ist ein Hersteller von Windenergieanlagen im Onshore- und Offshore-Bereich. Das international agierende Maschinenbauunternehmen entwickelt, produziert und vertreibt Windenergieanlagen mit Leistungen von 1,8 bis 6,15 Megawatt und Rotordurchmessern von 82 bis 126 Metern. Das Unternehmen REpower, das spezielle Turbinen (5M, 6M) für den Offshore-Markt anbietet, ist ein Zusammenschluss der Unternehmen Jacobs Energie, BWU sowie pro + pro Energiesysteme und gehört heute mehrheitlich dem indischen Unternehmen Suzlon Energy. Die Anlagen werden im REpower TechCenter in Osterrönfeld (Schleswig-Holstein) konstruiert und in den Werken Husum (Nordfriesland), Trampe (Brandenburg) und Bremerhaven gefertigt.

Die Areva-Gruppe ist ein französischer Industrie-Konzern, der auf dem Gebiet der Herstellung und des Verkaufs von Elektrizitätserzeugungsanlagen spezialisiert ist. Die Areva Wind GmbH ist seit der Gründung im Jahre 2000 in der Entwicklung und Herstellung von Offshore-Windenergieanlagen tätig. Das Unternehmen entwickelt und fertigt die 5 MW Offshore-Anlage M5000 in Bremerhaven und ist auch für Installation, Service und Wartung der Anlagen auf hoher See zuständig. Im Windpark Alpha Ventus hat Areva Wind (umfirmiert nach Übernahme von Multibrid) die ersten sechs Anlagen vom Typ M 5000 installiert (vgl. BWE 2010a, S. 76). Die Areva Wind GmbH hat Ende Dezember 2010 einen weiteren Auftrag für die Lieferung von Windkraftanlagen für den Offshore Windpark Borkum West II erhalten. Borkum West II ist 45 km von der Nordseeinsel Borkum entfernt und grenzt direkt an den ersten deutschen Windpark Alpha Ventus. Die Inbetriebnahme des sich im Bau befindlichen OWP wurde ursprünglich für den Jahreswechsel 2012/2013 angepeilt (vgl. Areva Wind 2010).

Im Unterschied dazu ist die Bard-Gruppe der einzige Komplettlieferant, der über Kompetenzen für Genehmigung von Windparks, interne Anlagenproduktion und Rotorblattherstellung, Fundamentierung für die See-Gründung sowie eigene Errichter-Schiffe verfügt. Die Bard-Gruppe steht seit 2003 für die Erschließung neuer Energieressourcen auf hoher See. Mit „Bard Offshore 1" errichtet das Unternehmen rund 100 Kilometer vor Borkum den ersten kommerziellen und aktuell leistungsstärksten Hochsee-Windpark Deutschlands. Weitere Projekte im In- und Ausland sind in Planung. Die ersten 40 Windkraftanlagen befinden sich seit März 2013 am Netz. Später soll „Bard Offshore 1" mit 80 Windkraftanlagen eine Nennleistung von 400 Megawatt haben – das entspricht dem Strombedarf von mehr als 400.000 Haushalten.

Planungs- und Projektierungsunternehmen

Zur Projektierung gehören Tätigkeiten der Planung und Entwicklung von Windparks auf hoher See und Berufe, die dieses leisten. Im Offshore-Windbereich gibt es eine Anzahl von Unternehmen, die sich auf diesen Schwerpunkt spezialisiert haben und entsprechende Projekte planen, ausführen lassen und später meist veräußern.

Das Bremer Unternehmen wpd ist bspw. Marktführer bei der Projektierung von Windparks in Deutschland. Mit 600 Mitarbeitern liegt der Fokus auch auf internationalen Projekten und deckt sowohl On- als auch Offshore-Aktivitäten ab.

Die PNE Wind AG aus Cuxhaven ist ebenso im On- und Offshore-Sektor im In- und Ausland tätig. Zur Entwicklung, Realisierung und Finanzierung von Windparks wird auch die anschließende Betriebsführung angeboten.

Errichtungs- und Montageunternehmen

Die Errichtung und Montage von Offshore-Windparks stellt sich als komplexer Prozess dar. Von der Installation von OWEA samt Gründungswerken, Gondeln, Rotoren o. ä. über den Aufbau von Umspann- und Wohnplattformen im Park bis hin zur Parkverkabelung und Inbetriebnahme sind mehrere Arbeitsschritte notwendig. Neben den technischen Herausforderungen spielt die Logistik bei dieser Kategorie eine bedeutende Rolle.

Die Bard-Gruppe hat mit der Bard Building GmbH eine eigene Gesellschaft gegründet, um Offshore-Windparks in eigener Regie zu realisieren. Dazu gehört auch ein entsprechendes Logistikkonzept sowie geeignetes Equipment. Speziell für diese spezifischen Anforderungen wurde das im Einsatz befindliche Spezialkranschiff „Wind Lift I" entwickelte.

Aufgrund der immensen Bedeutung geeigneter Gründungsstrukturen, die bei den geplanten OWP in der Deutschen AWZ durchaus variieren können, ist der Sektorbaustein „Errichtung" gerade für Bauunternehmen attraktiv. So hat die Hochtief Solutions AG zur Montage von Offshore-Windenergieanlagen im Meer ebenfalls Kran-Hubschiffe bauen lassen und operiert derzeit mit drei Großschiffen und Hubinseln. Ein viertes ist in Auftrag gegeben. Hochtief ist seit dem Jahr 2001 auf dem Offshore-Markt aktiv und an Projekten wie dem ersten deutschen Windpark Alpha Ventus oder dem schwedischen Windpark Lillgrund beteiligt.

Die Strabag SE fokussiert mit ihrem Tochterunternehmen Strabag Offshore Wind auf den Bereich Anlagenerrichtung mit einem schlüsselfertigen Konzept. Als Generalunternehmer bietet Strabag verschiedene Gründungsstrukturen an, verantwortet aber auch die koordinative Leistungserbringung wie Projektsteuerung und Logistik. Investitionen am Standort Cuxhaven für ein Produktionswerk von Schwerkraftfundamenten wurden Anfang 2013 zunächst aufgeschoben.

Unternehmen zum Betrieb der Anlagen

Betreiber-Unternehmen von Offshore-Windparks beschäftigen sich mit der maritimen Parküberwachung vor Ort. Dabei werden in einer Leitwarte an Land oder auf See die Daten der Zustandsüberwachung (Condition-Monitoring-System) und anderer Betriebsdaten analysiert. Zudem planen sie die Offshore-Einsätze und stellen die kaufmännische Betriebsführung sicher.

Für die Realisierung des ersten deutschen Offshore-Windparks Alpha Ventus wurde im Jahr 2006 das Betreiber-Unternehmen DOTI gegründet. Unter der Bezeichnung „Borkum West" hat DOTI die Genehmigungsrechte an dem Testfeld von der Stiftung der Deutschen Wirtschaft für Nutzung und Erforschung der Windenergie auf See (Stiftung Offshore-Windenergie) gepachtet. Unternehmenssitz der DOTI GmbH ist Oldenburg (vgl. EWE 2012).

Die Energie Baden-Württemberg (EnBW) ist Betreiberin des ersten deutschen kommerziellen Offshore-Windparks „EnBW Baltic 1" in der Ostsee. Der vor der Küste Mecklenburg-Vorpommerns gelegene Park mit 21 2,3 MW Anlagen der Firma Siemens wird von der Servicestation Barhöft bei Stralsund organisiert und ist im Mai 2011 in Betrieb genommen worden. Derzeit laufen die Arbeiten zur Errichtung und Verkabelung des deutlich größeren OWP „Baltic 2" zwischen der Insel Rügen und dem schwedischen Festland.

Der Windenergieanlagenhersteller Bard fungiert für den OWP „Bard Offshore 1" ebenfalls als Betreiber. Mit der Leitwarte bei der Bard Service GmbH auf dem Gelände der Bard Emden Energy GmbH & Co. KG können zukünftig bis zu 400 Offshore-Windenergieanlagen mit einer Gesamtleistung von mehr als 2.000 Megawatt überwacht und gesteuert werden.

Service- und Wartungsunternehmen

Die Kategorie Service und Wartung subsumiert Unternehmen, die sich mit der Instandhaltung (Wartung, Inspektion, Instandsetzung) von OWEA beschäftigen. Dabei sind die OWEA als Einheit von Rotor, Maschinenhaus, Turm mit Befahranlage und Gründungsbauwerk zu betrachten. Neben den technischen und logistischen Anforderungen werden hohe Standards an das selbstständige und verantwortungsvolle Handeln der Fachkräfte, die Arbeitsvorbereitung und die Umsetzung und Einhaltung der Sicherheitsaspekte gestellt.

Die Deutsche Windtechnik AG mit unabhängigen Gesellschaften für Service, Rotor und Turm, Steuerung, Umspannwerke, Repowering sowie einem assoziierten Partner für Ölservice ist das größte herstellerunabhängige Serviceunternehmen mit Hauptsitz in Deutschland.

Das mittelständische Bremer Unternehmen Reetec übernimmt als Dienstleister vor allem die elektrotechnische Planung und Montage von Windenergieanlagen, stellt die Netzanbindung her und bietet umfangreiche Service und Wartungstätigkeiten für den On- und Offshore-Bereich an.

Unternehmen im Bereich Rückbau

Der Rückbau ist ein Bestandteil des Subsektors, auch wenn es derzeit noch keine Berufe gibt, die Tätigkeiten für den Rückbau der Anlagen auf hoher See ausüben.

Allerdings ist diese Kategorie auch aus Gründen der Nachhaltigkeit unverzichtbar. Die Anlagen haben in der Regel einen geplanten Lebenszyklus von 20 Jahren.

Zum Rückbau von Windenergieanlagen gehört die Auseinandersetzung mit Fragen des Recyclings. Gerade im Bereich der Entwicklung und Fertigung, aber auch der Rückgewinnung von mit Carbon-Fasern verstärktem Kunststoff ist in Stade ein sogenanntes „CFK-Valley" entstanden. Rund 100 Unternehmen und Forschungseinrichtungen arbeiten hier an Projekten der Luft- und Raumfahrttechnik, aber auch für die Windenergiebranche.

Maritime Industrie- und Logistikunternehmen

Besondere Herausforderungen entstehen für die Logistik von Komponenten und Personen an Land (große Bauteile) und vor allem von Land auf See für die Zuführung in die Windparks bzw. das Leben auf den Offshore-Baustellen. Hierfür sind spezielle Kompetenzen und Qualifikationsprofile notwendig. Diese Kategorie umfasst auch den Helikoptertransfer vom Festland in die Parks.

Folgende Unternehmen sind hier beispielsweise beteiligt: die Bremen Logistic Group (BLG), die Otto Wulf GmbH & Co. KG, die AG Ems, die Frisea Offshore GmbH oder die Bugsier Reederei- und Bergungsgesellschaft mbH & Co. KG.

Unternehmen im Bereich Klassifizierung/Investitionen/Versicherung

Offshore Windenergieanlage benötigen Klassifizierungen von speziellen Prüfgesellschaften wie dem Germanischen Lloyd. Auch Banken und Versicherungen setzen immer mehr Spezialisten für den Offshore-Sektor ein. Hier ist unter anderen der weltweit führende Industrieversicherungsmakler und Risikoberater Marsh Inc. als ein wichtiger Vertreter zu nennen.

Unternehmen im Bereich Qualifizierung des Personals

Speziell im Offshore-Sektor werden angepasste und zum Teil auch neue Qualifizierungs-, Trainings- und Aus- und Weiterbildungskonzepte sowie entsprechendes professionelles Personal benötigt. Aufgrund des prognostizierten kurzfristigen Personalbedarfs im Subsektor hat sich am Qualifizierungsmarkt eine Vielzahl von Anbietern etabliert. Dadurch ist der derzeitige Qualifizierungsmarkt unübersichtlich. Das Kapitel 1 greift diesen Punkt auf und legt den Stand und die Aktivitäten zur Qualifikation sowie zu Aus- und Weiterbildung der Beschäftigten im Offshore-Windenergie-Sektor ausführlich dar.

4.5 Beschäftigung und Berufsstrukturen im Sektor

4.5.1 Beschäftigtenzahlen

Die Analyse der Beschäftigtenzahlen im Offshore-Sektor basiert auf einer differenzierten Betrachtung der Bruttobeschäftigung. Durch die Investitionen in Anlagen und deren Betrieb ergeben sich direkte Auswirkungen auf die Beschäftigung bei Herstellern, Betreibern und Dienstleistungsunternehmen. „Diese fragen ihrerseits Güter in anderen Wirtschaftssektoren nach und schaffen so indirekte Beschäftigung in Vorleistungs- und Zulieferunternehmen" (BMU 2012, S. 10). „Die Bruttobeschäftigung resultiert demnach aus der Summe der direkten und indirekten Beschäftigung, die dem nationalen wie internationalen Umsatz der inländischen Unternehmen entspringt" (Kratzat/Lehr 2007, S. 5). Hierbei ist anzumerken, dass eine exakte und monokausale Zuordnung der Beschäftigtenzahlen zum Offshore-Sektor schwer einzuschätzen ist, da die Unternehmen – je mehr sie sich auf der Zuliefererebene befinden – auch für andere Sektoren Produkte liefern oder Dienstleistungen erbringen.

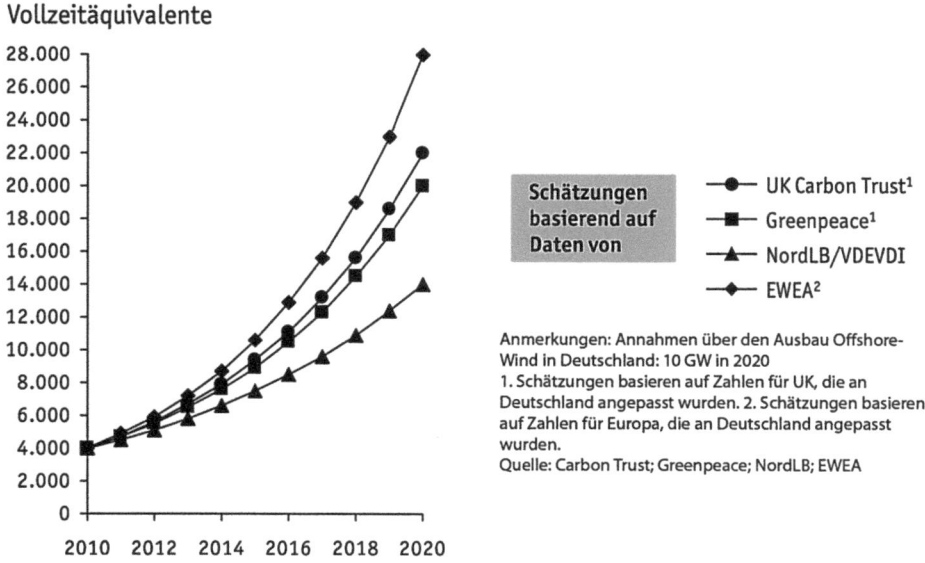

Abb. 15: Arbeitsplätze Offshore in Deutschland bis 2020 (Quelle: WAB 2011a, S. 12)

Nach Angaben des europäischen Windenergieverbandes (EWEA) waren im Jahr 2010 ca. 170.000 Mitarbeiter/-innen in Europa, davon ca. 100.000 in Deutschland, im Windenergiebereich als indirekte und direkte Beschäftigte tätig. Der EWEA geht davon aus, dass die Zahl der Arbeitsplätze bis zum Jahr 2015 um 25 % besonders im Offshore-Bereich steigen wird. Diese Beschäftigtenzahlen für die gesamte Windindustrie, als On- und Offshore, werden auch durch das BMU (2012, S. 17) bestätigt, das von 82.600 Beschäftigten in dem Bereich Investitionen und Export sowie weiteren 18.500 Fachkräften für Wartung und Service ausgeht.

Für die Jahre 2011 und 2012 gehen mehrere Studien von rund 4.000 Beschäftigten im Offshore-Sektor aus. Dies zeigt auch Abb. 15.

Die zukünftige Entwicklung zu prognostizieren ist aufgrund der beschriebenen Ausgangslage eher schwierig. Aktuelle Vorhersagen und Einschätzungen von Experten der WAB gehen von 14.000 bis zu 28.000 Arbeitsplätzen bis zum Jahre 2020 in Deutschland im Offshore-Sektor aus.

Wie Abb. 15 zu entnehmen ist, gehen NordLB/VDE-VDI in ihrer Studie von bis zu 14.000 Arbeitsplätzen für das Jahr 2020 aus. Die WAB schätzt 28.000 Beschäftigte auf der Basis der EWEA-Prognose für Großbritannien. Sehr stark wird diese Entwicklung von den tatsächlich installierten Anlagen auf See und den Exportquoten der Hersteller abhängen. Die Entwicklung wird dabei von unterschiedlichen Faktoren bestimmt: „Kaum eine Branche weist eine derart dynamische Entwicklung auf wie die Offshore-Windkraft. Diese Erfolgsgeschichte gilt es weiterzuführen. Dazu brauchen wir weiterhin mutige unternehmerische Entscheidungen und kluge politische Rahmensetzungen" (Böhrnsen 2010). Die politischen Rahmensetzungen werden durch das EEG bestimmt. Hier wurde im Jahr 2012 das so genannte Stauchungsmodell eingeführt, welches eine schnellere Amortisation der Investitionen ermöglichen soll.

4.5.2 Fachkräftesituation

Neue Arbeitsplätze werden über die gesamte Sektorstruktur, d. h. sowohl in der Komponentenfertigung als auch bei der Errichtung sowie im fortlaufenden Betrieb der OWP entstehen. Dabei ist die Mehrheit der Beschäftigten in der Herstellung und der Errichtung tätig, wie Abb. 16 verdeutlicht. Jeweils 17-18 % sind in der Turbinenherstellung, der Planung und im Umspannwerk beschäftigt, jeweils 15 % in den Gründungen/Vorbereitungen sowie in der Verkabelung und dem Netzanschluss. Für die Errichtung vor Ort werden noch 10 % der Beschäftigten benötigt. Rund 8 % der Beschäftigten arbeiten im Bereich Finanzierung.

Sowohl bei der Herstellung von Offshore-Windenergiekomponenten und Windenergie-Anlagen als auch bei der Installation, dem Betrieb und der Wartung ist der Offshore-Subsektor auf hierfür besonders qualifiziertes Fachpersonal angewiesen. Zukünftig könnte dem Subsektor ein zunehmender Mangel an entsprechenden Fachkräften drohen, der sich sowohl bei der Errichtung als auch beim Betrieb der Anlagen negativ auswirken kann. Dies hätte auch Auswirkungen auf die Entwicklung der deutschen Offshore-Industrie und deren internationale Wettbewerbsfähigkeit. Ursache ist eine geringe Ausbildungsquote im Subsektor und fehlende Standards für die Aus- und Weiterbildung von Fachkräften. Nach Angaben des BMU (2012, S. 13) sind für den Bereich der gesamten Windenergie nur rund 0,9 % der Mitarbeiter/-innen nicht qualifiziert. Demgegenüber haben 79,7 % eine abgeschlossene Berufsausbildung und 27,1 % besitzen einen Hochschulabschluss, jedoch oftmals nicht im Sektor speziell für die Windenergie. Bisher profitieren die Unternehmen eher von fachfremder Ausbildung, d. h. es werden Fachkräfte aus anderen Branchen eingestellt, die dann spezielle Weiterbildungs-, Qualifizierungs- oder Trainingsangebote für den Offshore-Bereich absolvieren. Nach Briese et. al. (2010) werden zukünftig insbesondere Techniker/-innen aus den Bereichen Anlagenbetrieb sowie Installation und Montage für den Offshore-Bereich fehlen. Danach folgen Fachkräfte der Ingenieurberufe aus den Bereichen Bauingenieurwesen, Maschinenbau und Elektrotechnik sowie Reparatur- und Wartungspersonal.

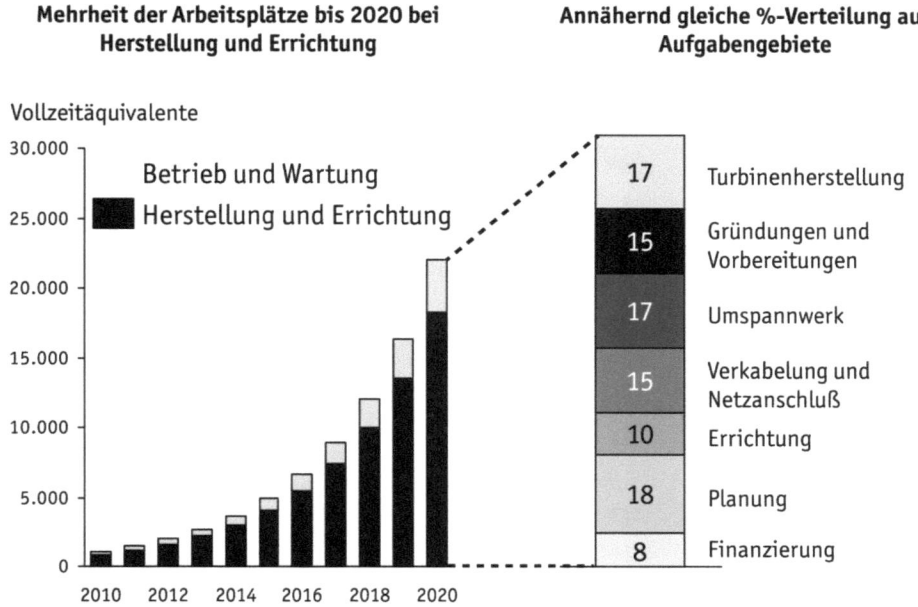

Abb. 16: *Verteilung der Arbeitsplätze Offshore auf Produktion und Wartung/Service (Quelle: WAB 2011a, S. 12)*

Allein für die sieben genehmigten Windparks vor Schleswig-Holsteins Westküste werden nach Aussage der Netzwerkagentur Windcomm ca. 300 Service-Techniker/-innen benötigt. Die Erfahrungen während der Bauphase des ersten Offshore-Windparks zeigen, dass an Tagen mit erhöhtem Seegang 20-30 % der Service-Crews während der Fahrt zu den Windparks seekrankheitsbedingt ausfallen können. Neben erfahrenen Techniker/-innen, bei denen jeder Handgriff in den schmalen Zeitfenstern sitzen muss, bedarf es seetauglicher Fachkräfte und neuer Transportkonzepte (vgl. WINDCOMM 2011).

4.5.3 Berufsstrukturen und -abschlüsse

Bislang sind die derzeitigen und zukünftig notwendigen Berufs-, Tätigkeits- und Ausbildungsstrukturen im Bereich der erneuerbaren Energien noch nicht umfassend untersucht worden (vgl. Bühler/Klemisch/Ostenrath 2007, S. 5). Als Basis eines idealtypischen Qualifikationsprofils gilt jedoch nach wie vor die klassische Fachausbildung als Techniker/-innen oder Meister/-innen, Ingenieur/-innen oder eine metall- oder elektrotechnische Ausbildung.

EE-Unternehmen zeichnen sich durch einen hohen Anteil an qualifizierten Mitarbeitern aus.

	ohne abgeschlossene Berufsausbildung	mit abgeschlossener Berufsausbildung	mit Hochschulabschluss
Photovoltaik	5,8 %	81,7 %	34,7 %
Wasser	1,7 %	93,8 %	57,0 %
Wind	0,9 %	79,7 %	27,1 %
Solarthermie	9,5 %	80,3 %	24,4 %
Solart. Kraftwerke	6,7 %	84,8 %	44,1 %
tiefe Geothermie	2,1 %	85,6 %	50,4 %
oberfl. Geothermie	6,6 %	81,1 %	15,3 %
Biogas	2,5 %	82,5 %	33,1 %
flüssige Biomasse	0,0 %	92,2 %	57,3 %
feste Biomasse	3,1 %	86,5 %	29,7 %
EE gesamt	4,1 %	82,1 %	32,1 %
Fertigungsberufe	22,7 %	63,2 %	0,6 %
Technische Berufe	4,0 %	88,3 %	37,7 %
Insgesamt	15,0 %	69,5 %	9,9 %

Abb. 17: Differenzierung der Mitarbeiter nach ihrer Qualifikation (Quelle: BMU 2012, S. 13)

Die Betrachtung der beruflichen Abschlüsse der Beschäftigten zeigt einen hohen Anteil an qualifizierten Mitarbeiter/-innen der Unternehmen im Sektor der erneuerbaren Energien (vgl. Abb. 17). In der Windenergie-Branche verfügen wie oben erwähnt knapp 80 % der Beschäftigten über eine abgeschlossene Berufsausbildung und gut jeder Vierte über einen Hochschulabschluss. Damit liegt der Sektor deutlich über dem Durchschnitt aller Wirtschaftsbereiche.

Getragen wird die Branche der erneuerbaren Energien von „professionalisierten Spezialisten" (Bühler/Klemisch/Osterrath 2007, S. 5), die ihre fachliche Qualifikation durch branchenspezifische Weiterbildung ergänzt haben. Bei der Betrachtung der Sektorstruktur der Windenergiebranche fällt auf, dass viele unterschiedliche Berufsprofile als Basisqualifikation fungieren.

„Die Beschäftigtenstruktur in der Windindustrie entstand auf der Basis traditionellen Fachwissens im Stahl- und Maschinenbau einschließlich Elektrotechnik, der Kunststoffverarbeitung und der Serviceerfahrungen im metallverarbeitenden Gewerbe" (Bühler/Klemisch/Osterrath 2007, S. 10). Dies spiegelt sich auch in einer empirischen Untersuchung von Klemisch und Bühler (2006, S. 14) wider. Die Autoren untersuchten u. a. die Struktur der in den Unternehmen vorhandenen Berufe der Mitarbeiter. Sie identifizierten nachstehende Berufsabschlüsse ordneten diese nach prozentualem Anteil in absteigender Reihenfolge:

- Elektromonteur/-innen, Mechatroniker/-innen (92 %),
- Industriemechaniker/-innen (68 %),
- Servicetechniker/-innen (Zusatzqualifikation) (68 %),
- Konstruktionsmechaniker/-innen (32 %),
- Verfahrenstechniker/-innen Kunststoff (20 %),
- Beton- und Stahlbauer/-innen (12 %).

Insbesondere der Ausbildungsberuf des/der Mechatroniker(s)/in ist „für die Versorgung des Windenergiesektors mit qualifizierten Fachkräften von größter Bedeutung und hat sehr hohe Akzeptanz in diesem Bereich gefunden" (Röming/Dörfler/Hipp 2008, S. 162). Im Bereich Service und Wartung gibt es Unternehmen, die auch auf eine Teamstruktur mit jeweils einer elektronischen oder metalltechnischen Qualifikationen setzen.

Bereits durch die Abb. 17 wird deutlich, dass im Windenergie-Sektor fast ausschließlich qualifizierte Fachkräfte beschäftigt werden. „Die einzige Ausnahme bildet der Bereich Kunststoff- und Faserverbundtechnik (Rotorblatthersteller), wo rund 95 Prozent der Mitarbeiter An- und Ungelernte sind" (ebd., S. 163). Es ist hinzuzufügen, dass zu den hier genannten an- und ungelernten Fachkräften auch Personen aus branchenfernen Berufsgruppen (z. B. Konstruktionsmechaniker/in

Metall- und Schiffbautechnik, Maler/-innen und Lackierer/-innen oder Tischler/-innen) gezählt werden (vgl. ebd., S. 163).

4.6 Rolle und Strukturen der Arbeitsgeberverbände und der Sozialpartner im Windenergiesektor

4.6.1 Arbeitgeber- bzw. Unternehmensverbände

Die Interessenvertretung von Arbeitnehmern/-innen und Unternehmen in Deutschland hat auf Verbandsebene eine etwa 150-jährige Geschichte. Auf Seiten der Arbeitnehmer/-innen gilt die Organisation in Form von Gewerkschaften als besser erforscht (vgl. Traxler, 1999, S. 57) und ist in ihrer Vertretungsfunktion als „Ordnungsfaktor" und „Gegenmacht" zum Arbeitgeber gesellschaftlich ambivalent angelegt (ebd.). Zusammenschlüsse auf Arbeitgeberseite in Unternehmensverbänden sind hingegen uneinheitlicher. Hier wird unterschieden in (vgl. Schubert/Klein 2006):

1. Arbeitgeberverbände, deren wichtigste Aufgaben der Abschluss von kollektivvertraglichen Regelungen (Tarifverträge) mit den Interessenvertretungen der Arbeitnehmer/-innen (Gewerkschaften) bzw. die Ausübung wirtschaftspolitischer Funktionen (Information, Öffentlichkeitsarbeit, Lobbyismus) sind.

2. Industrie- und Handelskammern, Handwerkskammern sowie die Kammern freier Berufe, die die lokalen bzw. regionalen Interessen (i. d. R. getrennt nach Branchen und Gewerben) der Unternehmen vertreten.

3. Wirtschaftsverbände, die die wirtschaftspolitischen Interessen der Unternehmen vor allem auf der Ebene des Bundes und der Europäischen Union wahrnehmen.

4. Marktverbände oder Kartelle, die geschlossen wurden, um gemeinsam Einfluss auf die Beschaffung oder den Absatz bestimmter Produkte auszuüben.

Die Liste lässt sich noch erweitern, beispielsweise um:

5. Berufs- und Fachverbände, die sich als Interessensverbände u. a. mit Standardisierung und Normung beschäftigen sowie Innovationen durch Forschung fördern.

6. Internationale Dachverbände wie den europäischen (European Wind Energy Association - EWEA), den amerikanischen (American Wind Energy Association - AWEA) und den internationalen Verband (World Wind Energy Association - WWEA) zur Förderung der Windenergie.

Die Bedeutung von Verbänden wird durch die Organisierbarkeit eines branchenbezogenen Interesses und die Konfliktfähigkeit des Verbandes aufgespannt (vgl. Müller 1980, S. 26). Wichtig für das Verständnis der Rolle der Verbände ist, dass mit der Bildung von Gewerkschaften und dem Aufkommen der Sozialdemokratie gegen Ende des 19. Jahrhunderts auch gesetzliche Regelungen zur Kranken-, Renten- und Unfallversicherung entstanden. Letztere wird von den Berufsgenossenschaften für privatwirtschaftliche Unternehmen und deren Beschäftigte getragen. Weiterhin spielen gewerbliche Berufsgenossenschaften im Windenergie-Sektor eine Rolle.

4.6.2 Verbandsstrukturen

Im Folgenden werden den vorgenannten Verbänden im Sektor aktive Vertreter zugeordnet und ausgewählte vorgestellt. Dabei wird nur auf Industrie- und Handelskammern, Wirtschaftsverbände sowie relevante Berufs- und Fachverbände eingegangen.

Industrie- und Handelskammern

Industrie- und Handelskammern (IHK) sind berufsständische Körperschaften des öffentlichen Rechts und vertreten Unternehmen einer Region (dies sind bspw. die Handelskammern Bremen und Hamburg, die Industrie- und Handelskammern deutschlandweit, der Deutsche Industrie- und Handelskammertag).

In diesem Zusammenhang sind zwei Pilotprojekte in den Bundesländern Schleswig-Holstein und Bremen zu nennen, die Berufsausbildung mit Windenergie-Inhalten verknüpfen, und zwar in den Berufen:

- Mechatroniker/-innen für Windenergie (IHK Flensburg) sowie
- Elektroniker/-innen für Betriebstechnik mit Spezifikationen für den Bereich Windenergie (IHK Bremerhaven).

Wirtschaftsverbände

Der Bundesverband der Energie- und Wasserwirtschaft e.V. (BDEW) „vertritt die Anliegen seiner Mitglieder gegenüber Politik, Fachwelt, Medien und Öffentlichkeit und orientiert sich dabei an einer nachhaltigen Energieversorgung sowie an einer Wasser- und Abwasserwirtschaft, die den Aspekten Umwelt- und Klimaschutz, Qualität und Sicherheit sowie Wirtschaftlichkeit gleiches Gewicht beimisst" (BDEW 2012). Der BDEW beteiligt sich beispielsweise aktiv an der Diskussion zum Umgang mit Kosten durch Störungen und Verzögerungen der Netzanbindung von Offshore-Windparks. Zur Abschätzung von Größenordnung und politischem

Gewicht des Verbandes dient ein Blick auf die organisierten Mitglieder. Diese repräsentieren laut eigenen Angaben in etwa:

- 90 % des Stromabsatzes,
- 60 % des Nah- und Fernwärmeabsatzes,
- 90 % des Erdgasabsatzes,
- 80 % der Trinkwasser-Erzeugung sowie
- 30 % der Abwasserentsorgung in Deutschland.

Als weiterer Spitzenverband der deutschen Wirtschaft ist der Bundesverband der Deutschen Industrie e. V. (BDI) zu nennen. In ihm laufen verschiedene Industriezweige und industrienahe Dienstleistungen zusammen. Deshalb tritt der BDI für einen technologieoffenen Energiemix mit verlässlicher und bezahlbarer Versorgung ein.[9] Neben vielen weiteren vertritt der BDI folgende Verbände, deren Mitgliedsunternehmen unter anderem auch im Windenergiesektor operieren:

- Verband Deutscher Maschinen- und Anlagenbau e. V. (VDMA),
- Zentralverband Elektrotechnik- und Elektronikindustrie e. V. (ZVEI),
- Zentralverband der Deutschen Elektro- und Informationstechnischen Handwerke (ZVEH),
- Verband der Chemischen Industrie e. V. (VCI),
- Verband für Schiffbau und Meerestechnik e. V. (VSM).

Die genannten Verbände haben wirtschafts-, umwelt- und auch technologiepolitische Schwerpunkte und sind somit nicht trennscharf von den Berufs- und Fachverbänden abzugrenzen. Der weiter unten aufgeführte Technische Überwachungs-Verein (TÜV) wird beispielsweise ebenso vom BDI vertreten.

Berufs- und Fachverbände

Mit rund 20.000 Mitgliedern ist der Bundesverband Windenergie e.V. (BWE) der weltweit größte Verband für erneuerbare Energien und auch im betreffenden Dachverband BEE organisiert. Der Verband versteht sich als Interessenvertreter seiner Mitglieder, die als Privatpersonen, Unternehmen oder Betreiber von Windenergieanlagen auftreten (vgl. BWE 2012).

Der WindEnergieZirkel Hanse e.V. ist ein Interessenvertreter von Entscheidungsträger(n)/-innen der Windenergiebranche. Die Mitglieder kommen aus der

---

9   Diese Position schließt zwangsläufig die Atomenergie mit ein.

Anlagentechnik, der Versorgungsindustrie, der Projektentwicklung, der Finanzierung und Versicherung, der Zertifizierung und von einigen norddeutschen Hochschulen. Bekannte Vertreter sind u. a.: Allianz Deutschland AG, Commerzbank AG, EON Hanse AG, die Fachhochschulen in Flensburg und Kiel, TU Hamburg-Harburg, Universität der Bundeswehr Hamburg, Nordex SE, RWE Innogy GmbH, Suzlon Energy GmbH, Vattenfall Europe Windkraft GmbH, Vestas Deutschland GmbH (vgl. WindEnergieZirkel Hanse 2012).

Die Stiftung der deutschen Wirtschaft zur Nutzung und Erforschung der Windenergie auf See (Stiftung Offshore-Windenergie) wurde 2005 auf Initiative des Bundesministeriums für Umwelt, Naturschutz und Reaktorsicherheit (BMU) gegründet. Ihr Ziel besteht darin, „die Rolle der Offshore-Windenergie im Energiemix der Zukunft in Deutschland und Europa zu festigen und ihren Ausbau im Interesse von Umwelt- und Klimaschutz voranzutreiben" (Stiftung Offshore-Windenergie 2012). Im Stiftungskuratorium sind u. a. auch die Windenergieagentur Bremerhaven/Bremen (WAB), der BWE, die VDMA Power Systems, die Gesellschaft für Maritime Technik (GMT) und der Verband Deutscher Reeder vertreten. Außerdem existiert ein wissenschaftlicher Beirat.

Weitere Berufs- und Fachverbände im Sektor sind (Auswahl):

- Normungsausschuss „Offshore-Windenergie" der Normenstelle Schiffs- und Meerestechnik (NSMT) im DIN Deutsches Institut für Normung e. V.,
- Global Wind Organisation (GWO),
- Verband Deutscher Kapitäne und Schiffsoffiziere e.V. (VDKS),
- Deutscher Verband für Schweißen und verwandte Verfahren e. V. (DVS),
- European Federation for Welding, Joining and Cutting (EWF),
- Verband der Elektrotechnik Elektronik Informationstechnik e.V. (VDE),
- Verein Deutscher Ingenieure e.V. (VDI),
- AMA Fachverband Sensorik e.V. (AMA),
- Technischer Überwachungs-Verein (TÜV).

4.6.3 Sozialpartnerschaft in Deutschland

Die folgenden Ausführungen dokumentieren den beiderseitigen Auftrag von Arbeitgeberverbänden und Gewerkschaften zur Gestaltung der Beschäftigungs- und Arbeitsbedingungen (Sozial- bzw. Konfliktpartnerschaft) im On- und Offshore-Subsektor.

„Das Recht zur Wahrung und Förderung der Arbeits- und Wirtschaftsbedingungen, Vereinigungen zu bilden, ist jedermann und für alle Berufe gewährleistet" (Art. 9 Abs. 1 Grundgesetz). Dieses wird von den Verbänden des Arbeitsmarktes zur eigenständigen Regelung von Lohn- und Arbeitsbedingungen beansprucht und als Tarifautonomie bezeichnet. Ziel der so genannten Sozialpartnerschaft ist die Einigung der Tarifvertragsparteien in gegenseitigen Verhandlungen ohne unmittelbare staatliche Mitwirkung. Arbeitskämpfe sind erlaubt, Streiks und Aussperrungen unterliegen jedoch zahlreichen Regelungen. Häufig ist von „Konfliktpartnerschaft" oder von „antagonistischer Kooperation" die Rede (vgl. Himmelmann 2003, S. 690ff.).

Tab. 5 gibt einen Überblick der entsprechend den Wirtschaftszweigen beteiligten Sozialpartner im Offshore-Sektor ohne die Bauwirtschaft. Von regional agierenden Verbänden bis zu den Spitzenverbänden auf nationaler wie internationaler Ebene sind hier die entsprechenden Branchenvertreter aufgeführt.

Tab. 5: *Sozialpartnerschaft im Offshore-Sektor (eigene Darstellung)*

	Arbeitgeber-Seite (AG)	Arbeitnehmer-Seite (AN)	Arbeitgeber-Seite (AG)	Arbeitnehmer-Seite (AN)	Arbeitgeber-Seite (AG)	Arbeitnehmer-Seite (AN)
international	Businesseurope	Internationaler Gewerkschaftsbund	Businesseurope	Internationaler Gewerkschaftsbund	International Maritime Employers Committee	Internationale Transportarbeiter Föderation
national	Bundesvereinigung Deutscher Arbeitgeberverbände (BDA)	Deutscher Gewerkschaftsbund (DBG)	Bundesvereinigung Deutscher Arbeitgeberverbände (BDA)	Deutscher Gewerkschaftsbund (DBG)	Verband Deutscher Reeder/ Zentralverband Deutscher Seehafenbetriebe/ Bund + Länder	ver.di/ Deutscher Gewerkschaftsbund (DGB)
überregional	Gesamtmetall	IG Metall	Bundesarbeitgeberverband Chemie (BAVC)	IG BCE		
regional	Nordmetall/ AGV Nord	Betriebsräte, IG Metall	Chemie Nord/ ANA	Betriebsräte, IG BCE	„Maritimes Bündnis"	
Sozialpartner	Arbeitgeber-Seite (AG)	Arbeitnehmer-Seite (AN)	Arbeitgeber-Seite (AG)	Arbeitnehmer-Seite (AN)	Arbeitgeber-Seite (AG)	Arbeitnehmer-Seite (AN)
Branche	Metall- & Elektro Industrie		Chemische Industrie		Transport und Verkehr	
Wertschöpfung	WEA-Produktion, OEM-Zulieferer, Service und Wartung		Rotorblattfertigung, Korrosionsschutz		Logistik	

Aussagen von Vertreter(n)/-innen der Sozialpartner bestätigen das Bild eines sich dynamisch entwickelnden Sektors mit einem hohen Potential für die Beschäftigungsentwicklung. Anhand der Wirtschaftszweige Metall- und Elektroindustrie, Chemische Industrie und Maritimer Transport und Verkehr werden im Folgenden Stellungnahmen der Sozialpartner zur Organisation im Sektor, zu tarifverträglichen Regelungen, zum Anteil an Arbeitnehmerüberlassung sowie zu Aktivitäten bei Aus- und Weiterbildung dargestellt.

In der Metall- und Elektroindustrie besteht zwischen den Sozialpartnern eine gewachsene Kooperation. Der Organisationsgrad ist auf beiden Seiten verhältnismäßig groß: In Betrieben des Windenergie-Sektors verzeichnet die IG Metall in Norddeutschland einen Anteil von etwa 50 % der Belegschaft, der in der Gewerkschaft organisiert ist. Der Anteil liegt dabei in der Fertigung etwas höher als im Bereich Service und Wartung. Gerade für kleine und mittelständische Betriebe, die beispielsweise eine 35-Stunden-Woche oder unbefristete Übernahmegarantien nicht einführen wollen und können, wurde mit dem tarifungebundenen Arbeitgeberverband AGV Nord ein Zweitverband zur Nordmetall gegründet. Hier ist u. a. der Anlagenhersteller REpower vertreten. Die Löhne lehnen sich dabei an die Metall- und Elektro-Tarifverträge an. Der Anteil an Arbeitnehmerüberlassung variiert im Sektor stark. Laut Angaben von Nordmetall werden die für den Metall- und Elektrobereich typischen 10 % Leihpersonal bei Fertigungsspitzen überschritten. Jedoch sind viele Unternehmen mit Personalbedarf auch an Festanstellungen interessiert, da es schwierig ist, passgenau qualifiziertes Personal aus Arbeitnehmerüberlassung zu bekommen.

In Bezug auf Aus- und Weiterbildung sind sich Arbeitgeberseite und Gewerkschaften weitgehend einig. Einerseits möchten sie die schon bestehende Vielfalt der Metall- und Elektroberufe nicht weiter aufgliedern, erkennen aber andererseits die Notwendigkeit, auf den Windenergie-Sektor bezogene Inhalte in curriculare, berufsbildende Ordnungsmittel zu integrieren. Nach Aussage einiger Sozialpartner sind auch nicht alle Mittel und Wege der Weiterbildungsmöglichkeiten ausgeschöpft. Die IG Metall verweist u. a. auf die von Arbeitnehmern noch zu selten ergriffene Möglichkeit der Meisterprüfung nach §45 Abs. 2, BBIG. Dem demografischen Wandel begegnen die Verbände, indem ein Arbeitsmarkt-Monitor sowie der Sonderreport Ausbildung regelmäßig veröffentlicht werden. Zudem werden zur Förderung der technisch-naturwissenschaftlichen Prägung im Kindergarten, der Berufsorientierung in der Schule sowie der Erstausbildung in Betrieben und dem Studium an Hochschulen eigene Mittel aufgewendet.

Ein weiterer Teil der Wertschöpfung im Offshore-Sektor fällt in den Bereich der chemischen Industrie. Hier gibt es mit der IG BCE, ebenso wie die IG Metall für die Metall- und Elektroindustrie, einen arbeitnehmerseitigen Hauptvertreter. Beide Gewerkschaften verstehen sich als Ansprechpartner für Firmen im Bereich der Windenergie. Daran ansetzend haben die Sozialpartner bereits reagiert und eine mehr anwendungsbezogene Neuordnung des Ausbildungsberufes Verfahrensmechaniker/-in für Kunststoff- und Kautschuktechnik vorgenommen. Arbeitgeberseitig besteht wie bei der Metall- und Elektrobranche ein tarifgebundener und ein tariffreier Arbeitgeberverband. Die Chemie Nord verzeichnet 67.000 organisierte Beschäftigte und schließt mit Gewerkschaften Haustarifverträge in den Firmen. Darüber hinaus werden nicht tarifgebundene Betriebe der Chemiebranche, aber auch Unternehmen aus anderen Branchen, im Allgemeinen Norddeutschen Arbeitgeberverband gebündelt vertreten.

Im Bereich Transport und Verkehr besteht ein „Maritimes Bündnis" aus Bund, den Küstenländern, Reedereien, Betreiberunternehmen der Seehäfen und der Dienstleistungsgewerkschaft ver.di. Hier existiert der Heuer- und Manteltarifvertrag für die deutsche Seeschifffahrt (HTV und MTV See). Um Überschneidungen zu vermeiden, müssen auch die Abschlüsse der Internationalen Transportarbeiter-Föderation (ITF) beachtet werden. Gerade bei Schiffsbesatzungen von unter fremden Flaggen fahrenden Schiffen nimmt die Zahl des Leihpersonals zu. In Deutschland sind ca. 30 % der Betriebe gewerkschaftlich organisiert, so zum Beispiel die Bugsier-, Reederei- und Bergungsgesellschaft mbH & Co. KG aus Hamburg oder die Buxtehuder NSB Niederelbe Schifffahrtsgesellschaft mbH & Co. KG. Das Maritime Bündnis regelt auch die Ausbildung für die Seeschifffahrt im nautischen, seemännischen und technischen Bereich - beispielsweise zum/zur Schiffsmechaniker/-in. Diese ist zwar nicht offshore-windspezifisch, jedoch werden auch Inhalte wie die Bedienung von Schwerlastkränen und Schifffahrtstechnik angeboten. Die Internationale Seeschifffahrts-Organisation (IMO) hat Bildungsfragen in einem internationalen Übereinkommen über Normen für die Ausbildung, die Erteilung von Befähigungszeugnissen und den Wachdienst von Seeleuten (STCW-Übereinkommen) geregelt. Anwendung findet außerdem das international anerkannte Arbeits-, Gesundheits- und Umweltschutzmanagementsystem SCC (Safety Certificate Contractors).

4.6.4 Berufsgenossenschaften und deren Aufgaben

Die Berufsgenossenschaft Energie Textil Elektro Medienerzeugnisse (BG ETEM) ist als gewerbliche Berufsgenossenschaft Träger der gesetzlichen Unfallversicherung. Zu ihren Aufgaben zählen:

- Arbeitssicherheit und Gesundheitsschutz,
- Rehabilitation und Entschädigung bei Arbeits- und Wegeunfällen sowie bei Berufskrankheiten,

- Haftung anstelle von Unternehmen für die gesundheitlichen Folgen von Arbeitsunfällen und Berufskrankheiten gegenüber Mitarbeitern (vgl. BG ETEM 2012).

In den ersten Bereich fallen neben der sicherheitstechnischen und betriebsärztlichen Betreuung auch ein umfassendes Regelwerk mit Vorschriften, Regeln und Informationen. Die darin enthaltene BGI 657 für Windenergieanlagen „findet Anwendung auf Errichtung und Montage/Demontage, Betrieb, Wartung und Instandhaltung netzverbundener Windenergieanlagen (WEA) mit horizontaler Achse" (BGFE 2006, S. 6). Die Genehmigung von Anlagen, Komponentenherstellung, Gründungs- und Fundamentarbeiten sowie Transport über Straßen und Wasserwege sind hingegen nicht Gegenstand der Verordnung.

Die Berufsgenossenschaft für Transport und Verkehrswirtschaft (BG Verkehr) ist ein weiterer Unfallversicherungsträger. Dabei arbeitet sie zum Beispiel bei Fragen der Schiffsklassifikation u. a. mit dem Germanischen Lloyd zusammen. Neben den schon oben genannten gesetzlichen Aufgaben nimmt die BG Verkehr eine Berater- und Unterstützerrolle bei der Prävention von Unfällen und arbeitsbedingten Gesundheitsgefahren ein. Tatsächlich hat es bei der Errichtung von Offshore-Windparks in der Vergangenheit schwere Arbeitsunfälle gegeben wie beispielsweise im:

- Offshore-Windpark Alpha Ventus im Jahre 2009 mit einem Verletzten sowie im
- OWP Bard Offshore 1 in den Jahren 2010 und 2012 mit je einem tödlich Verunfallten.

5 Technik, Technologien und Facharbeit – Herausforderungen und Tendenzen

5.1 Aufbau von Windenergieanlagen (WEA)

Windenergieanlagen sind Energiewandler: Entsprechend ihres konstruktiven Aufbaus wandeln die Anlagen die kinetische Energie des Windes zunächst in mechanische Rotationsenergie und dann in elektrische Energie um (vgl. Gasch/Twele 2011, S. 50). Dazu gibt es verschiedene Typen und Bauformen von WEA: Angefangen bei der Bockwindmühle, die hauptsächlich zur Entwässerung und zum Mahlen von Getreide diente, bis hin zu Anlagen mit vertikaler Achse, den so genannten H-Rotoren. Fast alle heutigen Windgeneratoren sind Anlagen mit einer horizontalen Achse und drei Flügeln als Rotor, der sich in der Vertikalen dreht. Dafür gibt es folgende Gründe:

- Durch die Blattwinkelverstellung der Rotorblätter kann die Rotordrehzahl und die Leistungsabgabe geregelt werden.
- Die Verstellung der Rotorblätter ist der wirksamste Schutz gegen Überdrehzahl und hohe Windgeschwindigkeiten gerade bei größeren Anlagen.
- Die Form der Rotorblätter lässt sich optimal auslegen und erreicht den aerodynamisch höchsten Wirkungsgrad.
- Der technologische Vorsprung dieser Bauweise (vgl. Hau 2008, S. 69).

In der oben genannten Bauweise hat sich der dreiflügelige Rotor als Luv[10]-Läufer durchgesetzt (vgl. Gasch/Twele 2011, S. 52). Charakteristisch an dieser Bauart ist, dass der Rotor in Windrichtung vor dem Turm dreht. Dadurch wird eine zusätzlich Lärmquelle an dem Punkt, an dem der Flügel durch die Lee-Seite des Turmes dreht, vermieden. Damit der optische Eindruck eines Windparks angenehmer wird, haben sich die Anlagenhersteller auf die stillschweigende Konvention geeinigt, dass die Rotoren generell im Uhrzeigersinn rotieren (vgl. ebd., S. 55). Windkraftanlagen werden meist nach ihrer Nennleistung, bspw. 5M von REpower mit 5 MW, oder nach ihrer Größe wie bei der N90 von Nordex mit 90 m Rotordurchmesser unterschieden. Oben auf dem Gondeldach befinden sich Befeuerungsanlagen und Messinstrumente, hauptsächlich zur Erkennung der Windrichtung und Windstärke. Die Sensoren befinden sich in einer möglichst weiten Entfernung zum Rotor, damit sie wenig turbulent angeströmt werden. Die Außenhaut der Gondel besteht meist

---

10   Luv bezeichnet die dem Wind zugekehrte Seite, Lee die abgewandte.

aus glasfaserverstärktem Kunststoff (GFK). Einige Anlagen haben auch eine GFK-Verkleidung für die Nabe, den so genannten Spinner.

Der Turm wird meist aus Stahl, Beton oder in einer Hybridbauweise aus beiden Baustoffen gefertigt. Im Zugang zum Turm der Anlagen befinden sich in der Regel Schaltschränke zur Steuerung und Regelung der Anlage und eine Leiter, über die es zur Gondel hinauf geht. Mitunter sind auch eine Befahranlage oder der Transformator dort untergebracht. Innerhalb des Turmes sind mehrere Plattformen eingezogen. Mitunter muss dort die Leiter gewechselt werden, da sie unter Umständen an verschiedenen Seiten angebracht ist, um die Möglichkeit zum Ausruhen oder ein Maß an Fallschutz zu geben. Da der Turm aus einzelnen Segmenten besteht, sind in diesen Abständen auch Plattformen eingebaut, auf denen die Schraubverbindungen der einzelnen Turmstöße zugänglich sind. Das Stromkabel wird an der Turmwand nach unten geführt. Weiter oben hängen die Kabel in J-Form 10-20 m frei im Turm, damit die Gondel dem Wind nachgeführt werden kann. Eine Steuerungselektronik registriert die Verdrillung des Kabels. Unter Umständen muss eine Maschine stoppen, damit das Kabel entdrillt werden kann. Am oberen Turmende befindet sich eine Plattform, von der aus die Lagerung der Gondel und die Azimutantriebe zugänglich sind. Am Drehkan der Gondel befinden sich eine Reihe von Bremsen, die dazu dienen, die Gondel in einer Position zu halten.

Viele größere Anlagen verfügen über eine Befahranlage, die bis zu zwei Personen mit nach oben nehmen kann. Da der Lift auf der Leiter fährt, ist diese durchgehend an der Turmwand befestigt. Alle Leitersysteme haben ein Fallschutzsystem, das je nach Hersteller und Betreiber variieren kann.

Große Onshore-Anlagen wie bspw. die Enercon E136 erreichen einen Rotordurchmesser von 127 m (vgl. Enercon 2012). Ein weiteres Beispiel ist die N117 von Nordex, die speziell für Binnenlandstandorte mit einem großen Rotordurchmesser von 117 m konstruiert wurde. Der Rotor besteht dabei aus drei Rotorblättern, die aus glasfaserverstärktem Kunststoff gefertigt sind (vgl. Nordex 2012a).

Der konstruktive Aufbau des mechanischen Triebstranges von Windenergieanlagen variiert je nach Anlagentyp. Unterschieden wird an dieser Stelle zwischen der stall-gesteuerten drehzahlfesten Anlage, der pitch-gesteuerten drehzahlvariablen Anlage und dem getriebelosen Design. Das ältere und einfachere Konzept begrenzt die Leistung durch den Strömungsabriss (Stall) am Rotorblatt (vgl. Gasch/Twele 2011, S. 55f.). Als Generator kommt bei diesem Konzept ein Asynchrongenerator zum Einsatz, der sich bauartbedingt an die Netzfrequenz klammert. Dadurch läuft der Rotor mit nahezu konstanter Rotationsgeschwindigkeit (vgl. ebd.). Die stall-gesteuerten Anlagen werden meist in der Submegawatt Klasse verwendet. Allerdings findet sich die Stall-Regelung auch bei größeren Anlagen, wie bspw. bei der N60 von Nordex mit 1,3 MW.

Moderne On- wie auch Offshore-WEA werden zur Leistungsregelung meist als drehzahlvariable Anlage mit der Möglichkeit zum Anstellen der Flügel (Pitch) ausgeführt und mit Frequenzumrichtern ausgerüstet. Die Pitch-Regelung ist gleichmäßiger und effizienter als die Stall-Regelung, weil die Strömung immer am Rotorblatt anliegt (vgl. Gasch/Twele 2011, S. 58).

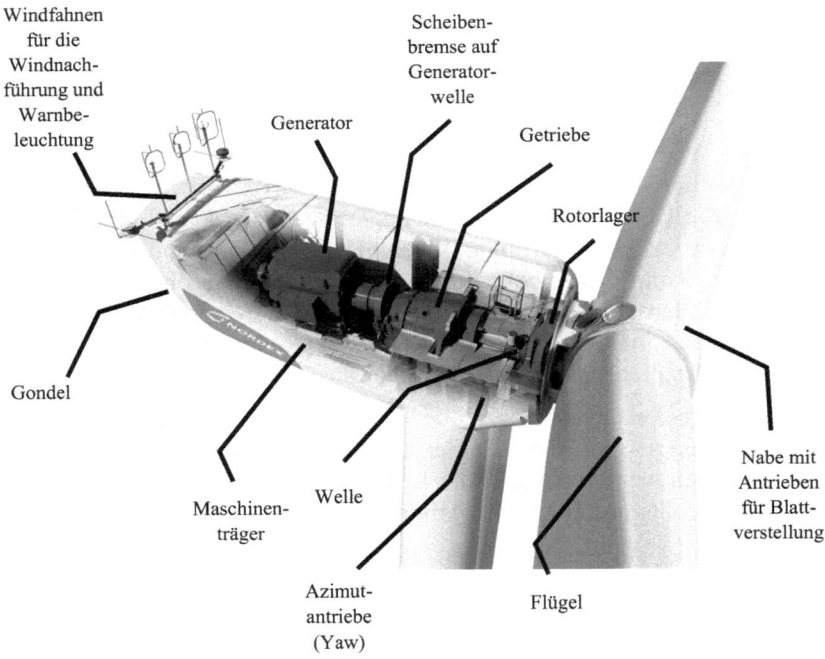

Abb. 18: Aufbau einer WEA mit Generatorgetriebe (Quelle: Nordex 2012b)

Die Nabe einer WEA ist heute in der Regel ein Stahl-Gussteil und nimmt die drei Flügel des Rotors auf (vgl. Hau 2008, S. 287). Für einen Rotor mit Pitch-Verstellung müssen die Flügel drehbar gelagert sein. Damit die Reibungsmomente möglichst gering bleiben, werden die Rotorblätter in der Regel mit Wälzlagern an der Nabe gelagert (vgl. ebd., S. 296). Bei einer Nordex N100/2500 WEA wiegt die Nabe aus Kugelgraphitguss ca. 27,5 t (vgl. Nordex 2010, S. 38). Für den Antrieb der Blattwinkelverstellung stehen mechanische, hydraulische oder elektrische Systeme zur Verfügung (vgl. Gasch/Twele 2011, S. 71). Mittlerweile sind elektrische Antriebe das am häufigsten verwendete System (vgl. ebd., S. 72).

Bezüglich des mechanischen Triebstranges einer WEA lassen sich grob Getriebe- und getriebelose Anlagen voneinander unterscheiden. Bei einer WEA mit Getriebe wie sie in Abb. 18 exemplarisch dargestellt ist, besteht der Triebstrang in der Regel aus folgenden Komponenten:

- Nabe,
- Rotorlager,
- Lagereinheit,
- Kupplung,
- Bremse,
- Stirnradgetriebe,
- Planetengetriebe,
- Generator,
- Pitch-Verstellung,
- Hydraulik,
- Welle (vgl. Gasch/Twele 2011, S. 75).

In der Aufzählung werden Komponenten genannt, die in der Abb. 18 nicht enthalten sind. Dies liegt daran, dass die Konstrukteure der Hersteller verschiedenen Konzepten bzw. Design-Philosophien folgen. So verfügt die in der Abbildung beschriebene Anlage bspw. über keine Kupplung. Es lässt sich auch zwischen *integrierter Bauweise*, bei der mehrere Funktionen in einzelnen Baugruppen zusammengefasst sind, und *aufgelöster Bauweise*, bei der alle Komponenten auf dem Maschinenträger einzeln befestigt sind, unterscheiden (vgl. ebd., S. 74). Innerhalb des Triebstranges gibt es zwei Wellen: Die langsam drehende Rotorwelle verbindet die Nabe mit dem Getriebe. Die schnelllaufende sogenannte schnelle Welle führt vom Getriebe über die Bremse zum Generator. Die langsam drehende Welle ist als Hohlwelle ausgeführt und hat bedingt durch die hohen Drehmomente des Rotors einen relativ großen Durchmesser.

Das Getriebe einer WEA wandelt die verhältnismäßig geringe Drehzahl des Rotors. Bei der Nordex N100/2500 liegt sie bei 9,6 bis 14,8 1/min. Die Drehzal des Generators beträgt 740 bis 1150 U/min. Zahnradgetriebe werden in zwei unterschiedlichen Bauarten hergestellt: entweder als Stirnradgetriebe oder als Planetengetriebe (vgl. Hau 2008, S. 319). Es gibt auch Getriebe, bei denen diese beiden Formen gemeinsam verbaut werden. So ist bei Großanlagen die Verwendung mindestens einer Planetenstufe, durch die bei gleicher Übersetzung geringeren Abmessungen, Kosten und Geräusche entstehen, üblich (vgl. Gasch/Twele 2011, S. 86). Das Getriebe wird möglichst zentral angebracht, da es sich dabei in der Regel um die schwerste Komponente handelt. Nach dem Getriebe wird die Bremsanlage auf der schnellen Welle verbaut. Im normalen Betrieb dient die Bremse lediglich als Feststellbremse, da meist über den Anstellwinkel der Rotorblätter abgebremst wird. Für eine Notfallbremsung muss die mechanische Bremse aber so dimensioniert sein, dass der Rotor aus voller Last in den Stillstand gebremst werden kann (vgl. ebd., S. 92).

Am Ende des Triebstranges befindet sich der Generator, der bei den pitchgeregelten Anlagen meist als doppelt-gespeister Asynchrongenerator für variable Drehzahlen ausgeführt ist (vgl. ebd., S. 93). Der Generator muss gekühlt werden. Dies kann bei kleineren Anlagen mit Luft und bei größeren Anlagen mit Wasser geschehen. Entsprechende Wärmetauscher sind dann in der Außenhaut der Gondel verbaut.

Abb. 19: *Blick auf Getriebe, Bremse und Generator einer im Service befindlichen, angehaltenen WEA vom Typ Nordex N100. Zu Wartungszwecken wurde der Funkenschutz der Bremsscheibe demontiert. (Foto: ITB)*

Bei getriebelosen Anlagen wird ein drehzahlvariabler Synchrongenerator mit nachgeschalteter Frequenzumrichtung direkt vom Rotor angetrieben. Der Vorteil dieses Anlagentyps ist der Wegfall des Getriebes, eine der mechanisch komplexesten Komponenten einer WEA. Der Nachteil dieser Bauweise liegt beim Generator, der eine Sonderentwicklung ist und durch seine notwendige hohe Polzahl einen größeren Durchmesser und ein höheres Gewicht mit sich bringt. Dies führt zu deutlich höheren Anlagengewichten als bei konventionellen Anlagen (vgl. Hau 2008, S. 285 f.). Trotzdem sieht es derzeit danach aus, als würde die getriebelose Anlage auch für den Offshore-Subsektor zum Konzept der Zukunft werden, da mehrere Hersteller, bspw. Siemens oder Alstom, den Bau entsprechender Anlagen angekündigt haben (Weber 2011).

Darüber hinaus sind noch verschiedene Hilfsaggregate und sonstige Einbauten Teil einer WEA wie bspw. Kühlsysteme, Schmiermittelversorgung, Hydraulikaggregate, Heizung, Regelsysteme, Frequenzumrichter und Transformatoren, Datenerfassungssysteme, Brandmeldeanlage, Hebezeuge und Blitzschutz (vgl. Hau 2008, S. 338 ff.; vgl. Gasch/Twele 2011, S. 93 ff.).

5.2 Von Onshore zu Offshore – Windturbinen für den Offshore-Einsatz

Noch bevor die Nutzung der Offshore-Windkraft thematisiert wurde, konnte ein stetiges Anlagenwachstum von Onshore-WEA verzeichnet werden. Abb. 20 veranschaulicht die bisherige Leistungszunahme von Windturbinen in Deutschland. Diese Entwicklung soll sich zusammen mit dem Offshore-Subsektor fortsetzen.

Gemessen am Stand der installierten OWEA von 2012 ist zum Erreichen der Ziele, die das Energiekonzept der Bundesregierung enthält, eine deutliche Steigerung beim Offshore-Ausbau nötig. Dass dieses Vorhaben als ambitioniert einzuschätzen ist, zeigt die Leistungsausbeute der in Nord- und Ostsee bislang errichteten Windparks im Vergleich zu der ursprünglich geplanten Anzahl. Nach den Langfristszenarien und Strategien für den Ausbau der erneuerbaren Energien in Deutschland bei Berücksichtigung der europäischen und globalen Entwicklung sollten zwischen 2005 und 2010 jährlich 400 MW Nennleistung offshore installiert werden (vgl. Falenski 2001, S. 54). Es sind also große Anstrengungen zu unternehmen, damit die bis 2030 geplanten 25 GW installierter Leistung als ein Etappenziel bei der Wende der Energieerzeugung zu verstehen sind. Laut der Bundesregierung (vgl. BMWi/BMU 2010, S. 5) sollen die erneuerbaren Energien langfristig eine dominierende Rolle einnehmen: „Bis 2020 soll der Anteil der Stromerzeugung aus erneuerbaren Energien am Bruttostromverbrauch 35 % betragen. Danach strebt die Bundesregierung folgende Entwicklung des Anteils der Stromerzeugung aus erneuerbaren Energien am Bruttostromverbrauch an: 50 % bis 2030, 65 % bis 2040, 80 % bis 2050" (ebd., S. 5).

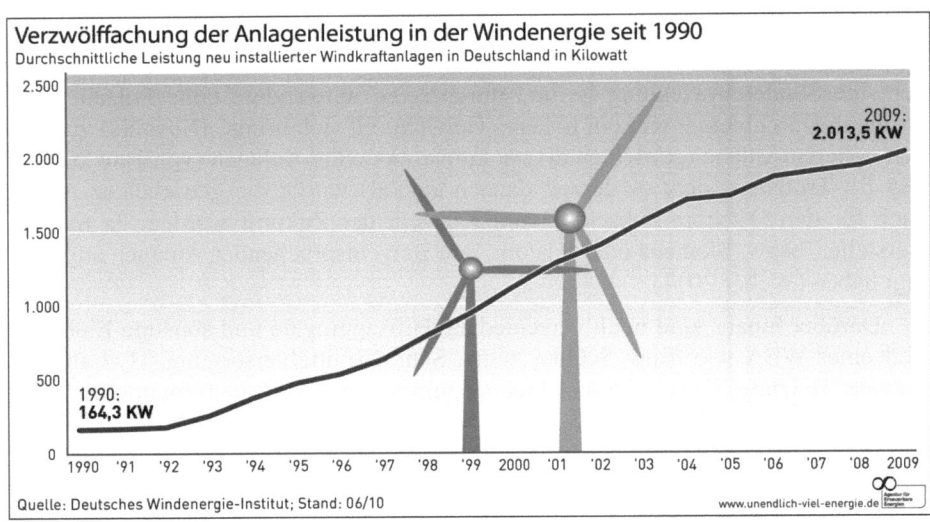

Abb. 20: Leistungsentwicklung von Windenergieanlagen in den vergangenen zwei Jahrzehnten (Quelle: DEWI 2010)

Unter Berücksichtigung dieser Prämissen lassen sich nach Faber (2011) vier sich gegenseitig bedingende, technologische Herausforderungen für den Offshore-Sektor ableiten, die im Folgenden näher ausgeführt werden: zunehmende Küstenentfernung, größere Wassertiefe, wachsende Turbinengröße, neue (Logistik-)Konzepte. Allen gemein ist dabei „die Tendenz zur Größe" (Hau 2008, S. 679). Nicht der etwaige Flächenmangel an Land oder die höheren Windgeschwindigkeiten auf offener See geben den Ausschlag für den zunehmenden Ausbau der Offshore-Windenergienutzung, sondern „eine kraftwerksähnliche Größenordnung" (ebd.). Dies ist wiederum mit dem Einstieg der etablierten Energieversorger in Großprojekte verbunden, für die Windparks auf dem Meer eine Alternative zu konventionellen Großkraftwerken darstellen (vgl. ebd, S. 680).

Wie eingangs beschrieben, sollen die OWEA in der deutschen AWZ aufgestellt werden. Das bedeutet, dass die Anlagen weit draußen im Meer und in einer entsprechend großen Wassertiefe stehen werden. Dort ist zum einen eine bessere Windausbeute mit einer hohen Stromproduktion zu erwarten; gleichzeitig wird durch die Einspeisevergütung die Aufstellung in Abhängigkeit zur Küste und Tiefe höher gefördert. Der Zeitraum für die Gewährung der Anfangsvergütung verlängert sich in Abhängigkeit zur Tiefe und Küstenentfernung (§ 31 Abs. 2 S. 2 EEG 2012). Gleichzeig steigen mit Tiefe und Entfernung die Anforderungen an das Fundament, die Turbine, die Logistik und die Mitarbeiter/-innen auf See. Für eine rentable Aufstellung in einer Wassertiefe über 25 m, wie sie typisch für deutsche Standorte ist, wird die Verwendung von sehr großen Anlagen, mit 5 MW Nennleistung und mehr als notwendig angesehen (vgl. Gasch/Twele, 2011, S. 554).

Die Umweltbedingungen auf See unterscheiden sich mitunter deutlich von den Bedingungen an Land und dies in teils förderlicher und teils in herausfordernder Weise (Gasch/Twele 2008, S. 16). Das vergleichsweise hohe Windaufkommen an den Offshore-Standorten ist positiv für die Energieausbeute. Andere Bedingungen wiederum sind problematisch für die Konstruktion, Montage und den Betrieb der Anlagen.

Die Belastungen, denen die Konstruktion auf See ausgesetzt ist, sind in der Regel stärker als an Land. Sie unterscheiden sich nach Hau (2008) in den folgenden Punkten:

- Höhere Windgeschwindigkeiten,
- Geringere Turbulenzen auf See bei jedoch gegenseitiger Beeinflussung der OWEA im Parklayout durch den Strömungsnachlauf des jeweiligen Rotors,
- Wellenbewegungen als zusätzlicher Lastfall,
- Probleme durch Eisgang besonders in der Ostsee,
- Einfluss der Gezeiten auf die Lastfälle,
- Auswirkungen im Lastspektrum infolge Meeresströmungen,
- Beeinträchtigung der Steifigkeit des Gründungsbauwerks durch Auskolkungen,
- Erhöhte Anforderungen an Korrosionsschutz durch salzreiche Atmosphäre.

Seit der Errichtung der ersten Offshore-Windenergieprojekte haben sich Größe und Leistung von Offshore-Windturbinen erheblich erhöht. Während bei der Nutzung der Windenergie an Land der Größe der Windturbinen häufig bei der Höhe und dem Rotordurchmesser Grenzen gesetzt sind, werden Offshore-Windturbinen davon nicht beeinträchtigt. Trotzdem kann auf See eine geringere Turmhöhe gewählt werden als an Land, da der Wind insgesamt laminarer weht (vgl. Hau 2008, S. 680ff.). Die Turmhöhe wird stattdessen von ozeanografischen Gegebenheiten unter Berücksichtigung der maximalen Wellenhöhe, des Rotordurchmessers, des Tidenhubs und der Wassertiefe bestimmt (vgl. ebd.).

Für die Konstruktion von OWEA hat die Überlagerung der Lastfälle eine besondere Bedeutung, da diese an abgelegenen, für Wartungspersonal schwer erreichbaren Standorten für lange Amortisierungszeiträume (20 Jahre) zuverlässig funktionieren müssen (vgl. Gasch/Twele 2011, S. 549). Daher stehen die Anlagenqualität und die Servicekonzepte schon bei der Konstruktion mit im Zentrum. Trotzdem unterscheiden sich die Anlagen technisch nicht wesentlich von denen, die für Landstandorte entwickelt wurden. Tab. 6 zeigt dabei, dass sich die Hersteller offenbar auf drehzahlvariable Anlagen mit Pitch-Verstellung konzentrieren.

Tab. 6: *Beispiele für die Entwicklung von Offshore-Windenergieanlagen (eigene Darstellung)*

Turbinentyp	Bonus 450 (1991)	GE 1,5s (2000)	SWT 2.3-93 (2008)	6M (2010)
Hersteller	AN Bonus (heute Siemens)	GE Energy	Siemens	REpower
Nennleistung [MW]	0,45	1,5	2,3	6,15
Rotordurchmesser [m]	35	70,5	93	126
Nabenhöhe [m]	35	64,7	68	85-95
Rotordrehzahl [U/min]	35	11-20	6-16	7,7-12,1
Leistungsregelung	Stall mit fester Drehzahl	Pitch mit variabler Drehzahl	Pitch mit variabler Drehzahl	Pitch mit variabler Drehzahl

Es bestehen aber auch konstruktive Besonderheiten bei einer Offshore-Windenergieanlage. Im Fall einer REpower 5M sind dies bspw.:

- Für den Korrosionsschutz befinden sich Luftentfeuchter in Turm und Gondel, die durch Verringerung der Luftfeuchtigkeit auf rund 50 % Kondensationsfeuchte verhindern,
- Redundanter Korrosionsschutz nach hochwertigem Standard (Norsok M-501),
- Umrichter und Transformator befinden sich in der Gondel und damit in der klimatisierten Zone,
- Für den Komponententausch befindet sich ein besonders leistungsfähiger Kran in der Gondel (vgl. Seidel 2007, S. 2).

Weitere Unterschiede können in folgenden Bereichen existieren:

- Sensorik, besonders das Condition-Monitoring-System (CMS): Das CMS ermöglicht eine Ferndiagnose von möglichen Fehlern der Anlage. Dies ist gerade für Offshore-Einsätze sinnvoll, damit die Arbeitsvorbereitung alle Eventualitäten umfassen kann.
- Unterbrechungsfreie Stromversorgung (USV): Falls eine Anlage einmal vom Netz getrennt werden sollte, muss die Anlage kontrolliert in den Stillstand versetzt werden. Dies garantiert die USV.
- Blitzschutz: Auf See sind die OWEA die höchsten Bauwerke, Blitzeinschläge sind daher wahrscheinlich.

- Korrosionsschutzsystem: Aufgrund der salzhaltigen Atmosphäre sind verschiedene Korrosionsschutzsysteme an den OWEA verbaut.
- Zugangssystem: Das Zugangssystem ist der Punkt, an dem die Techniker/-innen vom Boot oder Helikopter auf die Anlage übersetzen.
- Luftaufbereitung: Mitunter sind Turm und Gondel so ausgelegt, dass dort eine Überdruckatmosphäre das Eindringen salzhaltiger Luft verhindern soll.
- Sicherheitstechnische Einrichtungen: Die Umgebung auf See bedingt weitere Systeme und Konzepte für die Arbeitssicherheit als für Landanlagen.
- Brandschutzsysteme: WEA sind in der Regel mit Branderkennungs- und Löschsystemen ausgestattet (vgl. BWE 2010a, S. 83).
- Kommunikationsanlagen: OWEA sind meist mit Internet, IP-Telefonen und Sprechfunk ausgerüstet.

Viele Hersteller haben heute spezielle Offshore-WEA in ihrem Produktportfolio. Einige derjenigen Unternehmen, die für den deutschen Markt besonders relevant sind, wurden oben bereits näher vorgestellt. Exemplarisch sind nachfolgend einige Modelle aufgeführt, die für die Offshore-Windenergiegewinnung eingesetzt werden. In Tab. 7 zeigen sich die Unterschiede der OWEA im Detail.

Tab. 7: *Übersicht der aktuellen Offshore-Windenergieanlagen (Quelle: BWE 2010)*

Hersteller	REpower	Siemens Wind Power	Vestas	Areva Wind GmbH	Bard
Typ	REpower 5M	SWT-3.6-120	V90 – 3.0 MW	Multibrid M5000	Bard 5.0
Leistung	5.057 kW	3.600 kW	3.000 kW	5.000 kW	5.276 kW
Rotordurchmesser	126 m	120 m	90 m	116 m	122 m
Drehzahl (bei Nennleistung)	12,1 U/min	5 - 13 U/min	8,6 - 18,4 U/min	5,9 - 14, 8 U/min	k. A.
Nabenhöhe	85 – 95 m	90 m	80 – 105 m	90 m	90 m
Aufbau Triebstrang	aufgelöst	aufgelöst	integriert	integriert	k. A.
Gewicht Gondel	315 t	125 t	k. A.	233 t	280 t
Gewicht Rotor	130 t	100 t	k. A.	112 t	115,5 t

5.3 Fundamente für Offshore-Windenergieanlagen und Windparkaufbau

Ein wesentlicher Unterschied zwischen Windenergieanlagen an Land und auf See sind die Gründungsfundamente und die Tragstruktur der Anlage (vgl. Gasch/Twele 2011, S. 557). Charakteristisch für die Rahmenbedingungen in Bezug auf die Errichtung von OWEA in der deutschen AWZ ist die große Wassertiefe im Vergleich zu den OWP anderer Länder. Dadurch wird die Auswahl des zu verwendenden Gründungskonzeptes bestimmt. Beispielsweise kamen im Windpark Alpha Ventus Jacket- und Tripod-Fundamente zum Einsatz. Alpha Ventus wurde in einer Wassertiefe von circa 30 m errichtet. Monopile- und Schwerkraftgründung haben sich bereits in dänischen und britischen Offshore-Windparks bewährt, während Tripods und Jackets bspw. Stand der Technik beim Bauen von Ölplattformen sind (vgl. Jarass/Obermair/Voigt 2009, S. 147). Allerdings ist allen vier Gründungsarten gemein, dass sie noch nicht in großen Wassertiefen wie in der deutschen Bucht zusammen mit Windenergieanlagen eingesetzt wurden. In Abhängigkeit der Rohstoff-, Fertigungs-, Transport- und Montagekosten wird es sich in den nächsten Jahren herausstellen, welche Gründungsvariante sich als besonders günstig und widerstandsfähig erweist (vgl. Jarass/Obermair/Voigt, 2009, S. 147).

Der folgende Abschnitt stellt die verschiedenen Gründungsstrukturen sowie den Windparkaufbau und das entsprechende elektrische System dar (vgl. Hau, 2008, S. 683 ff.).

5.3.1 Schwerkraftgründung

Die Bauart der Schwerkraftgründung hat sich auf See bereits bewährt. Sie wird vor allem in flacheren Wassertiefen eingesetzt. Dazu wird ein an Land gefertigter Senkkasten an Land vorgefertigt und schwimmend an sein Ziel gebracht und dort versenkt. Die Struktur wird anschließend mit Sand aufgefüllt, um ein zur Anlage passendes Gewicht zu erzeugen. Die Masse eines Senkkastens beträgt nach Hau für eine 2 MW-Anlage am Standort Mittelgrunden ungefähr 1.500 t zuzüglich des Gewichts des Füllmaterials. Schwerlastfundamente sind bei geringen Wassertiefen die kostengünstigste Lösung. Unter Umständen muss der Meeresboden für ein derartiges Fundament vorbereitet werden.

Der Vorteil ist, dass keine Rammarbeiten notwendig sind und dass die aufwändige Montage weitgehend an Land vonstatten gehen kann.

5.3.2 Monopile-Gründung

Diese Gründungsart basiert auf einem freistehenden Stahlrohr, das in den Meeresgrund eingerammt ist. Im Prinzip ist dies eine Pfahl- oder Tiefgründung, für die sich der Ausdruck Monopile durchgesetzt hat. Dieses Konzept benötigt keine Vorbereitung des Meeresbodens. Der Untergrund muss aber aus Sand oder Kies bestehen, damit der Pfahl 10 bis 20 m tief mit einer hydraulischen Ramme eingerammt werden kann. Das Schwingungsverhalten eines Monopiles begrenzt nach heutiger Auffassung seine Verwendung auf eine Wassertiefe von maximal 20 m. Die Abb. 21 zeigt mehrere OWEA des Herstellers Siemens mit Monopile-Gründung im Flachwasser.

Abb. 21: Siemens Offshore-WEA mit Monopile-Gründung (Foto: Siemens, Pressebild)

5.3.3 Tripod-Gründung

Bei einem Tripod wird ein zentrales Stützrohr durch drei Stahlstreben abgestützt wie Abb. 22 verdeutlicht. Der Vorteil dieser Konstruktion ist seine Steifigkeit, das verhältnismäßig geringe Gewicht und die Einsatzmöglichkeiten bei größerer Wassertiefe. An den Auflagepunkten des Tripods werden Stahlrohre bis zu 20 m in den Untergrund gerammt. Damit ist die Standsicherheit auch bei unebenem Meeresboden recht hoch. Als Nachteil ist der höhere Fertigungsaufwand anzusehen. Dennoch wird diese Art der Gründung als eine Lösung für größere Wassertiefen angesehen und wurde bspw. bei Alpha Ventus für die Multibrid M5000 Anlagen verwendet.

Abb. 22:   Testanlage M5000 mit Tripod bei Bremerhaven (Foto: ITB)

5.3.4 Jacket-Gründung

Die Jacket-Gründung ist eine Stahl-Gitterkonstruktion und für größere Wassertiefen geeignet. Diese Art des Fundaments, die über ein gutes Verhältnis zwischen Steifigkeit, Gewicht und Kosten verfügt, wird bereits seit vielen Jahren für Offshore-Bauwerke bspw. in der Ölindustrie angewendet. Abb. 23 zeigt eine REpower 5M, welche in einem Testfeld auf einem Offshore-Jacket installiert wurde. Die Anlage steht mit dieser Gründung ebenfalls im Offshore-Windpark Alpha Ventus.

Abb. 23: REpower Offshore Testanlage mit Jacket-Fundament (Foto: ITB)

5.3.5 Tripile-Gründung

Eine besondere Art des Fundaments verwendet die Firma Bard aus Emden. Die Tripile-Gründung, die ebenfalls für größere Wassertiefen geeignet ist, nutzt drei Pfahlgründungen, die in einer dreieckigen Anordnung in den Meeresboden gerammt werden. Auf diese Rammpfähle wird ein besonderes Stützkreuz gesetzt, das die Pfähle mit dem Turmsockel verbindet. Diese Art der Gründung, in Abb. 24 dargestellt, wird im OWP Bard Offshore 1 verwendet. Die Beeinträchtigung der Meeresumwelt, speziell der Schweinswale, durch Schallemissionen beim Rammen führt derzeit zu verstärkten Forschungsaktivitäten, um möglichst bald marktreife Methoden zur Schalldämmung einsetzen zu können (vgl. Koch 2011).

Abb. 24: Bard 5.0, Nearshore-Anlage bei Hooksiel (Foto: ITB)

5.3.6 Windparkaufbau und elektrisches System

Obwohl auf dem Meer offenbar sehr große Flächen zu Verfügung stehen, müssen die Offshore-Windparks in Bezug auf Schifffahrtsrouten, Naturschutzgebiete, Pipelines, Seekabel, Wassertiefen sowie Meeresboden sorgfältig ausgewählt werden (vgl. Gasch/Twele 2011, S. 563). Diese Faktoren begrenzen die zur Verfügung stehenden Installationsmöglichkeiten. Für die Aufstellung der Turbinen im Park werden meist nur geringfügig größere Abstände der einzelnen Anlagen als an Land eingehalten: 6 bis 8 mal der Rotordurchmesser in Hauptwindrichtung und 4 bis 6 mal der Rotordurchmesser als Abstand quer zur Hauptwindrichtung sind für OWP üblich (vgl. ebd.).

Die Infrastruktur eines großen Offshore-Windparks bildet zudem ein komplexes System gerade für die Verkabelung und die Netzanbindung. Drei Aspekte sind für OWP stärker als für Windparks an Land zu berücksichtigen:

- Zuverlässigkeit und Redundanz der Systeme,
- Höhere Kosten für die Komponenten und deren Montage auf dem Wasser,

- Große Entfernungen für den Energietransport zum Festland (vgl. Hau 2008, S. 689).

Demnach wird die elektrische Infrastruktur in vier Teilbereiche untergliedert:

1. Internes elektrisches Netz: In der Regel wird es als Mittelspannungs-Drehstromsystem im Spannungsbereich von 20 bis 40 kV ausgeführt. Spezielle Schiffe spülen die Kabel in den Meeresboden ein. Im OWP werden dann so genannte Ringverbindungen verwendet. Der Vorteil dabei ist, dass die OWEA im Fall einer eventuellen Unterbrechung der einen Seite auf die andere Seite des Ringes geschaltet werden kann.

2. Offshore-Umspannstation: Hier werden die Leitungen der OWEA zentral zusammengeführt und die Spannung auf Hochspannung transformiert, um den Strom möglichst verlustfrei zum Festland zu schicken. Auf der Umspannplattform im OWP Bard Offshore 1 wird bspw. die von den OWEA erzeugte elektrische Spannung des Wechselstroms von 33 kV auf 155 kV angehoben und dann an die benachbarte Konverterplattform übergeben (vgl. BARD Engineering o. J.). Die Plattform hat eine Gesamthöhe von 84 m und eine Größe von 1764 m^2 bei einem Gewicht von 4.000 t. Auf fünf Decks können maximal 40 Besatzungsmitglieder und Service- wie Errichtungsmitarbeiter/-innen untergebracht werden.

3. Seekabelverbindung an das Land: Durch die großen Entfernungen der OWP zum Festland ist eine Hochspannungsübertagung notwendig. Die dafür notwendigen Kabel sind Stand der Technik und allgemein verfügbar. Allerdings stößt die Hochspannungsdrehstromübertragung bei Entfernungen von ca. 100 km an ihre wirtschaftlichen Grenzen, da die elektrischen Verluste zu hoch werden. Stattdessen findet für große Entfernungen die Hochspannungsgleichstromübertragung (HGÜ) Anwendung, obwohl diese Technik teurer und durch die Gleich- und Wechselrichtung ebenfalls verlustbehaftet ist. Im Windpark Bard Offshore 1 wird die HGÜ-Technik verwendet. Die dazugehörige Plattform überträgt den Strom an die Plattform BorWin1, die dann den Strom per HGÜ ans Festland schickt (vgl. ebd.).

4. Verknüpfung mit dem Verbundnetz an Land: Die erzeugte Elektrizität der ersten OWP können noch in das Hochspannungsnetz in Deutschland eingespeist werden. Der prognostizierte Ausbau der Offshore-Leistung erfordert jedoch die Anbindung an das deutsche Höchstspannungsnetz, das meist nur in der Nähe größerer Kraftwerke oder Städte zu finden ist. Im Bereich der deutschen Nord- und Ostseeküste gibt es derzeit nur sechs Punkte, an denen ein Anschluss möglich ist.

In der ursprünglichen Planung gab es Übereinstimmung darin, dass die Netzanbindung der Offshore-Windparks durch die Investoren vorzunehmen und durch die

Einspeisevergütung zu finanzieren ist (vgl. Jarass/Obermair/Voigt 2009, S. 81). Faktisch plant jedoch jeder Park seine eigene Netzanbindung. In der Folge wurde die Aufgabe der Netzanbindung der OWP den Netzbetreibern auferlegt (vgl. ebd.).

Bei der Realisierung der Netzanbindung steht die zuständige und gesetzlich verpflichtete Betreiberfirma Tennet TSO vor Problemen in der Kapitalbeschaffung. Das Unternehmen sieht sich selbst derzeit nicht in der Lage, die Offshore-Anbindung allein zu leisten und fordert von der Bundesregierung einen langfristigen Plan sowie die Klärung von Haftungs- und Kapitalfragen (vgl. Wildenhagen 2012).

5.4 Aufbau und Betrieb von Offshore-Windparks (OWP)

5.4.1 Errichtung von OWP

Die Errichtung eines Windparks in der Ost- und speziell in der Nordsee stellt sich als komplexes Projekt dar. Die Zeitfenster für die Einrichtungs- und Montageeinsätze auf See sind wetter- und wellenbedingt relativ eng und konzentrieren sich überwiegend auf die Sommerzeit (vgl. Jarass/Obermair/Voigt 2009, S. 148). Die Herausforderungen, die bspw. während der Errichtung von Alpha Ventus und Bard Offshore 1 auftraten, waren im Vorhinein nicht planbar und führten zu Verzögerungen im Projektablauf. Eingeschränkte Verfügbarkeit von schwerem Gerät wie so genannte Jack-up-Barges oder anderen Kranschiffen, hohe Mobilisierungskosten, Verzögerungen aufgrund von ungünstigen Wetterbedingungen und hohe Sicherheitsanforderungen führen dazu, dass die Arbeit auf See sehr kostspielig und logistisch anspruchsvoll ist (vgl. Gasch/Twele 2011, S. 561). Hochseetaugliche Hubkräne für Lasten im Bereich von über 300 t und Hubhöhen von fast 100 m sind verhältnismäßig teuer und nur von wenigen Kranschiffen aus möglich (vgl. Jarass/Obermair/Voigt 2009, S. 148). Für die Montage der Strukturen werden oftmals Jack-up-Barges eingesetzt. Diese verfügen über Stützsäulen, die auf den Meeresboden abgesenkt werden können und die gesamte Barge aus dem Wasser heben. So kann im gehobenen Zustand weitgehend ohne den Einfluss von Wellen gearbeitet werden. Allerdings kann bspw. die Jack-up-Barge „Sea Power" der Firma A2Sea ihre Beine nur bis zu einer Wellenhöhe von 1,5 m aus- oder einfahren (vgl. BWE 2010a, S. 34). Ab einer Wellenhöhe von mehr als 1,5 m kann das Schiff also nicht mehr von einem Bauplatz an den nächsten verholen. Abb. 25 zeigt deutlich, dass diese Wellenhöhe am Standort Alpha Ventus im Jahr 2011 sehr häufig überschritten wurde. Als signifikante Welle wird dabei die statistisch gemittelte Wellenhöhe eines Zeitraums verstanden, die für das Drittel der höchsten Wellen als Kollektiv steht. Eine Einzelwelle kann somit durchaus höher sein. Damit ist das Wetter ein bedeutender Faktor bei der Montage. Alle heute bekannten Montagetechniken können ausschließlich bei ruhiger See durchgeführt werden (vgl. Hau 2008, S. 694). Entsprechende Arbeitsunterbrechungen müssen im Logistikkonzept berücksichtigt werden. Hinzu kommt, dass Fachkräfte für diese schwierigen und gefährlichen Einsätze oft schwer zu finden sind bzw. erst in hinreichender Zahl qualifiziert werden müssen (vgl. Jarass/Obermair/Voigt 2009, S. 148).

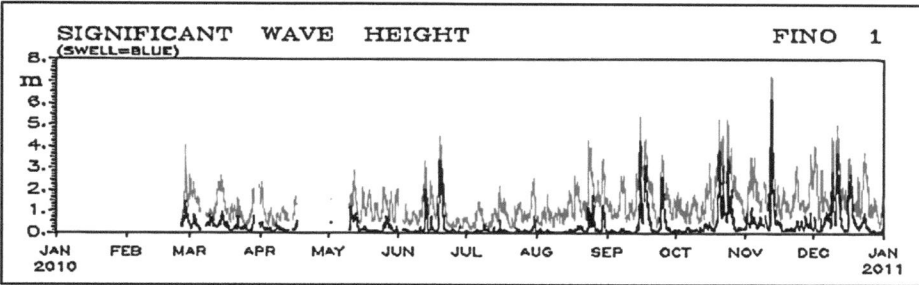

Abb. 25:   *Die signifikante Wellenhöhe der Forschungsplattform FINO 1 im Jahr 2010 (Quelle: BSH 2012)*

Die Installation einer REpower 5M samt Jacket-Fundament im OWP „Beatrice Windfarm Demonstrator" nahm man bspw. wie folgt vor (vgl. Seidel 2007, S.10 f.): In diesem Park wurde für die Montage ein Schwimmkran eingesetzt. Dieser nahm die Jackets zunächst auf und setzte sie auf den Meeresboden. Das Jacket wurde mit Pfählen auf dem Meeresboden verankert. Dazu mussten diese in die Pfahlhülsen des Jackets eingeführt und anschließend in den Boden gerammt werden. Durch Pressen wurde das Jacket anschließend ausgerichtet und das Boat-Landing angebaut. Anschließend wurde der Notraum samt Schaltanlage als Modul im Übergangsknoten von Jacket zu Turm verbaut. Da es durch die Wassertiefe von 45 m nicht möglich war, wurde die OWEA nicht wie im OWP Alpha Ventus vor Ort komplettiert. Stattdessen wurde die OWEA im Hafen vorinstalliert und dann als Einheit mit einem Schwimmkran zum Fundament verbracht, montiert und in Betrieb genommen. Ob sich diese Technik für deutsche OWP durchsetzen wird, ist fraglich, da die Anfahrtswege für diese Transportmethode zu lang sind und die Wettergegebenheiten dafür nicht hinreichend genau berechenbar sind. Sie zeigt aber in Ansätzen auf, wie schwer es ist, ein einheitliches, sicheres und kostengünstiges Konzept für die Errichtung zu finden.

5.4.2 Betrieb von OWP

Neben der Errichtung ist auch der Betrieb von Windenergieanlagen auf See für die Entwickler von Offshore-Windparks eine logistische Herausforderung: Transport, Installation und Wartung der Anlagen und Komponenten der Windenergieanlagen erfordern spezielle Transportfahrzeuge, Schiffe und Plattformen. Für die Verlegung von Kabeln zur Vernetzung der einzelnen Windparks mit den Umspannstationen auf See sowie für die Anbindung an das Stromnetz an Land werden Spezialschiffe benötigt.

Folgende Systeme sind aktuell von den Windparkbetreibern in der Anwendung oder in Planung:

- Plattformen werden als Hubplattformen (Jack-up-Barge) zum Rammen der Fundamente und Errichten der Windanlagen genutzt oder kommen als Umspann- und Wohnplattformen zum Einsatz.
- Kabelleger sind Spezialschiffe, die Kabel für die Vernetzung der Windanlagen mit der Umspannstation und für die Netzanbindung verlegen.
- Wartungsschiffe dienen dem Transport von Personal und Material zwischen Wohnplattform und Windanlagen.
- Offshore-Windpark-Versorger dienen dem Transport von Personal und Material zwischen den Windanlagen und dem Festland.
- Schlepper sind relativ kleine, leistungsstarke Schiffe, die Umspannplattformen und Pontons schleppen und präzise positionieren können.
- Helikopter kommen dann zum Einsatz, wenn Instandhaltungsarbeiten schnell erfolgen müssen oder aufgrund des Wellengangs nicht per Schiff abzuarbeiten sind (vgl. KPMG 2011, S. 22ff.).

Für Service- und Wartungsdienstleistungen bei Windkraftanlagen besteht schon jetzt ein Wettbewerb zwischen Anlagenbauern und herstellerunabhängigen Unternehmen. Die Erfolgskriterien für den Service sind:

- kürzere Wartezeiten bei Ersatzteilen,
- bessere Kommunikation und
- kostengünstigere Angebote für Wartung und Service.

Die Zugänglichkeit der Offshore-Windenergieanlagen bei Sturm und hoher See ist stark eingeschränkt, wodurch sich zusätzliche Herausforderungen bei der Errichtung, Wartung und beim Arbeitsschutz ergeben (vgl. Jarass/Obermair/Voigt 2009,

S. 147). Offshore-Windfarmen werden zukünftig deshalb durch folgende Merkmale gekennzeichnet sein:

- Küstenfern: > 30 km,
- Tiefes Wasser: 27 – 40 m,
- Anlagenanzahl: 100 - 250 WEA,
- Leistungsklasse: 5 – 6 MW,
- Anfahrzeit: > 2 Stunden,
- Zusätzliches Transportmittel: Helikopter,
- Großkomponententausch: Hubplattformen bevorzugt,
- Wartungszeitraum: vorrangig in den Sommermonaten,
- Störungsbeseitigung: ganzjährig,
- ca. 25 % im Jahr ist die signifikante Wellenhöhe (sWH) > 1,8 m,
- Stand der Technik für Zugangssysteme an Booten erlaubt eine sWH von ca. 1,5 m.

Die Hersteller der Windenergieanlagen konstruieren ihre Anlagen so, dass sie einen möglichst geringen Wartungsbedarf haben. Trotzdem verbleiben Fälle, bei denen der Einsatz eines größeren Wartungsteams vor Ort unabdingbar ist: Schäden am Rotorblatt, Getriebeprobleme, Korrosion an elektrischen Übergängen etc.. Sollte eine Entstörung beispielsweise wetterbedingt nicht möglich sein, hat dies ggf. weitreichende Konsequenzen. Stehen die Anlagen z. B. aufgrund des Schadens monatelang still, kann dies zu weiteren Beschädigungen und Folgeproblemen führen (vgl. ebd., S. 148).

Im WAB Arbeitskreis „Service & Betrieb" beschäftigte sich die Fachgruppe „Betriebskonzepte" mit schiffs- und anlagenseitigen Lösungen für den Personen- und Materialübergang. Zur individuellen Kombination und Auswahl von Schiffstyp und jeweiliger Technologie des Überstiegs wurden nachstehende Bewertungskriterien entwickelt:

- Max. Beschleunigung bzw. signifikante Wellenhöhe,
- Gesamtplatzbedarf („Footprint") und bauliche Voraussetzungen (inkl. Sichtstrahl) und Zugänglichkeit vom Fahrzeug- und Plattformdeck,
- Gesamtgewicht einschl. Einfluss auf die Fahrzeugstabilität und Festigkeit,
- Zuverlässigkeit und Instandhaltung,
- Flexibilität,
- HSE, Ergonomie und Komfortabilität,

- Vollkosten (CAPEX und OPEX),
- Entwicklungsstand bzw. Zulassungsstand,
- Transferzeit (für 3 Personen inkl. Positionierung und Depositionierung),
- Anforderungen an Positionierungsgenauigkeit des Fahrzeugs unter Berücksichtigung von Anpressdruck oder Sicherheitsabstand (vgl. WAB 2013).

5.4.3 Hafen-Infrastruktur

Um die Ziele der Bundesregierung im Offshore-Windenergiesektor bis zum Jahr 2030 zu erreichen, ist eine jährliche Zubaurate von etwa 1.500 MW erforderlich. Dies kann nur mit einer modernen Hafeninfrastruktur gelingen. Bereits bei der Errichtung von Alpha Ventus musste auf die Kapazitäten des Seehafens der niederländischen Stadt Eemshaven zurückgegriffen werden (vgl. Reiche 2010).

Mit einer modernen Offshore-Hafeninfrastruktur in Deutschland sind „auch enorme wirtschaftliche Chancen für Hafenstädte und Küstenregionen verbunden. So werden neue, hoch qualifizierte Arbeitsplätze geschaffen in der Fabrikation und Montage an Land und auf See, oder bei der Zulieferindustrie, die sich am Hafenstandort ansiedeln würde" (ebd.). Somit würden sich nicht nur die Bauzeiten und Baukosten reduzieren, sondern auch eine Basis für den Betrieb und die Wartung eines Windparks entstehen. Insofern „ist eine moderne Offshore-Hafeninfrastruktur ein enormer Wachstumsmarkt und Beschäftigungsgarant" (ebd.).

Im Zuge der Errichtung von Offshore-Windparks hat sich bspw. die geografische Lage Cuxhavens für Ansiedelungsprojekte als ein Wettbewerbsvorteil erwiesen. So verfügt die Stadt über erschlossene Landflächen, die sich direkt am seeschifftiefen Fahrwasser der Elbe befinden und es großen Schiffen ermöglichen, schwere Güter umzuschlagen. Um sowohl Komponenten als auch komplett montierte Offshore-Anlagen verladen zu können, hat das Land Niedersachsen den bestehenden Hafen mit einer Schwerlastplattform ausgerüstet, deren maximale Belastung sich auf 90 t/m² beläuft (vgl. Stadt Cuxhaven o.J.). Gleichzeitig wurde ein neuer Hafen angelegt, der für die Verladung von Gründungskonstruktionen vorgesehen ist. Die aufgespülten Landflächen, gekoppelt mit dem Anleger und der Schwerlastplattform, dienen als Basis für Bau, Montage und Verschiffung von Gründungsstrukturen und ganzer Windenergieanlagen. Sowohl von privater als auch von öffentlicher Seite sind seit 2006 fast 200 Millionen Euro in die Infra- und Suprastrukturen der Offshore-Basis Cuxhaven investiert worden (vgl. ebd.).

5.5 Technologische Innovationen der WEA-Technik

Die neuesten Entwicklungen der Offshore-Windenergieanlagen offenbaren zwei Trends. Zum einen wird der potenziell höheren Windausbeute auf See damit Rechnung getragen, leistungsstärkere Turbinen auf den Markt zu bringen. Zum anderen ist eine Tendenz beobachtbar, getriebelose Anlagen zu bauen.

Die im Herbst 2011 vorgestellte Windturbine Siemens SWT 6.0 vereint beide Aspekte. Speziell für den Offshore-Betrieb entwickelt, ist sie mit 350 t Gesamtgewicht für Maschinenhaus und Rotor die leichteste und zugleich robusteste Offshore-Windenergieanlage. Durch den Wegfall des Getriebes auf 50 % weniger Komponenten reduziert, soll sie Kosten bei der Errichtung und Instandhaltung einsparen und somit rentabler zu betreiben sein (vgl. Siemens 2011b).

Andere Anlagenhersteller verfolgen ähnliche Strategien. So präsentierte beispielsweise Nordex auf der Hannover Messe 2011 die N150/6000. Alstom hat mit der Haliade 150 eine getriebelose 6 MW-Anlage in der Entwicklung. Mit der Bard 6.5 stößt das gleichnamige Unternehmen auch in größere Leistungsdimensionen vor, verwendet aber weiterhin ein Getriebe. Vestas hält bislang am klassischen Design fest und stellte im Jahr 2011 die V164-7MW vor.

Um das Windkraftpotenzial auch bei Wassertiefen von über 50 m nutzen zu können, werden neue Gründungskonzepte erprobt. Die so genannte Floating-Gründung ist ein schwimmendes Fundament, das am Meeresboden verankert wird. Zu Testzwecken wurden zwei Anlagen bereits im Meer installiert. Sie befinden sich 10 km vor der Küste Norwegens und in Süd-Italien in einem Seegebiet, in dem die Wassertiefe 108 m beträgt (vgl. Fraunhofer Institut für Windenergie und Energiesystemtechnik 2010, S. 33).

Die Arbeitsgruppe des von der EU gegründeten Forschungsprojektes „UpWind" hält dabei sogar eine Windenergieanlage der 20 MW-Kategorie für prinzipiell machbar (vgl. UpWind 2011, S. 1). Bis zur Installierung eines Prototyps sind aber noch einige Forschungsarbeiten notwendig. Vor allem bedarf es leichterer Rotorblätter aus flexibleren Materialien und einer modifizieren Steuerung zur Verstellung des Rotors gemäß der Windrichtung und Kurzstärke. Tab. 8 verdeutlicht die Dimension einer solchen Anlage in Gegenüberstellung zu einer OWEA der 5 MW-Klasse, wie sie im OWP Alpha Ventus installiert ist.

Kritische Stimmen halten solche 20 MW-Windenergieanlagen für unrealistisch. Auch wenn sich die Konstruktion in Bezug auf die physikalischen Grenzen als prinzipiell durchführbar darstellt, bestehen u. a. Engpässe in der Fertigung und große Herausforderungen an die Logistik. Dagegen sei die Nutzung von Anlagen der 5 MW-Klasse im On- und Offshore-Sektor mit weniger Risiken verbunden und sie könnten in großer Stückzahl gefertigt werden (vgl. Reuter 2011).

Tab. 8: Vergleich der Windenergieanlagen 5 MW und 20 MW (Quelle: UpWind 2011, S. 13)

	Windenergieanlage 5 MW	Windenergieanlage 20 MW
Anzahl der Rotorblätter	3	3
Rotordurchmesser [m]	126	252
Nabenhöhe [m]	90	153
Rotormasse [t]	122	770
Turmmasse [t]	347	2.780

Gegenwärtig vertrauen die Hersteller darauf, Anlagen mit drei Flügeln zu produzieren. In Zukunft könnten auch 2-flügelige Anlagen für Offshore-Standorte entwickelt werden, da diese nicht unter die strikten Lärmauflagen an Land fallen (Gasch/Twele 2001, S. 557). Diese Anlagentypen haben den Vorteil, dass der Rotor schneller drehen kann. Dadurch wäre es bspw. möglich, die Momente im Triebstrang zu verringern (vgl. ebd.).

5.6 Facharbeit in der Offshore-Windenergie

Die Kernarbeitsprozesse von Fachkräften bei der Errichtung, Inbetriebnahme und Instandhaltung von Windenergieanlagen sind in Experteninterviews, Fallstudien und mehrtägigen Arbeitsprozessanalysen untersucht und identifiziert worden. Mittels zweier Facharbeiter-Experten-Workshops wurden die gewonnenen Erkenntnisse validiert. Die Erhebungen wurden an Land an Onshore-WEA vorgenommen, da der Zugang zu OWEA aus Gründen der Sicherheit und Geheimhaltung nicht möglich war. Dabei konnte der Umstand, dass die Anlagen auf See und an Land weitgehend vergleichbar aufgebaut sind, genutzt werden, um die Herausforderungen bei Errichtung, Inbetriebnahme und Instandhaltung zu analysieren. Die Teilnehmer/-innen des anschließenden Facharbeiter-Experten-Workshops wurden dann so ausgewählt, dass ein Transfer der Ergebnisse auf die Offshore-Bedingungen möglich wurde.

Fallstudien sind dazu geeignet, die grundlegenden Zusammenhänge zwischen der Arbeitsorganisation und den relevanten Arbeitsaufgaben auf der Unternehmensebene festzustellen (vgl. Becker/Spöttl 2008). Das Ergebnis der Fallstudien ergibt somit ein mehrdimensionales Bild der Unternehmen und zeigt u. a. Aufgabenstrukturen, Leitbilder, Personalführung, Handlungsroutinen oder Veränderungsprozesse sowie organisatorische und innerbetriebliche Abläufe. Fallstudien „sollen die für einen Sektor relevanten Arbeitszusammenhänge, -aufgaben und -

prozesse sowie die Organisationsstrukturen auf der shop-floor-Ebene erschließen" (ebd., S. 88). So wurden die Analysen in mehreren Unternehmen entlang der Sektorstruktur durchgeführt. Zusätzlich wurden auch zwei Fallstudien in Dänemark durchgeführt. Das Land gehört – wie beschrieben – zu den Offshore-Windpionieren und konnte besonders durch die Öl- und Gasindustrie bereits Erfahrung mit der Arbeit auf hoher See sammeln.

Ergänzt wurden die Fallstudien durch teilstrukturierte Befragungen von Einzelpersonen des Windenergiesektors im Rahmen von Experteninterviews. Hierbei wurde herausgearbeitet, vor welchen Herausforderungen die Unternehmen stehen, welche Probleme die Betroffenen besonders bewegen und welche Erklärungen oder Meinungen sie dazu haben (vgl. Bortz/Döring 2006, S. 50).

Für eine qualitative Analyse der Arbeit hinsichtlich des Gegenstands der Facharbeit, der angewandten Methoden oder der verwendeten Werkszeuge wurden in einem weiteren Schritt Arbeitsprozessanalysen in ausgewählten Unternehmen durchgeführt. Von Interesse waren dabei die betrieblichen Abläufe, die Arbeitsaufgaben der Fachkräfte, ihre Organisationsstrukturen und die Art der Bewältigung der Arbeitsprozesse durch die Mitarbeiter/-innen (vgl. Grantz/Schulte/Spöttl 2009). Dazu wurden die Facharbeiter/-innen in ihren Arbeitsprozessen begleitet und der Arbeitsinhalt durch teilnehmende Beobachtungen erschlossen. Dadurch konnten die für die Arbeitsprozesse relevanten Kompetenzen identifiziert und dokumentiert werden. Ziel ist die Erfassung der betrieblichen Arbeitsabläufe, der Art der Aufgabenbewältigung und Problemlösungen sowie der genutzten und relevanten Werkzeuge und Methoden. Zudem werden Kompetenzen erforscht, die auf Subjektebene vorhanden sein müssen, um diese Arbeitsprozesse ganzheitlich bewältigen zu können (vgl. ebd.). Diese empirisch gewonnenen Erkenntnisse können nachfolgend zu Kernarbeitsprozessen verdichtet werden. „In den Kernarbeitsprozessen der Facharbeit werden Handlungs- und Tätigkeitsfelder empirisch ermittelt und zu in Umfang und Tiefe beruflich signifikanten Arbeitsaufgaben gebündelt. Ein Kernarbeitsprozess ist insofern «mehr» als eine Tätigkeit, als er immer Aufgabenzusammenhänge von Facharbeit repräsentiert. Die Kernarbeitsprozesse reichen über eine Berufsbeschreibung hinaus und stellen in ihrer systematischen Anordnung den arbeits- und arbeitsprozessbezogenen Bezugspunkt für eine Aufschlüsselung der Ausbildungsinhalte über die gesamte Ausbildungszeit dar" (vgl. Grantz/Schulte/Spöttl 2013, S. 9). Dazu stehen die Beobachtung, Dokumentation und Analyse der durchgeführten Arbeitsprozesse der Instandhaltung im Mittelpunkt des Erkenntnisinteresses (vgl. Becker/Spöttl 2008). Durch diese Methode lassen sich die Inhalte beruflicher Facharbeit systematisch und tiefgehend aufschlüsseln und bilden damit die Grundlage für ein entstehendes Curriculum.

Das Ergebnis wurde in einem abschließenden Schritt mittels *Facharbeiter-Experten-Workshops* validiert. Dazu wird das bisherige Gesamtergebnis zweifach geprüft: Einerseits ist die inhaltliche Rückmeldung von Experten notwendig, um die Korrektheit der Beobachtungen festzustellen oder um die vorliegenden Ergebnisse entsprechend zu überarbeiten und damit eine Allgemeingültigkeit herzustellen – in diesem Fall auch der Transfer der Onshore-Erkenntnisse auf den Offshore-Subsektor. Darüber hinaus sind die Ergebnisse, genauer: die festgestellten notwendigen Kompetenzen, in einer Reihenfolge anzuordnen, die eine Kompetenzentwicklung ermöglicht (vgl. Grantz/Schulte/Spöttl 2013, S. 7).

5.6.1 Kernarbeitsprozesse während der Errichtung und Inbetriebnahme

Nachstehend werden die identifizierten Kernarbeitsprozesse und die dazugehörigen Arbeitsinhalte bei der Errichtung und Inbetriebnahme von WEA in der Tab. 9 zusammengefasst und danach einzeln beschrieben.

Kernarbeitsprozess: Montage der WEA

Im Kernarbeitsprozess Montage sind die Arbeitsprozesse zusammengefasst, die die Errichtung des Turmes mitsamt der Ausrüstung, der Montage der Gondel sowie der Nabe und der Flügel zum Gegenstand haben. Für alle Arbeiten, die während der Errichtung einer WEA vorgenommen werden, ist in der Regel folgende persönliche Schutzausrüstung vorgeschrieben:

- Warnweste (EN 471),
- Allgemeine Schutzkleidung (EN 340),
- Schutzkleidung gegen Kälte bei Arbeiten unter -5°C (EN 342),
- Schutzkleidung gegen Regen (EN 343),
- Schutzbrille mit und ohne UV-Schutz (EN 166),
- Gehörschutz (EN 352),
- Sicherheitsschnürstiefel (DIN EN ISO 20345 S3),
- Schutzhelm mit Kinnriemen (EN 397),
- Schutzhandschuhe gegen mechanische Risiken (EN 420, EN 388),
- Schutzhandschuhe gegen chemische Risiken (EN 420, EN 374),
- Auffanggurt (EN 361),
- Y-Verbindungsmittel mit Bandfalldämpfer (EN 354, EN 355),
- Längenverstellbares Halteseil (EN 354),
- Passender Steigschutzläufer (EN 353-1).

Tab. 9: *Identifizierte Kernarbeitsprozesse bei der Errichtung und Inbetriebnahme von Windenergieanlagen (eigene Darstellung)*

Kernarbeitsprozesse	Inhalte
Montage der WEA	Vormontage von Installationen wie Basismodule mit Leistungselektronik, WEA-Steuerung, Lüftung und Maschinensteuerung und Einbau in Turm oder externe Bauten.
	Vorbereitung und Errichtung von Turmsegmenten entlang der Herstellervorschriften und Absicherung der Turmteile bei Arbeitsunterbrechung.
	Vorbereitung und Installation des Maschinenhauses.
	Vormontage des Rotorsterns durch Anbringen der Rotorblätter und Spinner an der Nabe und Ziehen des gesamten Rotorsterns.
Installation der WEA	Einbau und Fertigstellung der Turminstallationen wie Lüftung oder Leitern und Aufbringen und Kontrolle der Drehmomente an den Verbindungen der Segmentstöße.
	Herstellung der Verkabelung innerhalb der WEA mittels vorkonfektionierter Kabel inklusive der Herstellung der Verbindung zwischen Generator und Leistungselektronik.
	Anschließen und Ausrichten der Großkomponenten im Maschinenhaus der WEA.
	Vorbereitung der Endabnahme inkl. Durchführen aller vorbereitenden Arbeiten für Inbetriebnahme bzw. Fertigstellung für Kundenübergabe.
Inbetriebnahme der WEA	Anschließen der WEA an Transformator und Stromnetz.
	Vornehmen erster Einstellungen an der WEA.
	WEA in Betrieb nehmen und anfahren.
Arbeiten im Stützpunkt	Organisation der Baustelle, d. h. Bestellung von Werkzeugen, Hilfsmitteln und Betriebsstoffen sowie Sicherstellen des Materialtransports zum Bauplatz.
	Überwachung aller notwendigen Sicherheitsvorkehrungen

Bei der Errichtung einer WEA muss zunächst der Ort der Aufstellung erschlossen werden. Dazu werden Baustraßen so ausgelegt, dass alle Teile mittels Schwertransport zum Bauplatz der Anlagen geschafft werden können. In der Regel ist das Maschinenhaus das schwerste Bauteil, das über 200 t wiegen kann. Entsprechend stark muss auch der Bauplatz, das so genannte Pad, befestigt werden und von der Größe so bemessen sein, dass Schwertransporter, ein kleinerer Mobilkran für das Handling von Bauteilen auf dem Platz, ein größerer Mobilkran für die Errichtung und Platz für Vormontagetätigkeiten sowie für diverse Container für Werkzeug oder für die Mitarbeiter/-innen Platz finden. In der Regel wird auch ein geländegängiges Flurförderfahrzeug verwendet, das durch die Monteur(e)/-innen bedient wird. Auf dem Pad wird zunächst das Fundament bzw. die Gründung einer WEA aus Beton erstellt. Diese Arbeiten werden durch andere Gewerke als das eigentliche Errichtungsteam durchgeführt, da der Beton vor der Montage erst noch einige Wochen aushärten muss. Bei einem reinen Stahlrohrturm[11] wird auf dem Fundament in einem ersten Schritt der Turmfuß errichtet. Dieser wird bspw. mittels hydraulisch vorgespannter Bolzen mit dem Fundament verbunden. Dabei längt eine hydraulische Vorrichtung die Schraube bis maximal zur Streckgrenze. Die Fachkraft muss dann die Mutter nur handfest anziehen. Dieses Verfahren verhindert u. a., dass die Bolzen durch Torsion beansprucht werden bzw. es erlaubt eine exakte Kraftaufbringung der Schraubverbindung. Der Turmfuß bildet auch die Basis für die Aufnahme von Schaltschränken, Lüftungsgeräten, der Leistungselektronik und unter Umständen von Frequenzumrichtern oder Transformatoren auf mehreren Ebenen. Diese Teile werden vorgefertigt auf der Baustelle angeliefert, dort ausgepackt, geprüft und endmontiert. Die Arbeiten umfassen bspw. das Anschließen von Kabeln oder das Verbinden von Lüftungskanälen. Bei einigen Anlagen bestehen diese Installationen im Turmfuß aus mehreren Ebenen, so dass diese Module auch noch vor dem Einbau verbunden werden müssen. Anschließend hebt der Baustellenkran die Module in das Fundament, wo sie mit dem Turmfuß verbunden werden.

In den nächsten Arbeitsschritten werden die einzelnen Turmsegmente[12] in der Reihenfolge der Errichtung auf dem Bauplatz angeliefert. Auf einer Onshore-Baustelle wurde beobachtet, wie beide Mobilkräne gemeinsam die Turmsegmente mittels spezieller Hebetraversen von den Schwertransportern heben und sie auf speziellen Tragböcken ablegen, damit keiner der Fachkräfte unter schwebender Last arbeitet. Dabei sind die beiden Kranfahrer/-innen auf die Einweisung mittels Funkgerät durch die Monteur(e)/-innen angewiesen, da die Absetzpunkte nicht immer von den Führerhäusern eingesehen werden können. Dies gilt besonders dann, wenn Turmsegmente, Gondeln oder Rotorsterne montiert werden. Herkömmliche Handsignale zum Einweisen von Kränen reichen hier nicht aus. Vielmehr müssen Kranfahrer und anweisende Monteure verbal kommunizieren. Anschließend wird das Turmsegment mit einem Hochdruckreiniger gereinigt und kleinere,

---

11 Offshore werden derzeit hauptsächlich Türme aus Stahlrohr eingesetzt. Onshore setzen sich bei neueren Anlagen immer mehr solche Türme durch, deren untere Segmente aus Stahlbeton, die oberen aus Stahlrohr bestehen. Daneben existieren auch Gittermasttürme, wie sie von Hochspannungsleitungen bekannt sind.

12 Ein Turm einer WEA besteht aus mehreren Stößen, da sonst der Transport in die Parks nicht zu bewerkstelligen wäre. Für OWEA versuchen die Anlagenhersteller die Anzahl der Segmente zu verringern. So bestehen die Türme der Siemens-Anlagen für den Park London Array aus zwei Segmenten. Für die Zukunft wird an Konzepten gearbeitet, die Offshore-Türme als Ganzes aufstellen zu können.

durch den Transport beschädigte Stellen, werden zum Schutz vor Korrosion lackiert. Mitunter müssen in den Segmenten noch Installationen vorgenommen werden, bspw. das Anbringen von Geländern oder Vorrichtungen für die Befahranlage. Während einige Fachkräfte des Teams das am Boden befindliche Turmteil vorbereiten, begeben sich andere mit Schlagschraubern zum Vorziehen der Bolzen (bis 1.000 Nm) zum Turmfuß bzw. auf den bereits errichteten Turmteil. Dort behandeln sie die Verbindungsfläche des Turmflansches mit Silikon vor.

Währenddessen bereiten weitere Mitarbeiter/-innen Bolzen, Muttern und Unterlegscheiben für die Flanschverbindung vor und packen diese in spezielle reißfeste Säcke. Der mit der passenden Anzahl von Muttern und Schrauben vorbereitete Sack wird mitsamt dem benötigten Werkzeug an das zu hebende Segment angeschlagen. Dadurch sparen sich die Fachkräfte das Mitnehmen der Teile beim Klettern im Turm, da diese pro Flansch mehrere Hundert Kilogramm wiegen können. Beim Heben arbeiten wieder beide Mobilkräne zusammen, um das Turmsegment aufrichten zu können. Dabei heben zunächst beide Kräne das Segment an. Anschließend senkt der kleinere Kran seine Seite ab, während der größere Kran das andere Ende des Turmteils weiter anhebt bis die Last nur noch von ihm gehalten wird. Danach wird das sich nun aufrecht befindliche Segment kurz wieder am Boden abgesetzt und die Anschlagmittel bzw. Hebetraverse an der Unterseite gelöst. Anschließend hebt der Kran das Segment auf das bereits errichtete Turmteil, wie Abb. 26 zeigt.

Abb. 26: Montage von Turmsegmenten bei der Errichtung einer Windenergieanlage vom Typ GE 2,75-103 (Foto: ITB)

Die Mitarbeiter/-innen, die auf dem Segment arbeiten, weisen die Last ein und richten sie u. a. mittels spezieller Führungsdornen entsprechend der Flanschlöcher und der vorinstallierten Leitern im Turm aus. Vom Boden aus helfen weitere Fachkräfte bei der Positionierung durch ein unten an der Last angeschlagenes Führungsseil. Die von unten in die Flanschlöcher gesteckten Bolzen (bspw. M48 10.9 HV) werden mittels Unterlegscheibe und Mutter mit einem Schlagschrauber vorgezogen und später mit einem hydraulischen oder elektrischen Drehmomentschrauber nachgespannt. Im Fall der untersuchten Montage waren dies 1.000 Nm zum Vorziehen und bis zu 6.500 Nm als Verbindungsdrehmoment. Nachdem die Turmstöße verschraubt sind, steigen die Fachkräfte im Turm auf und lösen die Hebezeuge, so dass der Kran an das nächste Segment angeschlagen werden kann. Je nach WEA und Herstellervorschriften müssen Arbeiten so ausgeführt werden, dass ein bestimmter Installationsumfang pro Tag durchgeführt wird. Bspw. stellt der Aufbau einer bestimmten Anzahl der Turmsegmente ein Tagessoll dar. Auch die Errichtung des Maschinenhauses auf dem komplettierten Stahlrohrturm stellt einen Tagesabschluss dar, da dessen Gewicht zur Stabilität des Turmes beiträgt.

Damit abschließend der Rotorstern installiert werden kann – das sogenannte Ziehen – muss dieser erst am Fuß der WEA montiert werden. Dazu wird ein spezielles Gestell verwendet, um das Gleichgewicht des Konstrukts während der Montage zu halten. Anfangs wird die Nabe auf diesem Rahmen befestigt und so an einen Generator angeschlossen, dass die Elektromotoren für die Flügelverstellung angesteuert werden können. Diese werden genutzt, um die Stehbolzen eines Flügels auf dem Nabenkranz ausrichten zu können. Die Muttern der Stehbolzen wurden im untersuchten Fall so angezogen, dass zunächst ein definiertes Drehmoment aufgebracht und anschließend ein bestimmter Winkel nachgezogen wurde. Dafür wird ein elektronischer Drehmomentschrauber verwendet, der diesen Vorgang in einem Prozess abarbeiten kann. Anschließend werden an der Nabe ggf. Spinner und die Flügel der WEA montiert. Bei dem Einbau der Flügel kommt es besonders auf das Können der Kranfahrer an, da diese sehr langen Bauteile (bis 70 m und mehr) auf dem Pad hantiert und ausgerichtet werden müssen. Nach der Vormontage kann der Rotorstern gezogen werden – wenn das Wetter mitspielt. Die Monteur(e)/-innen sind dabei auf möglichst wenig Wind angewiesen, da die Nabe exakt an den Bohrungen der Welle am Maschinenhaus ausgerichtet werden muss. Durch eine leichte Neigung des Sterns rutscht dieser dann mit den Stehbolzen der Nabe auf die Welle und kann verschraubt werden. Zur Positionierung während des Hubes sind Halteseile an den Flügeln angeschlagen, die es den Monteur(en)/-innen am Boden erlauben, bei der Justierung zu helfen. Die Kommunikation des/der einweisenden Monteur(s)/-in oben im Maschinenhaus mit der Bodencrew und den Kranführer(n)/-innen geschieht rein verbal per Funkgerät.

Kernarbeitsprozess: Installation der WEA

Zeitgleich mit der Montage der WEA beginnen Fachkräfte damit, sie auch von den internen Einbauten her fertigzustellen. Dabei geht es hauptsächlich darum, alle Komponenten der Anlage zu verbinden und ihre Funktion herzustellen.

Während bei der WEA-Montage eher mechanische Kompetenzen notwendig sind, arbeiten beim Kernarbeitsprozess Installation der WEA Teams mit sowohl elektro- als auch metalltechnischen Qualifikationen zusammen. Auf der mechanischen Seite werden hier bspw. die Zwischenplattformen an den Flanschen der Turmsegmente fertiggestellt oder die Aufstiegshilfe fest montiert. Eine der elektrotechnischen Hauptaufgaben ist das Herstellen der Verkabelung in der WEA. Dies beginnt mit dem Anschließen der Lampen im Turm, geht über die Verlegung von Kabeln für die Kommunikation der Maschinensteuerung mit der Aktorik und Sensorik im Maschinenhaus und endet beim Herstellen der Verbindungen der Leistungskabel vom Generator zum Transformator. Zwar sind diese Kabel im Turmsegment bereits vorkonfektioniert oder je nach Hersteller auch als Schiene ausgeführt; die Verbindungen müssen aber von den Fachkräften selbst hergestellt werden. Dies kann bspw. mittels Pressverbindung geschehen, bei der die Kabelenden in entsprechende Hülsen gequetscht und anschließend mit einem Schrumpfschlauch für die Isolierung und gegen Feuchtigkeit versiegelt werden. Die Kabelenden müssen dazu entsprechend abisoliert werden, um sie anschließend miteinander verpressen zu können.

Hinzu kommen die Arbeiten an Großkomponenten wie das Anschließen des Generators an den Frequenzumrichter oder das Ausrichten des Getriebes im Maschinenhaus. Beim Ausrichten werden die Wellen zum Generator hin ausgerichtet. Dazu wird der Generator mittels Laser und Distanzplättchen justiert, bis dieser innerhalb der Soll-Toleranzen des jeweiligen Herstellers liegt.

Kernarbeitsprozess: Inbetriebnahme der WEA

Die Inbetriebnahme der WEA wird von eigens hierfür qualifizierten Fachkräften vorgenommen. Diese führen u. a. Isolationsmessungen der Verkabelung durch, testen das Blitzschutzsystem und die Erdungsimpedanz. Die Einsatzbereitschaft bzw. die Funktionsfähigkeit einzelner Komponenten vor dem Betriebsstart werden nochmals überprüft und Einstellungen an der Anlagensteuerung vorgenommen. Zur Inbetriebnahme gehört das Anfahren der WEA, d. h. das erstmalige Starten einer WEA zur Stromerzeugung.

Um die Anlage für die Übergabe fertigstellen zu können, wird eine interne Mängelliste zur Abarbeitung erstellt. Zur Vorbereitung der Endabnahme durch den Kunden gehört es, durch den Transport und Aufbau der Komponenten entstandene Oberflächenschäden nachzubehandeln. Für Farbausbesserungen muss der Untergrund gereinigt, abgeschliffen, grundiert und neu lackiert werden. Gegebenenfalls ist auch Korrosionsschutz zu erneuern. Durch die Inbetriebnahme können Montagemängel frühzeitig dokumentiert und somit Nachbesserungsarbeiten durch die Installationsteams ausgelöst werden. Zum anderen können Folgeschäden, bspw. hervorgerufen durch falsch ausgerichtete Generatoren oder Getriebe, lose Kabelverbindungen oder zu hohe Erdungswiderstände, vermieden werden.

Kernarbeitsprozess: Arbeiten im Stützpunkt

Die arbeitsteilige Organisation der Facharbeiter/-innen auf dem Bauplatz der jeweils zu errichtenden WEA trennt diese von den Arbeiten im Stützpunkt der Baustellenleitung. Die dort tätigen Site Manager/-innen organisieren die Arbeitsabläufe und den Materialtransport zum Bauplatz, fordern Werkzeuge an oder bestellen Hilfsmittel und Betriebsstoffe. Daneben übernehmen sie die Überwachung aller notwendigen Sicherheitsvorkehrungen sowie die Gültigkeit der personenbezogenen Zertifikate. Auch die Dokumentation der tagsüber an den WEA durchgeführten Arbeiten wird im Stützpunkt zentral durch die Bauleitung durchgeführt. Für die Prüfung der persönlichen Schutzausrüstung gegen Absturz (PSAgA) hingegen ist neben der jährlichen Abnahme durch eine(n) Sachkundige(n) jede Fachkraft tagtäglich selbst verantwortlich.

5.6.2 Kernarbeitsprozesse während der Instandhaltung von WEA

Nachstehend werden die identifizierten Kernarbeitsprozesse und die dazugehörigen Gegenstände der Instandhaltung an WEA in der Tab. 10 zusammengefasst und danach einzeln beschrieben.

Kernarbeitsprozess: Wartung von WEA und deren Komponenten

Der Kernarbeitsprozess einer Wartung von WEA und deren Komponenten subsummiert die in regelmäßigen Abständen durchzuführenden Routine-Arbeiten an Windenergieanlagen. Die Wartung einer WEA dient zum einen der Sicherung der Verfügbarkeit einer Anlage. Zum anderen unterliegt die Anlage als Kraftwerk zur Stromerzeugung gesetzlichen Bestimmungen. Wartungsarbeiten unterstützen dabei, die Windenergieanlage betriebssicher und werthaltig zu betreiben. Dafür müssen stets auch Kundenanforderungen berücksichtigt werden.

Tab. 10: Identifizierte Kernarbeitsprozesse bei der Instandhaltung von Windenergieanlagen (eigene Darstellung)

Kernarbeitsprozesse	Inhalte
Wartung von WEA und deren Komponenten	Vorbereitung, Durchführung und Dokumentation einer Erstwartung nach Inbetriebnahme entsprechend der Wartungsvorschriften des Herstellers der jeweiligen WEA.
	Vorbereitung, Durchführung und Dokumentation von regelmäßig wiederkehrenden Wartungen an WEA nach Wartungsvorschriften des Herstellers der jeweiligen WEA.
	Mitarbeit und Unterstützung von Spezialisten-Teams bei der Durchführung von Großrevisionen inkl. Getriebeölwechsel.
Diagnose von Störungen an WEA	Einleitung und Durchführung von einfachen Diagnosetätigkeiten mit kurzfristiger Entstörung.
	Einleitung und Durchführung von komplexen Diagnosetätigkeiten, d. h. Priorisierung anstehender Diagnoseaufgaben inklusive Fehlersuche an den Baugruppen einer WEA.
	Durchführung und Dokumentation einer Störungsbehebung und Priorisierung weiterer Arbeitsaufgaben in Zusammenarbeit mit der technischen Betriebsführung der WEA.
Instandsetzung und Austausch von WEA-Komponenten	Planung und Durchführung einer geplanten Reparatur von Baugruppen einer WEA nach Herstellervorschriften mit instandgesetzten oder neu beschafften Ersatzteilen.
	Durchführen einer ungeplanten Reparatur einer WEA in Abwägung zwischen Nachhaltigkeit der Lösung und Kundenwunsch an der betriebsbereiten Anlage.
	Planung, Durchführung und Dokumentation von Retrofits und Upgrades an einer WEA nach Herstellervorschriften.
Arbeiten im Servicestützpunkt	Lagerverwaltung und Bestandsmanagement, d. h. Materialbestellung und Ersatzteilbeschaffung.
	Prüfung Persönlicher Schutzausrüstung gegen Absturz (PSAgA) sowie Kalibrierung von Werkzeugen.

Im Zuge dessen findet ab etwa einem Vierteljahr oder nach ungefähr 500 Betriebsstunden nach Inbetriebnahme die sogenannte „Erste Wartung" statt. Je nach Hersteller werden Wartungsanleitungen mit Prozessbeschreibungen abgearbeitet. Dazu zählen allgemeine Verfahrensanweisungen, bspw. zum Einstieg in die Nabe, zur Rotorarretierung oder Bedienung des Dachs des Maschinenhauses. Daneben liegen Instruktionen wie etwa ein Schmierplan für die gesamte WEA und eine Übersicht der bei einer Wartung benötigten Werkzeuge vor. Neben der grundlegenden Sicht- und Funktionsprüfung von Anlagenkomponenten nehmen die Facharbeiter/-innen im Service folgende Aufgaben wahr:

- Kontrolle der Anzugsdrehmomente von Schraubverbindungen,
- Kontrolle des Verschleißes der Bremsbeläge und -scheiben an Gondellagerung und Triebstrang,
- Austausch der Akkumulatoren der Notstromversorgung in Maschinenhaus und Nabe,
- Überprüfung des Frequenzumrichters inklusive Transformatorstation,
- Vornehmen von Farbausbesserungen, Erneuern des Korrosionsschutzes,
- Arbeitsvorbereitung im Stützpunkt und am Ort der WEA,
- Begehung, Inspektion und Beurteilung des Zustands der Anlage,
- Austausch von Dauerschmierern, Abfetten von Anlagenkomponenten,
- Kontrolle und Austausch von Betriebsstoffen des Schmiersystems, des Ölkreislaufes oder des Kühlkreislaufes,
- Kontrolle der Sensorik inkl. Überprüfung des elektrischen Systems und sicherheitsrelevanter Funktionen der WEA,
- Kontrolle der Bremsen und Inspektion sowie Austausch der Bremsbeläge an Azimut und Welle,
- Inspektion der Rotorblätter durch Sicht- und Hörprüfung,
- Überprüfung des elektrischen Systems inkl. der Stromschienen,
- Überprüfen der Ausrichtungen und Einstellungen der WEA,
- Dokumentation der Arbeiten,
- Farbausbesserungen vornehmen, Korrosionsschutz an Turmsegmenten ausbessern,
- Inspektion des Getriebes,
- Kontrolle von Hydraulikbauteilen, Wechsel von Hydraulikölen,
- Austausch von Filtern und Sieben,
- Prüfung von Blitzeinschlägen im Rotorblatt,
- Prüfung Generator durch Überprüfung der Kohlebürsten und Reinigung der Generatorbelüftung bzw. der Wärmetauscher,
- Prüfung von Sicherheitstechnik inkl. Aufstiegshilfe, Flugbefeuerung,
- Durchführung eines Ölwechsels.

Mit zunehmenden Intervallen der Wartungsarbeiten (Halbjahres-, Jahreswartung, Großrevision) nimmt auch der Umfang der Arbeiten zu. Neben dem regelmäßigen Austausch von Betriebsstoffen wie Schmiermitteln und Ölfiltern steht nach zwei bis fünf Jahren bspw. auch ein Getriebeölwechsel an. Der zeitliche Umfang einer Hauptwartung kann rund 90 Stunden betragen. Die Servicetechniker/-innen überprüfen dabei in der Regel die Installationen im Turm und in der Gondel bzw. Nabe. Für Flügel oder speziell sicherheitsrelevante Komponenten wie Leitern oder Befahranlagen werden die Serviceleistungen oftmals an spezialisierte Teams bzw. Unternehmen vergeben. So muss die Prüfung der Zugangstechnik jährlich durch ein zertifiziertes Unternehmen durchgeführt werden.

Kernarbeitsprozess: Diagnose von Störungen an WEA

Die Diagnose von Störungen an WEA stellt einen eigenen Kernarbeitsprozess dar. Diese kann bei neueren Anlagen in der Regel über eine Fernüberwachung initiiert werden. Dabei liefern die kontinuierlich erfassten Betriebsdaten Indizien für einen Fehler bzw. die Anlagenüberwachung registriert nicht plausible Werte im elektrischen System, über Körperschallsensoren oder andere Verfahren und kann diese per Fehlermeldung über eine Internetanbindung der WEA an das Betriebsbüro oder eine Leitwarte beim Anlagenhersteller schicken. Damit geht die Meldung über eine Störung einer Anlage zunächst beim Hersteller und/oder Betreiber der Windenergieanlage ein. Eine weiterführende Diagnose auf der WEA ersetzt diese Fernüberwachung in der Regel nicht, da sie meist nur Hinweise auf Fehler meldet. Es liegt in der Professionalisierung der Fachkräfte, vom Anlagentyp und der Fehlermeldung auf eine Störungsursache zu schließen.

Bei der Priorisierung anstehender Arbeiten der Fachkräfte im Service von WEA hat die Beseitigung einer Störung in der Regel Vorrang vor anderen, planbaren Tätigkeiten. Die Teams entscheiden weitgehend selbstständig, wer welche Arbeiten übernimmt. Für die Priorisierung der Fehler und die Entscheidung über die Reihenfolge ihrer Abarbeitung sind grundlegende Kompetenzen auch über betriebswirtschaftliche und kundenspezifische Anforderungen notwendig. Dabei sind Anforderungen und Wünsche des Kunden, des Betreibers, des Anlagenherstellers und der Sicherheit gegeneinander abzuwägen. Ziel sollte immer sein, die Diagnose zeitnah abzuschließen, die Störung vor Ort zu beheben und das defekte Bauteil wieder instand zu setzen.

Kann ein Fehler nicht vor Ort behoben werden, wird aus dem Entstörungsprozess eine komplexe Diagnose, da z. B. noch zusätzlich Daten erfasst und weiterführend analysiert werden müssen. Bei älteren Anlagen sowie im Vor-Ort-Service ist eine Offline-Messung von Betriebsdaten möglich. Hier werden die Komponentendaten wie bspw. Getriebeschwingungen auf der Anlage direkt von der Fachkraft mit Handgeräten über einen begrenzten Zeitraum zwischen einer bis zehn Minuten gemessen. Mit einer entsprechend geplanten, durchgeführten und dokumentierten

Beseitigung von an WEA aufgetretenen Fehlern kann dieser Gegenstand der Facharbeit als Störungsbehebung bezeichnet werden. Vorgehensmöglichkeiten bei der Fehlerdiagnose an einer WEA:

- Eingrenzen der Störungsquelle anhand von Fehlermeldungen, CMS-Daten, Anlagentypus und -historie im Sinne einer erfahrungsbasierten Diagnose.
- Fehlermeldung zurücksetzen und Anlage neu starten, um den Fehler vor Ort nachvollziehen zu können und zu erkennen, unter welchen Bedingungen er auftritt.
- Fehleranalyse über die WEA-Steuerung, Erstellen von Störschrieben bzw. von Eventlisten mit definierten Messwerten über eine gewissen Zeit, Abgleich von Soll- und Ist-Werten bzw. vorher/nachher-Vergleich zum Eingrenzen der Fehlerursache.
- Fehlersuche vor Ort durch Recherche mit Hilfe des Laptop in der Dokumentation des Anlagenherstellers (bspw. im Internet/Intranet) und Identifizierung relevanter Problemlösungsverfahren bzw. Auffinden von Parametern zur Interpretation von Messwerten, Suche in Wissensdatenbanken.
- Kontrolle Rechner für Betriebsführung und Rechner für Umrichter.
- Eingrenzen der Ursache einer Störung durch Aufnahme von Messwerten mittels elektrischen Messgeräten wie bspw.:
  - Multimeter,
  - 2-poliger Spannungsprüfer,
  - Strommesszange,
  - Motortester,
  - Isolationsspannungsmessgerät.

Für komplexe Komponenten wie Frequenzumrichter oder das Pitchsystem gibt es speziell qualifizierte Diagnose-Fachkräfte, die sich bspw. durch das Absolvieren von Lehrgängen entsprechende Kompetenzen aufgebaut haben und deshalb bei der Störungsdiagnose an derartigen Bauteilen teils telefonisch oder auch im Vor-Ort-Einsatz zu Rate gezogen werden.

Kernarbeitsprozess: Instandsetzung und Austausch von WEA-Komponenten

Der Kernarbeitsprozess Instandsetzung und Austausch von Komponenten umfasst Aufgaben, bei denen Bauteile einer WEA durch Austausch von Ersatzteilen wieder in einen funktionsfähigen Zustand versetzt werden, ihren gesamten Austausch bzw. die Verbesserung einer WEA durch Einbau neuer Teile. Entsprechend werden darunter u. a. Reparaturen verstanden, die zumeist geplant und entsprechend organisiert werden können. Damit geht einer Reparatur meist die Analyse einer Störung voraus. Eine geplante Reparatur liegt dann vor, wenn bspw. im Anschluss an eine Diagnose Ersatzteile beschafft werden müssen. Es ist dann möglich, eine Reparatur vorzubereiten und alle Werkzeuge und Dokumentationen zu beschaffen.

Bei ungeplanten Reparaturen hingegen muss aufgrund der Notwendigkeit einer hohen Anlagenverfügbarkeit und teuren Ausfallkosten gerade von OWEA relativ umgehend gehandelt werden. Entsprechend geht es darum, einen Fehler zu identifizieren und kurzfristig sowie durch den Einsatz der gerade verfügbaren Werkzeuge und Ersatzteile zu beheben. Zu den Reparaturen gehören Arbeitsinhalte wie bspw.:

- Austausch defekter Komponenten, wie bspw. Ersatz eines schadhaften Sensors durch einen neuen inkl. der Verkabelung und des Anlernens in der Maschinensteuerung,
- Austausch von Lagern an Wellen und Antrieben,
- Durchführung von Reparaturen an Stromschiene, Verkabelung, Flugbefeuerung etc.,
- Getriebereparaturen, die in der Regel aber von Spezialisten-Teams durchgeführt werden,
- Rotorblattreparaturen oder –tausche, die ebenfalls von Spezialist(en)/-innen (Techniken, Stoffe, Kleber) durchgeführt werden,
- Schraubenaustausch beim Drehmomentziehen (Chargenprüfung bei hochprozentigen Defekten),
- Läufertausch am Generator durch Hersteller.

Instandsetzungsarbeiten an Großkomponenten wie den Getrieben erfordern dabei spezielle Techniken und Hilfsmittel (bspw. Ausrichtung per Lasertechnik). Mitunter müssen sogar ganze Baugruppen wie das Hauptlager oder der Generator ausgetauscht werden. Diese Arbeiten werden meist durch spezialisierte Teams vorgenommen. Die Servicetechniker/-innen unterstützen diese Arbeiten beim Ausrichten, Laschen oder Heben der Komponenten. Großkomponenten (in der Reihenfolge der geschätzten Anzahl des Austausches):

- Getriebe,
- Generator,
- Rotorblätter,
- Naben,
- Frequenzumrichter,

- Azimutantrieb,
- Pitchantrieb,
- Stromschiene,
- Transformator Mittelspannung außen/in Gondel/im Turm.

Komplettiert werden die Instandsetzungsarbeiten durch Verbesserungen der WEA-Technik während des Produktlebens durch sogenannte Retrofits und Upgrades. Diese können sowohl die Software der Anlagensteuerung betreffen als auch messtechnische Verbesserung bedeuten wie bspw. der Einbau eines Partikelzählers in das Getriebe. Retrofits/Updates bestehender Systeme sind:

- Austausch auffälliger und fehlerhafter Komponenten,
- Nachrüstung und Nachbesserung bestehender Komponenten,
- Neueinbau von Komponenten, z. B.:
  - Partikelzähler im Getriebe,
  - Abweiser/Spoiler am Rotorblatt für Geräusch- und Leistungsoptimierung,
  - Softwareupdates.

Kernarbeitsprozess: Arbeiten im Servicestützpunkt

Neben der direkt auf den Anlagen beobachtbaren (Fach)Arbeit sind auch Prozesse wie Lagerverwaltung und das Bestandsmanagement für die WEA-Instandhaltung ausweisbar, die die Arbeiten im Servicestützpunkt betreffen. Hierunter fallen alle von den Fachkräften übernommenen Transportaufgaben, sei es Fahrtenplanung oder Werkzeugmitnahme. Die Bedarfs-, Bestands- und Beschaffungsplanung eines Servicestützpunktes liegt weitgehend in den Händen der Fachkräfte vor Ort, so dass diese selbstständig Materialbestellung und Ersatzteillogistik organisieren, ihre persönliche Schutzausrüstung gegen Absturz kontrollieren, Werkzeuge regelmäßig kalibrieren und die Service-Transportkisten, die für spezialisierte Aufgaben oder einzelne Windenergieanlagentypen vorgesehen sind, vorpacken. Das Bestellwesen funktioniert über die Unternehmenssoftware des für den Service verantwortlichen Unternehmens. Diese Arbeiten werden meist vor dem Feierabend durchgeführt oder an Tagen, an denen besonders starke Windverhältnisse herrschen. Hier kann eine WEA entweder aus Sicherheitsgründen nicht betreten werden (über 20 m/s) oder die Windertragslage ist gerade so günstig, dass kein Betreiber seine Anlagen für eine geplante Wartung abschalten möchte. Einen weiteren wichtigen Gegenstand der (Fach-)Arbeit stellt die Abfallentsorgung dar. Durch den Umgang mit teils umweltgefährdenden, flüssigen Stoffen wie Altöl, Fetten oder Lacken müssen die Fachkräfte diese verantwortungsbewusst sammeln und einer weiteren Verwertung oder Entsorgung zuführen.

5.6.3 Beispiel eines Arbeitsprozesses von Fachkräften im Service von WEA

Im diesem Abschnitt wird ein Arbeitsprozess exemplarisch beschrieben, der während einer Reparatur- und Wartungsaufgabe anfiel. Resultierende Anforderungen an die berufliche Qualifizierung werden herausgestellt. Der Arbeitsprozess wurde im Rahmen einer Arbeitsprozessanalyse auf einer drehzahlvariablen WEA aufgenommen. Dabei ging es darum, auf der Anlage einen defekten Drehzahlgeber am Generator zu wechseln, der in der Vergangenheit bereits des Öfteren ausgefallen war und instandgesetzt wurde. Der Fehler trat wieder auf, was zum Stillstand der Anlage führte. Im Rahmen dieser Arbeitsaufgabe wurde der Drehzahlgeber samt Kabelanschluss gewechselt, um das Problem abschließend zu beheben. Im Anschluss beteiligt sich das Team an der gerade stattfindenden Jahreshauptwartung.

Die Servicetechniker/-innen trafen sich zu Arbeitsbeginn um 7:30 Uhr am Stützpunkt der Serviceregion. Auf einer Grundfläche von rund 8 mal 10 m befanden sich dort Regalflächen für Ersatzteile und Wartungsbedarf, eine Stellfläche für ca. vier Paletten, ein Lagerbereich für Schmierstoffe sowie eine Werkbank. Während der Fahrt von der privaten Wohnung zum Stützpunkt haben sich die Mitarbeiter/-innen bereits bei ihren Disponenten über anliegende Störungen bzw. Arbeitsaufgaben informiert. An diesem Morgen waren zwei Teams des Anlagenherstellers, der einen Dienstleistungsvertrag mit dem Betreiber für den Service hat, und ein Team eines Subunternehmens vor Ort. Die Arbeitsgruppen bestehen jeweils aus zwei Mitarbeitern und im Falle des Herstellers aus einem festen Mitarbeiter und einem Mitarbeiter einer Personalvermittlung. Diese werden häufig auf verschiedenen Anlagentypen und auch für Montage oder Wartungsarbeiten im Ausland eingesetzt, so dass zumindest Englisch als Fremdsprache beherrscht werden muss. In diesem Fall verfügte jeweils einer der Mitarbeiter über eine elektrotechnische und einer über eine metalltechnische Ausbildung. Die beiden Teams des Anlagenherstellers teilten sich die anstehenden Aufgaben in Abstimmung mit dem Disponenten selbstständig ein. Ein Team behob eine Störung in einem weiter entfernten Windpark. Das andere, von den Forschern begleitete Team, hatte die Aufgabe, den defekten Drehzahlgeber zu tauschen und sich anschließend in Zusammenarbeit mit dem Team des Subunternehmens, welches für die Unterstützung der Hauptwartung vorgesehen ist, an der Wartung zu beteiligen.

Notwendige Qualifikationen:

- Wirtschaftliches Handeln für die Arbeitsaufgaben und Lagertätigkeit,
- Durchführen des Bestell- und Materialwesens,
- Kenntnisse über die Arbeitsmittel für die Kernarbeitsprozesse,

- grundlegende Kenntnisse über Qualitätssicherungsinstrumente und Kundenanforderungen,
- Durchführen von Arbeits- und Einsatzplanung.

Die Servicetechniker/-innen der Region sind für mehrere Windenergieanlagen eines Herstellers oder eines Auftraggebers in einem Gebiet zuständig. Für die Anfahrt zum Windpark stehen den Teams jeweils Transportfahrzeuge zur Verfügung, die unter anderem mit Stauraum, Werkbank und Computerinstallationen bestehend aus Laptops mit Drucker ausgestattet sind. Ein entsprechender Führerschein ist eine Grundvoraussetzung für die Ausübung der Tätigkeit des/der Servicetechniker(s)/-in.

Bei Ankunft an der WEA verblieben die Servicetechniker vorerst im Fahrzeug und meldeten ihren Einsatz beim Disponenten und beim Betreiber der Anlage per Telefon an. Ebenfalls musste der Arbeitsbeginn via Internet in der Unternehmenssoftware des Herstellers hinterlegt werden. Dafür nutzte der Servicetechniker einen Laptop, der über eine entsprechende Datenverbindung verfügte. Im Programm gab der Techniker Start- und Endzeit sowie Art und Umfang der geplanten Arbeiten an, damit von dort aus direkt die Fakturierung und eine Dokumentation der durchgeführten Tätigkeiten initiiert werden kann. Nach der Anmeldung sicherten sich die Servicetechniker mit ihrer persönlichen Schutzausrüstung gegen Absturz.

Notwendige Qualifikationen:

- Umgang mit Kunden,
- Kommunikation im Team und mit Kunden,
- Ladungssicherung,
- Nutzung von Unternehmenssoftware (ERP),
- Führerschein,
- Verwendung der PSA.

Da die Anlage über eine Befahranlage verfügte, fuhren die Mitarbeiter auf die Anlage. In den Korb des Aufzugs passten zwei Personen und das notwendige Werkzeug. Die Fahranlage fuhr auf der im Turm installierten Aluminiumleiter und war so konstruiert, dass Decke, Boden und Seitenwand zur Leiter leicht entnommen werden können, damit im Fall des Steckenbleibens auf dem Korb geklettert werden konnte. Im Fahrkorb sicherten sich die Mitarbeiter mit einer Falldämpfleine. Die Fahranlage benötigte rund 10 Minuten für eine Tour nach oben. Für den Fall, dass mehr oder größere Werkzeuge benötigt werden, konnten diese auch mittels des Bordkranes der WEA in die Gondel befördert werden. Dass für Servicetechniker das Arbeiten und Bewegen in großer Höhe zum Beruf gehört, ist evident. Hinzu kommen aber ein absolut notwendiges Bewusstsein für Arbeitssicherheit und der sichere Umgang mit der PSA ohne das Einschleifen von Routine.

Die Fahrt mit der Fahranlage endete auf einer Plattform unterhalb des Drehkranzes der Gondel. Die Kabel für die Stromleitung vom Generator zum Transformator am Boden sind an dieser Stelle mehrfach in J-Form aufgehängt, damit die Windnachführung der Gondel bis 2,5 Umdrehungen in eine Richtung machen kann. Nach dem Schließen einer Luke über der Leiter konnte in diesem Raum die persönliche Schutzausrüstung abgelegt werden. Der Aufstieg in die Gondel erfolgte durch das Maschinenbett der Anlage über verschiedene Trittstufen. In der Gondel wurde der Zugang ebenfalls durch eine Luke verschlossen und war damit gegen Absturz gesichert.

Notwendige Qualifikationen:

- Beachtung der Arbeitssicherheit,
- Verwendung der persönlichen Schutzausrüstung gegen Absturz,
- Verwendung des Steigschutzläufers,
- erste Hilfe,
- Rettung aus großen Höhen,
- Benutzung der Befahranlage,
- Verwendens von Kranen und das Anschlagen von Lasten bzw. das Mitführen von Lasten während eines Aufstiegs per Leiter.

Als einen der ersten Schritte in der Gondel verband der Servicetechniker seinen Laptop mit der Anlagensteuerung. Erst damit erhielt er Zugang zu den Systemen und konnte die Anlage von der Gondel aus bedienen. Ohne die Nutzung eines Computers in der Gondel war die Steuerung des untersuchten Anlagentyps nicht möglich. Damit ergeben sich Anforderungen an die Qualifikationen der Mitarbeiter im Bereich der Verwendung von Computern, die über das Anwenden von Word o.ä. hinausgehen. Vielmehr standen die Verwendung der Unternehmenssoftware, Kommunikation mit der Anlagensteuerung und Recherche nach Informationen im Intranet des Herstellers im Zentrum der Aufgaben des Servicetechnikers.

Der zu tauschende Drehzahlgeber befand sich auf der Stirnseite des Generators. Mittels eines Schaltplans wurde im Schaltschrank der Anlagensteuerung die Klemmleiste, auf der der Drehzahlgeber saß, identifiziert und das Kabel abgeklemmt. Anschließend wurde der Geber demontiert und das Kabel, das im Maschinenbett verlegt lag, herausgezogen. Der neue Drehzahlgeber wurde montiert, das Kabel durch das Maschinenbett gezogen und auf der Klemmleiste angeschlossen. Abschließend wurde ein Funktionstest der Anlage durchgeführt.

Notwendige Qualifikationen:

- Arbeiten im Team,
- Lesen von Schaltplänen und sonstigen technischen Unterlagen,
- Arbeiten an Schaltschränken,
- Spannungsfreischalten von Bauteilen und Sicherung gegen Wiedereinschalten,
- Montage und Demontage von Bauteilen und Steuerungselementen,
- Verlegen von Kabeln,
- Anschluss von Leitungen,
- Kenntnis über Funktionsweise und Zusammenspiel einzelner Baugruppen,
- Prüfung von Parametern durch Erfassen von Messgrößen und Vergleich mit Soll-Werten,
- Inbetriebnahme und Testen von Komponenten,
- Eingriff in die Anlagensteuerung per Laptop.

Nach dem Tausch des Drehzahlgebers beteiligte sich das Team der Servicetechniker des Herstellers an den Wartungsaufgaben. Dazu fuhr ein Servicetechniker im Turm nach unten und inspizierte den Schaltschrank unten im Turm. Der Kollege in der Gondel kontrollierte im Rahmen der Wartung zunächst alle Notaus-Taster in der Gondel. Der Servicetechniker unten im Turm quittierte über Funk die Betätigung anhand der dortigen Steuerungstechnik. Anschließend wurde die Funktion von Endschaltern verschiedener Antriebe getestet, indem die Anlage in verschiedene Positionen gefahren wurde, in denen die Schalter auslösten.

Anschließend wollte der Servicetechniker ein spezielles Testprogramm durchlaufen lassen. Dafür musste entsprechend der Anweisungen des Wartungshandbuches eine Größe in der Anlagensteuerung von Hand verändert werden. Die Adressierung dieses Parameters und der Parameter selbst hatten sich aber durch neue Vorschriften verändert. Diese Veränderung ist im Intranet des Herstellers dokumentiert. Der Servicetechniker nahm mittels des Laptops Kontakt mit dem Intranet auf und durchsuchte verschiedene Serviceinformationen.

Notwendige Qualifikationen:

- Lesen von Wartungshandbüchern und technischen Dokumentationen,
- Lesen von technischen Zeichnungen,
- Lesen der Parameterlisten,
- Recherche im herstellerseitigem Intranet nach technischen Dokumentationen,

Technik, Technologien und Facharbeit – Herausforderungen und Tendenzen   125

- Verwendung von spezifischen Diagnose- und Parametrierungsprogrammen.

Parallel zu den Tätigkeiten des Serviceteams des Anlagenherstellers zogen die Mitarbeiter des Subunternehmens an diesem Tag Schraubverbindungen des Azimutsystems in der Gondel nach (ca. 120 Bolzen). Mit Hilfe eines Drehmomentschlüssels wurde je nach den Angaben des Wartungsheftes eine gewisse Anzahl von Schrauben überprüft. In der Regel waren dies 20 % - 25 %. Das Wartungshandbuch gab Auskunft darüber, wie viel Prozent welcher Schrauben mit welchem Drehmoment nachgezogen werden müssen. Überprüfte Schraubverbindungen wurden farblich gekennzeichnet und ausgeführte Wartungstätigkeiten im Servicehandbuch mit Testat quittiert.

Für das Anziehen der Schrauben werden je nach Anzugsmoment verschiedene Werkzeuge verwendet. Für Schrauben, die mit einem Drehmomentschlüssel angezogen werden können, wird dieser genutzt. Für das Anziehen von Schrauben mit höheren Drehmomenten, wie sie bspw. bei den Bolzen zur Verbindung der Turmstöße Anwendung finden, nutzen die Servicetechniker eine elektrohydraulische Vorrichtung.

Zum Abschluss der Arbeiten, musste eine Leiter wieder angebaut werden, die zum Zwecke der besseren Zugänglichkeit zu einem Azimutantrieb entfernt worden war. Das Team des Subunternehmens hatte diese Leiter demontiert, konnte sie aber nicht wieder montieren, so dass an dieser Stelle der Mitarbeiter des Herstellers aushelfen musste. Es stellte sich heraus, dass die Leiter nicht mehr ohne weiteres installiert werden konnte, da die Passung nicht einwandfrei war. Für die notwendige Montage musste ein Teil der Leiter mittels einer Flex entfernt werden. Für den Korrosionsschutz trug der Servicetechniker anschließend eine spezielle Zinkfarbe auf.

Notwendige Qualifikationen:

- Ausführen von Schraubverbindungen und definierte Drehmomente sicherstellen,
- Anwenden unterschiedlicher Anzugsverfahren von Bolzen und Schrauben,
- spanende Bearbeitung und Korrosionsschutz von bearbeiteten metallischen Oberflächen,
- Lesen von Servicehandbüchern,
- Lesen von technischen Zeichnungen,
- Lesen der Parameterlisten,
- Recherche im herstellerseitigem Intranet nach technischen Dokumentationen,
- Verwendung von spezifischen Diagnose- und Parametrierungsprogrammen,
- Beachtung des Brandschutzes.

Im Anschluss an die Durchführung der Arbeiten meldeten sich die Servicetechniker im System des Herstellers und telefonisch beim Betreiber und Disponenten wieder von der Anlage ab. Anschließend erstellten sie vor Ort in der Unternehmenssoftware eine Dokumentation der durchgeführten Arbeiten. Diese wurde sowohl online beim Hersteller und Betreiber als auch im Fahrzeug ausgedruckt und in einem Ordner in der Anlage in Papierform hinterlegt. Nach Abschluss der Dokumentation vor Ort fuhren die Servicetechniker zum Stützpunkt zurück, entluden ihre Fahrzeuge und lösten je nach Bedarf Bestellungen für anstehende Servicearbeiten aus.

- Erstellen einer Dokumentation über ausgeführte Arbeiten,
- Umgang mit der Unternehmenssoftware,
- Auslösen von Bestellungen,
- Überblick über anstehende Arbeiten,
- Kenntnisse über Grundzüge des Materialwesens.

5.6.4 Maritime An- und Herausforderungen an die Facharbeit

Die aufgezeigten Kernarbeitsprozesse an WEA stimmen für die Facharbeit an Land und auf See grundsätzlich überein: Triebstrang, Regelungstechnik, Generatoren oder Antriebe sind bei aktuellen drehzahlvariablen Anlagen, sei es an Land oder auf See, übereinstimmend oder zumindest sehr ähnlich. Aufgrund der vergleichbaren technischen Auslegung von Offshore-Windenergieanlagen unterscheiden sich viele Arbeitsaufgaben aus rein fachlicher Sicht im Arbeitsalltag der Fachkräfte nicht und sind deckungsgleich mit den oben ausgewiesenen Kernarbeitsprozessen. Allerdings sind diese für den Offshore-Einsatz zu erweitern, da sich für OWEA durch folgende Aspekte weitere Herausforderungen ergeben:

- Küstenentfernung der Offshore-Windparks,
- Höhere Windgeschwindigkeiten,
- Zusätzliche Lastfälle u. a. durch:
  - Wellenbewegungen, Eisgang, Gezeiten,
  - Meeresströmungen, Auskolkungen am Fundament.

Als Konsequenz führt dies zu einem absehbaren Qualifizierungspfad, bei dem in der Regel an Land erfahrene Facharbeiter/-innen durch Weiterbildungen für den Einsatz auf See qualifiziert werden.

Der Bereich der maritimen Industrie und Logistik stellt somit ein spezielles Technik-, Technologie- und Tätigkeitsfeld im Sektor der Offshore-Windenergie dar. Die gewonnenen empirischen Ergebnisse belegen, dass spezifische berufliche Herausforderungen für den Bereich der Offshore-Windenergie existieren, die insbesondere die Arbeit der Fachkräfte bei der Errichtung, Inbetriebnahme und Instandhaltung der OWEA und damit die entsprechenden logistischen und organisatorischen Prozesse beeinflussen. Unterschiede und Besonderheiten zwischen der Facharbeit an Onshore- und an Offshore-WEA bestehen vor allem in der Arbeitsorganisation, den technischen Anforderungen und den Sicherheitsaspekten. Im Folgenden werden diese Herausforderungen und die damit verbundenen Qualifikationsanforderungen näher beschrieben.

Arbeitsorganisation

Gerade die maritimen Verhältnisse vor Ort bedingen den Einsatz speziell ausgebildeter Fachkräfte, da u. a. die Witterung über die Anlagenzugänglichkeit bestimmt. Standard-Wartungsarbeiten werden in der Regel per Schiffstransfer realisiert. Entstörungseinsätze hingegen werden oftmals per Hubschrauber geflogen, da dies auch bei höherem Wellengang und bis Windstärke 11 möglich ist. Eine organisatorische Herausforderung stellt beispielsweise die Planung und Mitnahme von Werkzeugen dar. Das Fehlen oder Vergessen von Arbeitsgeräten oder -materialien kann besonders auf See hohe Kosten verursachen. Der Arbeitsplanung und -organisation für Offshore-Einsätze kommt somit große Bedeutung zu. Von den Servicekräften wird ein entsprechendes Zeit- und Selbstmanagement verlangt.

Auch an Land ist es notwendig, einen Einsatz detailliert vorzubereiten, da die Anfahrtswege in die Windparks mitunter recht lang sein können. Die Auswirkungen eines schlecht geplanten Einsatzes auf See sind aber ungleich höher. Bspw. ist der Windpark Bard Offshore 1 rund 80 km vom Festland entfernt. Die Anreise mit dem Schiff ist entsprechend aufwändig und durch die Personalkosten teuer. Zudem kann der Zugang zur OWEA nicht täglich gewährleistet werden, da bspw. nur bis zu einer bestimmten Wellenhöhe übergesetzt werden kann. Als Alternative zum Schiff kommt der Einsatz eines Hubschraubers in Frage, was die Einsatzkosten weiter erhöht, die Personalkosten durch den schnelleren Transfer jedoch reduziert. Dies zeigt, warum eine gründliche Arbeitsvorbereitung für den Offshore-Einsatz noch stärker als an Land geboten ist. Bestenfalls kann mittels Anlagenüberwachung über Condition Monitoring-Systeme ein Fehler soweit eingrenzt werden, dass die notwendigen Ersatzteile präventiv mitgenommen werden können. Ein weiterer Unterschied zur Tätigkeit an Land ist die Arbeitsorganisation auf den OWEA. Zunächst einmal sollen aus Kosten- und Verfügbarkeitsgründen Wiederholreparaturen unbedingt vermieden werden. Im Gegensatz zur Arbeit an Land bestehen feste Zeiten, zu denen ein Team vom Versetzungsschiff von der Anlage abgeholt wird. Da eine Anlage nach Beendigung des Einsatz wenn irgend möglich wieder ans Netz gehen soll, liegt es in der Verantwortung der Facharbeiter/-innen zu entscheiden, welche Arbeiten in den gegebenen Zeitfenstern noch begonnen und vor allem abgeschlossen werden können.

Letztlich zielen die Servicekonzepte der Offshore-Anlagen im Gegensatz zu Anlagen an Land darauf ab, nur eine Wartung im Jahr vorzusehen. Wie bereits beschrieben, sind die Anfahrten zu den Anlagen auf See und damit die Reaktionszeiten durch eingeschränkte Zugänglichkeit gekennzeichnet. Sollten größere Reparaturarbeiten an Offshore-Anlagen notwendig werden, so unterscheidet sich die logistische Planung und Umsetzung sehr stark. Im Rahmen der durchzuführenden Arbeiten kommen Mitarbeiter/-innen verschiedener Gewerke zum Einsatz, wie bspw. Taucher, Prüfer für die Flügel oder Spezialisten für Gründungsstrukturen und Schiffsbesetzungen. Die Zusammensetzung dieser Teams ist oftmals international und die Sprache auf See daher in der Regel Englisch.

So stehen folgende Punkte exemplarisch für die Unterschiede zwischen On- und Offshore-WEA:

- Zugang mit Schiff bzw. Hubschrauber witterungsabhängig:
  - Überstieg der Servicetechniker vom Schiff auf die Offshore-Anlage bis max. 1,5 m sogenannter signifikanter Wellenhöhe,
  - Abseilen vom Hubschrauber von Windgeschwindigkeit abhängig,
  - mitunter sind die Anlagen überhaupt nicht zugänglich (Sturm, Schnee, Nebel),
- Projektmanagement für den Offshore-Einsatz,
- Interpretieren von Daten aus dem CMS nebst entsprechender Fehlerdiagnose,
- Fundiertes Zeitmanagement für anstehende Arbeitsaufgaben,
- Kommunikationsfähigkeit und englische Sprachkenntnisse, da besonders bei der Errichtung von Offshore-Windparks in internationalen Teams gearbeitet wird,
- Exakte Arbeitsvorbereitung und -organisation sowie strukturierte Durchführung von Offshore-Einsätzen mit dazugehörigen Logistikkonzepten,
- Herstellung der technischen Verfügbarkeit einer Anlage selbst bei Änderungen des Arbeitsablaufplans, beispielsweise infolge eines Wetterumschwungs.

Technische Anforderungen

Es existieren aber auch technische Unterschiede zwischen WEA an Land und denen auf See. So hat bspw. der Turm einer Offshore-Anlage eine geringere Höhe als der einer Landanlage, somit weniger Segmentstöße und damit eine geringere Anzahl von im Rahmen der Wartung zu überprüfenden Schraubverbindungen. Daneben besitzen die Anlagen mitunter verschiedene Befeuerungsanlagen und spezielle

Reflektoren für Radarsignale. Offshore sind entsprechende Übergangssysteme für den Transfer vom Schiff auf die OWEA installiert und die Gründungen der Anlage unterscheiden sich deutlich von denen an Land. Umluftsysteme mit Entsalzungsanlagen erzeugen eine Überdruckatmosphäre in den Türmen und Gondeln und halten so die Meeresatmosphäre für den Korrosionsschutz von den Bauteilen fern. Besonders die Korrosionsschutzsysteme unterscheiden sich von Landsystemen. Bei fast allen Anlagenteilen ist im Rahmen der Wartung eine Prüfung des Korrosionsschutzes vorgeschrieben, bspw. an Triebstrang, Maschinenhaus, Hydrauliksystem, Tragstruktur, Anlagensteuerung und Zugangstechnik. Die Inspektion der Korrosionsschutzsysteme ist auf See noch bedeutsamer als an Land, da das Beschichten offshore wesentlich teurer ist als die Reparatur an Land bzw. während der Bauphase. Dabei wird dort, wo kein Spritzwasser die Anlage erreicht, auf einen Korrosionsschutz mittels Beschichtung gesetzt. In der Spritzwasserzone wird eine Beschichtung mit Epoxid verwendet und in der Wasserwechsel- und Unterwasserzone ein kathodischer Korrosionsschutz aufgebracht.

Bislang sind noch nicht alle technischen Bedingungen, die Wechselwirkungen mit Lastfällen oder die genauen Servicekonzepte für die Wartung und Instandsetzung von OWEA und damit für die Qualifikation der Servicefachkräfte bekannt. Über die folgenden Jahre des Betriebs müssen die genauen Qualifikationsanforderungen für den Offshore-Bereich weiter analysiert und fortgeschrieben werden, um auf längere Sicht eine sektorgerechte berufliche Qualifizierung etablieren zu können. Zu klären ist auch, ob Bauteile auf See eher instandgesetzt oder ausgetauscht werden sollen. Ebenso wird der Betrieb von Offshore-Windparks zeigen, welche Auswirkungen und Fehlerbilder durch unterschiedliche Lastfälle, salzhaltige Luft oder hohe UV-Strahlung im Gegensatz zu Landanlagen entstehen, welche Servicekonzepte sich langfristig durchsetzen und welche weiteren Arbeitsinhalte die Fachkräfte bewältigen müssen.

Sicherheit

Zum Schutz des Wattenmeeres werden Offshore-Windparks relativ weit in die Nordsee installiert, wo die Wassertiefen bis zu 40 m betragen. Derart exponiert ist es selbstverständlich, dass dort andere Witterungsbedingungen herrschen als an Land. Der stetig stärkere Wind, der das Geschäft mit den OWP ermöglicht, erschwert es aber auch den Serviceteams, an diesen Orten sicher zu arbeiten. Die Windgeschwindigkeiten sind gemittelt höher als an Land, Böen fallen stärker aus, hinzu kommen Wellengang und Gischt. Auch Gewitter sind auf See noch gefährlicher als an Land, da OWEA auf weiter Fläche die einzigen Erhebungen darstellen und die Crews eine Anlage nicht einfach verlassen können. Beim Transfer und Überstieg auf die OWEA sind Überlebensanzug, persönliche Schutzausrüstung, Schwimmweste und Helm zu tragen. Dazu finden die Arbeiten im Offshore-Bereich aufgrund der maritimen Umgebung (schneller Wetterwechsel, hohe Logistikkosten) häufig unter großem Zeitdruck statt. Trotzdem müssen sowohl Routinetätigkeiten der Standardwartung als auch anspruchsvolle Entstörungsprozeduren gelingen. Im Falle eines Wetterumschwungs ist die Arbeit in kürzester Zeit zu beenden, mit dem Ziel, den Fehler zu beseitigen. Bei allen Einsätzen hat der Kapitän des Transportschiffes das letzte Wort in Bezug darauf, ob und wann schließlich gefahren wird. So kann ein Arbeitstag des in der Regel zwei Wochen dauernden Dienstes stark variieren und mit bis zu 16 Stunden inklusive An- und Abreise lang und körperlich anstrengend werden. Jedoch kommt es, bedingt durch schlechtes Wetter auch vor, dass mehre Tage überhaupt keine Arbeiten auf See durchgeführt werden können.

Personen, die auf OWEA arbeiten, müssen dementsprechend mit den maritimen Rahmenbedingungen zurechtkommen und nicht nur für die Überfahrt mit dem Schiff seetauglich sein. Das raue Klima und die Gegebenheiten vor Ort verlangen darüber hinaus eine gute gesundheitliche Verfassung sowie körperliche und mentale Belastbarkeit. Dies wird in Deutschland über arbeitsmedizinische Vorsorgeuntersuchungen zu Arbeiten mit Absturzgefahr und zur Anwendung von Atemschutzgeräten sichergestellt und ist Voraussetzung für die Teilnahme an speziellen Offshore-Trainingsmaßnahmen. Dazu zählen Grundlehrgänge wie die Anwendung der persönlichen Schutzausrüstung gegen Absturz, grundlegende Trainingseinheiten für Sicherheit und Überleben auf See sowie Brandschutz und Brandbekämpfung. Diesbezügliche Inhalte berücksichtigen die betreffenden Vorschriften der Berufsgenossenschaften und orientieren sich in Inhalt und Durchführung an den international eingeführten Programmen. Weitere Schulungen beinhalten beispielsweise eine erweiterte Erste-Hilfe-Ausbildung oder Unterwasserausstieg aus Hubschraubern. Selbst für unterschiedliche Helikoptertypen müssen extra Schulungen nachgewiesen werden. Festzuhalten bleibt, dass diese speziellen Ausbildungen bisher keinem international einheitlichen Gültigkeitsrahmen bezogen auf die Windenergiebranche angehören.

Es bestehen also durchaus auch veränderte Anforderungen im Bereich der Offshore-Windenergiegewinnung. Als Konsequenz daraus entstehen sektorspezifische Anforderungen an die (Fach)Arbeiter/-innen für Errichtung, Inbetriebnahme und Instandhaltung von OWEA. Hierbei sind zu nennen:

- Umgang mit Kommunikationssystemen (Seefunk),
- Übernahme von Verantwortung für die erstellten Lösungen,
- Benutzung verschiedener Zugangssysteme,
- Körperliche Fitness und mentale Belastbarkeit,
- Seetauglichkeit und arbeitsmedizinische Eignung,
- Teamfähigkeit und Verantwortungsbewusstsein,
- Sensibilität für Arbeitssicherheit und existierende Risiken.

Diese hohen und sehr spezifischen beruflichen Anforderungen an die Facharbeiter im Offshore-Sektor erfordern spezielle maritime Qualifizierungs- bzw. Trainingsmaßnahmen. Fortbildungen zum Thema Sicherheit (bspw. Überleben auf See, Brandbekämpfung), fachspezifische Fortbildungen (bspw. Schweißer-Lehrgänge, Faserverbundtechnik) und Zusatzqualifikationen (bspw. Elektrofachkraft für festgelegte Tätigkeiten) dominieren bisher. Auf die arbeitsprozessspezifischen Anforderungen der Logistik, der Arbeitsvorbereitung und -organisation sowie fachliche Herausforderungen im Offshore-Subsektor wird bisher nicht eingegangen.

5.6.5 Aufgaben und Aufgabenfelder in der Windenergie

Die Kernarbeitsprozesse in den Feldern Errichtung, Inbetriebnahme und Instandhaltung von Offshore-Windenergieanlagen bedingen somit im Wesentlichen spezifische berufliche Qualifikationen, Kompetenzen und Tätigkeiten. Im Windenergie-Sektor muss aber grundlegend zwischen zwei verschiedenen beruflichen Tätigkeitskategorien unterschieden werden. Dies sind zum einen Aufgaben, die nicht direkt sektorspezifisch sind, und zum anderen Tätigkeiten, die für den Sektor und seine Produkte spezielle Qualifikationen und Kompetenzen erfordern. Erstere sind insbesondere Tätigkeiten im Bereich der Produktion, der Planung- und Projektierung, der Klassifizierung, Investition und Versicherung. Hier werden sowohl Facharbeiter/-innen als auch akademisch ausgebildete Fachkräfte bspw. Ingenieur(e)/-innen beschäftigt, wobei diese im Regelfall branchenübergreifende berufliche Qualifikationen und Kompetenzen besitzen. Tätigkeitsfelder mit sektorspezifischem Qualifikationsbedarf sind hingegen bspw. bei Errichtung, Montage, Betrieb und Service von OWEA zu finden (vgl. Herold/Röben 2011, S. 7). In den speziellen Tätigkeitsfeldern werden überwiegend Fachkräfte mit sektorbezogenen fachlichen Kenntnissen und Fähigkeiten bzw. Kompetenzen beschäftigt.

Viele Tätigkeiten und Tätigkeitsfelder im Subsektor der Offshore-Windenergie entsprechen zum großen Teil denen im Onshore-Subsektor und sind in starkem Maße vom jeweiligen Sektorbaustein abhängig. Doch schon während der Entstehung des Offshore-Subsektors vor etwa zehn Jahren wurden ein Fachkräftebedarf an Ingenieur(en)/-innen, Techniker /-innen, Meister/-innen und Facharbeiter/-innen belegt. Im Bereich der Produktion und Vormontage von Komponenten in den jeweiligen Fertigungsstätten sind hauptsächlich Fachkräfte aus den gewerblich-technischen oder handwerklichen Ausbildungsberufen der Branchen Maschinen- und Anlagenbau sowie Elektrotechnik/Informatik eingesetzt (vgl. Schlausch 2003, S. 153). Im Bereich der Forschung und Entwicklung arbeiten zumeist Naturwissenschaftler/-innen verschiedener Fachrichtungen (vgl. Grundmann 2004, S. 23). Ein wichtiger Beschäftigungsbereich stellt dabei die Entwicklung und Optimierung von Rotoren, Großkomponenten und der Regelungstechnik dar. Die Projektierung von Windparks wird hauptsächlich von Planungsbüros oder Unternehmen mit entsprechend qualifizierten Mitarbeiter(n)/-innen übernommen. Dort sind vorwiegend Ingenieur(e)/-innen verschiedenster Fachrichtungen und weiterer technischer bzw. naturwissenschaftlicher Studiengänge beschäftigt (vgl. Bühler/Felten 2005, S. 13). Jurist(en)/-innen bearbeiten zumeist die Genehmigungsverfahren während Finanzierungsmodelle häufig von Betriebswirt(en)/-innen konzipiert werden. Daneben treten Logistikbetriebe und Bauunternehmen in den Offshore-Subsektor ein, die zwar über Erfahrungen mit maritimen Rahmenbedingungen oder den Umgang mit Großprojekten verfügen, deren Beschäftigte sich jedoch erst schrittweise auf die speziellen Anforderungen der Windenergie spezialisieren. Vor allem die Errichtung und Instandhaltung von WEA beinhaltet sowohl mechanische als auch elektro- und informationstechnische Arbeiten. Qualifizierte Teams bestehen hier zumeist aus Mechaniker/-innen, Mechatroniker/-innen und Elektroniker/-innen für Arbeiten von der Installation bis hin zur Reparatur (vgl. Herold/Röben 2011, S. 7f.)

6 Untersuchungen zur Qualifikation, Ausbildung und Weiterbildung

6.1 Unternehmensbefragung

Um einen Überblick über die Ausbildungs- und Weiterbildungssituation in Unternehmen, die im Offshore-Sektor tätig sind, zu erhalten, wurden zunächst mittels Telefonbefragung 19 Unternehmen innerhalb des Sektors befragt. Dabei handelt es sich um Unternehmen aus dem norddeutschen Raum in folgenden Feldern:

- Maritime Industrie und Logistik,
- Fertigung Komponenten,
- Fertigung von Windenergieanlagen (Turbinen, Antrieb, Rotorblätter),
- Planung und Projektierung,
- Errichtung von Bauteilen,
- Betrieb von Windenergieanlagen sowie
- Service und Wartung von Windenergieanlagen.

Der Befragungsquerschnitt durch fast alle Felder des Sektors ergibt einen Überblick über die derzeitige Aus- und Weiterbildungssituation. Um die Gesamtsituation im Offshore-Bereich zu erfassen, wurden zusätzlich Interviews mit Expert(en)/-innen der Sozialpartner geführt sowie Dokumente von fachspezifischen Verbänden ausgewertet. Darüber hinaus wurden die Lehr- und Lerninhalte von ausgewählten, gewerblich-technischen Ausbildungsberufen aus den Berufsfeldern „Metalltechnik" und „Elektrotechnik" analysiert, um zu identifizieren, welche berufliche Tätigkeiten eine hohe Affinität zu den sektorspezifischen Arbeitsprozessen im Offshore-Bereich und zu den damit verbundenen Kompetenzen und Anforderungen haben. Hinsichtlich der Fort- und Weiterbildungsmöglichkeiten wurden ergänzend zu der Unternehmensbefragung, in deren Rahmen u. a. auch die Fort- und Weiterbildungsaktivitäten hinterfragt, die Angebote namhafter Weiterbildungseinrichtungen genauer untersucht. Im Zusammenhang mit der Gestaltung der Aus- und Weiterbildung im Subsektor der Offshore-Windenergie sind auch und insbesondere curriculare und didaktische bzw. konzeptionelle Ansätze von Bedeutung und Relevanz. Dazu sind zunächst die aktuellen Anforderungen an die Konstruktion und Gestaltung curricularer Konzepte herauszustellen und im Hinblick auf die Aus- und Weiterbildung im Sektor zu diskutieren und zu bewerten. Darauf aufbauend werden dann entsprechende Konzepte vorgestellt und hinsichtlich ihrer Effizienz für die Aus- und Weiterbildung speziell im Subsektor der Offshore-Windenergie diskutiert und bewertet.

6.2 Stand der Aus- und Weiterbildung

6.2.1 (Erst-) Ausbildungssituation in Unternehmen

Untersuchungen zur Ausbildungssituation im Offshore-Bereich haben ergeben, dass dort bisher keine sektorspezifische Erstausbildung existiert, die die vielfältigen Aufgabenfelder und betrieblichen Anforderungen abdeckt (vgl. Bühler/Klemisch/Ostenrath 2007; vgl. Arold/Spöttl 2012).

Allerdings wird in einer Unternehmensbefragung des Wissenschaftsladens Bonn e.V. aus dem Jahr 2007 festgestellt, dass die Ausbildungsquote[13] für den Windenergiesektor im Befragungsjahr bei ca. 6,6 % (vgl. Bühler/Klemisch/Ostenrath 2007, S. 10) lag. Der Arbeitgeberverband Nordmetall (Region Bremen, Hamburg, Mecklenburg-Vorpommern, Schleswig-Holstein und Nordwest-Niedersachsen) schätzt die Ausbildungsquote (bezogen auf alle Ausbildungsberufe) für den Offshore-Bereich derzeit jedoch nur auf ca. 4,6 %. Lediglich in den Werften, die im Offshore-Bereich aktiv sind, wird von Nordmetall mit ca. 5 bis 7 % eine etwas höhere Ausbildungsquote angenommen. Unsere Befragung hat allerdings verdeutlicht, dass der Schwerpunkt der Ausbildung im gewerblich-technischen Bereich liegt. Ein Vergleich der Einschätzung von Nordmetall mit den Ergebnissen der Unternehmensbefragung zeigt, dass die Ausbildungsquote mit Ausnahme der „Fertigung von Komponenten", in allen anderen Sektorfeldern niedriger ist. Festzuhalten ist in jedem Falle, dass bei den Schätzungen und Erhebungen zur Ausbildungsquote in der Regel die Zahl der vorhandenen Auszubildenden genommen wird, ohne zu prüfen, ob diese für den Windenergiesektor eingesetzt werden. Nach unseren Erkenntnissen sind Ausbildungsprofile der Erstausbildung bisher nicht auf den Windsektor zugeschnitten worden. Von den zuständigen Sozialpartnern wurden auch keine weiteren Initiativen ergriffen.

Über eine genauere Analyse der Ausbildungssituation in den von den Verfassern befragten Unternehmen kommt es zu nachstehend skizziertem Bild. Der übergeordnete Sektorbaustein „Maritime Industrie und Logistik" weist eine Ausbildungsquote von 4 % auf. Bei „Planung und Projektierung" sowie „Betrieb von WEA" hingegen findet derzeit keine Ausbildung statt. Weiterhin brachte die Befragung hervor, dass Betriebe in der „Fertigung von Komponenten" mit einer Quote von 5,3 % derzeit am stärksten ausbilden. Dabei handelt es sich vornehmlich um die Bereiche Stahlbau sowie Kunststoffverarbeitung. Außerdem weisen Firmen im Segment „Errichtung von WEA" mit 4,2 % eine relativ hohe Ausbildungsquote auf. Hierbei ist anzumerken, dass die Auszubildenden jedoch im Rahmen ihrer Ausbildung mit der Errichtung von WEA nur sehr begrenzt in Berührung kommen. Die Ausbildung findet in diesen Unternehmen schwerpunktmäßig in anderen Unter-

---

13　Ist die Anzahl der Auszubildenden gesamt im Verhältnis zur Anzahl der Beschäftigten.

nehmensbereichen statt. Erst mit Beendigung der Ausbildung erfolgen sektorspezifische Einsätze sowie die Aneignung entsprechenden Know-hows. Dieses Vorgehen wird von den Unternehmen damit begründet, dass die Arbeit mit Auszubildenden an den Anlagen vor Ort bislang wegen ungeklärter Sicherheitsfragen nicht möglich ist. Dazu gehören arbeitsschutzrechtliche Aspekte wie bspw. das Mindestalter von 18 Jahren, besondere Arbeitszeitregelungen oder etwaige Auslandseinsätze. Nicht zuletzt spielt dabei auch die Herausforderung eine Rolle, den Unterricht im Dualen System gegebenenfalls über Blockunterricht zu koordinieren. Weiterhin ist auffällig, dass die Ausbildungsquote in den Sektorbausteinen „Fertigung von WEA" (3,4 %) und „Service und Wartung von WEA" (3 %) am niedrigsten ist. Als Begründung hierfür wurde von den befragten Unternehmen angeführt, dass die dort anfallenden Arbeitsprozesse im Bereich der Mechanik sowie Elektrotechnik anspruchsvoll sind. Hier greifen die Betriebe derzeit vornehmlich auf bereits ausgebildete Fachkräfte aus diesem Bereich zurück, anstatt auf den eigenen Nachwuchs und dessen Ausbildung zu bauen. Bei „Service und Wartung von WEA" wie auch bei der „Errichtung von WEA" sehen sich die Unternehmen außerdem dem Problem gegenüber, dass die Auszubildenden für einen Einsatz vor Ort die vorgeschriebenen Sicherheitstrainings absolvieren müssen. Die Kosten für solche Schulungen erachten die Unternehmen vor dem Hintergrund, dass der Verbleib der Auszubildenden nach der Ausbildung nicht gewährleistet ist, als zu hoch.

Die Tendenz auszubilden ist jedoch nicht nur von den Sektorfeldern und den dort relevanten Anforderungen abhängig, sondern auch von der Unternehmensgröße. Ein einheitliches Bild zur Ausbildungsquote war nicht feststellbar.

Neben der Unternehmensgröße hängt die Ausbildungsquote außerdem vom Fachkräftebedarf in den einzelnen Sektorfeldern ab. So findet bei „Planung und Projektierung" sowie „Betrieb von WEA" derzeit keine Ausbildung in den befragten Unternehmen statt. Die Ursache hierfür liegt in den dort anfallenden Arbeitsprozessen und Kurzaufgaben, die relativ komplex eingeschätzt werden. Ihre Bewältigung setzt nach Ansicht der Interviewten eine akademische Ausbildung (z. B. Ingenieurwesen, Betriebswirtschaft) voraus und ist nach Einschätzung der Unternehmen nicht von Mitarbeiter(n)/-innen der Fachkräfteebene zu leisten. Die Unternehmensbefragung hat weiter gezeigt, dass kleinere Unternehmen derzeit ebenfalls nicht oder kaum ausbilden. Als Grund hierfür wurde angemerkt, dass der Offshore-Subsektor noch sehr jung ist und dass viele Unternehmen es als dringlicher einschätzen, sich zunächst zu etablieren und am Markt zu positionieren. Allerdings haben die nicht ausbildenden Unternehmen unabhängig von Sektorfeldern angegeben, dass sie vor dem Hintergrund des Wachstums im Windenergiesektor und eines möglicherweise drohenden Fachkräftemangels langfristig ausbilden wollen.

Im Gegensatz zu den zuvor genannten Sektorfeldern wird im Bereich der „Fertigung von Komponenten" bereits verstärkt ausgebildet. Das ist laut Unternehmen darauf zurückzuführen, dass bei der Fertigung einzelner Komponenten, wie im

Stahlbau oder der Rotorblattfertigung, nur begrenzt sektorspezifisches Wissen erforderlich ist und viele Inhalte im Rahmen der bestehenden Ausbildungsberufe abgedeckt werden. Sektorspezifische Kompetenzen beschränken sich auf den Umgang mit speziellen Materialien und großen Dimensionen (z. B. spezielle Stahlsorten für den Offshore-Einsatz, Faserverbundstoffe) sowie auf spezielle Fertigungsverfahren (z. B. Schweißen, Beschichten). Das diesbezüglich erforderliche Knowhow wird laut den Unternehmen bedarfsorientiert intern vermittelt. Einen weiteren Grund für den Umstand, dass in diesem Sektorbaustein relativ viel ausgebildet wird, sehen die Unternehmen im Einsatzort der Auszubildenden in den Fertigungsstätten. Es sind daher keine zusätzlichen Kenntnisse zur Montage oder Wartung von WEA insgesamt erforderlich.

6.2.2 Einsatzgebiete gewerblich-technischer Fachkräfte

Im Rahmen der Befragung konnte festgestellt werden, dass es im Offshore-Subsektor derzeit eine Menge an unterschiedlichen herkömmlichen und anerkannten Ausbildungsberufen gibt, wie die Abb. 27 verdeutlicht.

Da in den Einsatzgebieten entlang der Sektorstruktur verschiedene Arbeitsprozesse und Anforderungen an Facharbeit und Technik vorhanden sind, stehen die Unternehmen jeweils vor unterschiedlichen Herausforderungen. In Metall- und Elektroberufen wird ausgebildet, weil sich diese als Basisqualifikation für verschiedene Tätigkeiten entlang der Sektorstruktur eignen. In den Unternehmen erfolgt dann im Regelfall eine zusätzliche Qualifizierung durch spezielle Schulungen und Weiterbildungen.

Für die Fertigung von Bauteilen wie bspw. von Großkomponenten sind vor allem Kenntnisse zu unterschiedlichen Materialien (abhängig von den produzierten Komponenten) und zu Fertigungsverfahren relevant, so dass in den befragten Unternehmen fertigungstechnische Ausbildungsberufe wie der zum/zur Konstruktionsmechaniker/-in und dem/der Verfahrensmechaniker/-in ausgebildet werden. Hinsichtlich der Fertigung von WEA-Komponenten (insbesondere Generatoren), der Errichtung und Inbetriebnahme, der Instandhaltung von WEA spielen vor allem Kenntnisse zum Aufbau der Turbinen, deren Funktionsweise und die Zusammenhänge zwischen einzelnen Bauteilen eine zentrale Rolle. Aus diesem Grund werden in den dort aktiven Unternehmen vor allem Anlagen- und Industriemechaniker/-innen, Mechatroniker/-innen und Elektroniker/-innen für Betriebstechnik ausgebildet.

Einsatzgebiet	Identifizierte Berufe der Fachkräfte im gewerblich-technischen Bereich
Maritime Industrie und Logistik	• Schiffsmechaniker/-in • Konstruktionsmechaniker/in - Metall- und Schiffbautechnik • Fachkraft für Lagerlogistik
Komponenten Windenergie-anlagen (WEA)	• Konstruktionsmechaniker/-in • Anlagenmechaniker/-in • Industriemechaniker/-in • Maler/-in und Lackierer/-in • Verfahrensmechaniker/-in für Kunststoff- und Kautschuktechnik • Mechatroniker/-in • Elektroniker/-in für Betriebstechnik, für Maschinen- und Antriebstechnik, für Automatisierungstechnik, für Gebäude- und Infrastruktursysteme • Technische(r) Zeichner/-in (seit dem 01.08.2011 als Ausbildungsberuf abgelöst durch Technische Systemplaner/-in bzw. Technische(r) Produktdesigner/-in)
Planung und Projektierung	• akademische Qualifikationen
Errichtung von WEA Betrieb von WEA Service & Wartung von WEA	wie Einsatzgebiete Komponenten und Windenergieanlagen ergänzt um Fachkräfte mit Berufen aus Industrie, Handwerk und Bauwirtschaft: • Kfz-Mechatroniker/-in • Mechaniker/-in für Land- und Baumaschinentechnik • Elektroanlagenmonteur/-in • Metallbauer/-in Fachrichtung Konstruktionstechnik • Anlagenmechaniker/-in für Sanitär-, Heizungs- und Klimatechnik • Beton- und Stahlbetonbauer/-in • Baugeräteführer/-in

Abb. 27: Zuordnung von Einsatzgebieten und Ausbildungsberufen laut Unternehmensbefragung (eigene Darstellung)

Laut Kenntnisstand der Unternehmen findet für die identifizierten Ausbildungsberufe eine sektorspezifische Ausbildung derzeit nur im Betrieb statt. Ihrer Einschätzung nach werden an den Berufsschulen derzeit nur die in den Rahmenlehrplänen ausgewiesenen Lehr- und Lerninhalte der jeweiligen Ausbildungsberufe vermittelt. Als Grund hierfür sehen die Unternehmen fachliche Defizite bei den Lehrkräften, aber auch organisatorische und strukturelle Probleme. Es ist ihrer Ansicht nach in bestimmten Regionen schwierig, Klassenverbände zu bilden, in denen Auszubildende aus dem Offshore-Subsektor oder zumindest der Windenergie sitzen. Deren Anzahl sei in der Regel schlicht zu gering.

An dieser Stelle sei noch angemerkt, dass sich die Mehrzahl der befragten Unternehmen für die Entwicklung einer sektorspezifischen Ausbildung bzw. zumindest für die Spezifizierung bestehender Ausbildungsberufe auf Windenergie ausgesprochen hat (vgl. hierzu auch 7.1). Somit kann ihrer Ansicht nach einerseits langfristig der Fachkräftebedarf gedeckt und andererseits die Kosten für Weiterbildungen, mittels derer sektorspezifisches Know-how zurzeit vornehmlich vermittelt wird, gesenkt werden.

Bei der Frage nach einer möglichen Anpassung von Ausbildungsberufen wurde von den Unternehmen empfohlen, zwischen den Einsatzgebieten „Fertigung von Großkomponenten" einerseits und „Montage, Inbetriebnahme, Service und Wartung" andererseits zu unterscheiden. Dazu wurden angeregt, die Ausbildungsberufe, welche eine hohe inhaltliche Affinität zum Windenergiesektor haben, mit windenergie-spezifischen Inhalten anzupassen. Diesbezüglich wurden genannt:

- Fertigung: Konstruktionsmechaniker/-innen und Verfahrensmechaniker/-innen,
- Montage, Inbetriebnahme, Service und Wartung: Mechatroniker/-innen, Anlagenmechaniker/-innen, Industriemechaniker/-innen sowie Elektroniker/-innen für Betriebstechnik und Elektroniker für Maschinen- und Antriebstechnik.

6.2.3 Anforderungen der Unternehmen

Hinsichtlich der beruflichen Anforderungen hat die Unternehmensbefragung ergeben, dass der Windenergiesektor auf Akademiker sowie gut qualifizierte Fachkräfte angewiesen ist. So konnte in allen befragten Unternehmen Personal unterschiedlicher Fachrichtungen identifiziert werden: Ingenieur/-innen für Bau-, Elektrotechnik und Maschinenbau, Informatiker/-innen, Naturwissenschaftler/-innen und Betriebswirt(e) /-innen. Unternehmen, die WEA planen, projektieren und betreiben, suchen vermehrt Ingenieur/-innen mit elektrotechnischen oder maschinenbautechnischen Schwerpunkten aber auch Geolog(en)/-innen und Biolog(en)/-innen. Zusätzlich sind gute Englischkenntnisse sowie Kompetenzen zu wirtschaftlichen, rechtlichen und umweltrelevanten Aspekten bei der Errichtung von OWEA erforderlich.

Auf der Fachkräfteebene werden entsprechend dem Einsatzgebiet unterschiedlich ausgebildete Facharbeiter/-innen beschäftigt. Im Sektorbaustein „Maritime Industrie und Logistik" werden neben Nautiker/-innen und Kapitän(e)/-innen ausschließlich Schiffsmechaniker/-innen und Fachkräfte für Lagerlogistik, angestellt. Diese sollen vor allem Kenntnisse zur Lagerung und dem Transport von WEA-Großkomponenten besitzen. In der „Fertigung von Komponenten", speziell im Stahlbau, werden Konstruktionsmechaniker/-innen und Schweißer/-innen beschäftigt, die über Kenntnisse zur Verarbeitung von besonders starken Stahlblechdicken mit entsprechenden Schweißtechniken verfügen. In der Produktion und Bearbeitung von Faserverbundstoffen sind dies entsprechend Verfahrensmechaniker/-innen für Kunststoff- und Kautschuktechnik. Diese sollten Erfahrungen im Bau und der Reparatur von Rotorblättern aufweisen und Kenntnisse zu den dort verwendeten Materialien sowie zu Laminier- und Beschichtungsverfahren haben. Für den Fall, dass die Unternehmen ihre Tätigkeiten auf die Montage der Großkomponenten vor Ort ausweiten, wird das Absolvieren entsprechender Sicherheitstrainingsmaßnahmen notwendig. Hinsichtlich eines Qualifizierungsbedarfs für die Fertigung hat die Befragung ergeben, dass die Unternehmen mitunter Qualifizierungslücken bezogen auf einzelne Arbeitsaufgaben sehen. Ihrer Ansicht nach liegt hier jedoch kein langfristiges Problem vor, da es mit der zunehmenden Technologiereife der WEA auch zu einer Kompetenzentwicklung der Fachkräfte in der Komponentenfertigung kommen wird.

Mit einem erhöhten Bedarf auf Fachkräfteebene rechnen zukünftig insbesondere Unternehmen, die Getriebe, Generatoren und Steuerungs- und Sicherheitssysteme herstellen und montieren, WEA errichten und den Service leisten. Neben Techniker/-innen mit Erfahrungen im Windenergiesektor und Fachkräften, die eine Weiterbildung zum/zur Servicetechniker/-in absolviert habe, werden vor allem Mechatroniker/-innen, Industriemechaniker/-innen, Anlagenmechaniker/-innen sowie Elektroniker/-innen für Betriebstechnik beschäftigt. In diesem Sektorbaustein existiert ein großer Qualifikationsbedarf mit vielfältigen Anforderungen an die Beschäftigten aufgrund komplexer Arbeitsprozesse. Gefragt sind: Flexibilität bezüglich des Einsatzortes (Auslandstätigkeit), Teamfähigkeit und gute Englischkenntnisse sowie die Fähigkeit, Systeme und Komponenten zu montieren und WEA zu errichten. Darüber hinaus wird entsprechendes Wissen zu speziellen Steuerungssystemen (wie SPS-Steuerungen, IT-Systemen), zur Netzanbindung, Fehlerdiagnose, Arbeitsorganisation und -logistik, Umweltaspekten (wie Lärmschutz, Tierschutz) sowie zur Arbeitssicherheit erforderlich. Von den Fachkräften wird erwartet, dass sie in der Lage sind Reparaturen an Teilsystemen wie bspw. Triebstrang oder Rotorblätter zur Aufrechterhaltung der Betriebssicherheit der Gesamtanlage durchzuführen. Daher wird an sie die Anforderung gestellt, gute Kenntnisse über die einzelnen Bauteile sowie deren Zusammenwirken zu haben.

Tab. 11: *Berufliche Anforderungen im Offshore-Sektor laut Unternehmensbefragung (eigene Darstellung)*

Anforderungen im Bereich der Fertigung	Anforderungen im Bereich der Montage, Inbetriebnahme, Service und Wartung von WEA	
Je nach Fertigungsbereich spezielle Fachkenntnisse zu	**Übergreifende Anforderungen zu**	**Je nach Einsatzgebiet spezielle Anforderungen zu**
Materialien im Stahlbau: - Starke Stahlblecharten - Spezielle Legierungen Materialien in der Kunststoffverarbeitung: - Faserverbundstoffe - Karbonverbundstoffe - Beschichtungsmaterialien	Arbeitssicherheit an WEA: - Seilzugangstechnik - PSAgA-Training - Seetauglichkeit/Überleben auf See - Brandschutz u. -bekämpfung - Helicopter Underwater EscapeTraining (HUET) - Health Safety and Environment Training (HSE) - Erste-Hilfe-Kurs	Fachbezogen Kenntnisse allgemein: - Hydraulik, - Elektrotechnik, - Mechanik, - IT, - Kunststofftechnik Verbinden der genannten Kenntnisse
Verarbeitungsverfahren im Stahlbau: - Spezielle Schweißverfahren - Korrosionsschutz Verarbeitungsverfahren in der Kunststoffverarbeitung: - Karbonverarbeitung - Laminieren - Beschichtungsverfahren - Reparatur- und Ausbesserungstechniken	Allgemein: - Arbeitsorganisation und -logistik vor Ort an den OWEA - Umweltschutz - Technisches Englisch - Allgemeine Arbeitssicherheit - Arbeiten im Team	Anlagen: - Aufbau von OWEA und ihren Komponenten (Rotor, Antriebswelle, Getriebe, Hauptlager, Generator, Windrichtungsnachführung, Steuerungs- und Sicherheitssysteme) - Funktionsweise und Zusammenwirken der Bauteile
Fertigungsmaschinen: - Bedienung speziell eingesetzter Maschinen - Programmierung von Fertigungsanlagen		Weiteres: - Fehlerdiagnose und -dokumentation an OWEA - Zusammenhangwissen: OWEA als mechatronisches System - OWEA-Steuerung, Bussysteme - Netzanbindung

Die Befragung hat verdeutlicht, dass die Unternehmen sehr unterschiedliche Anforderungen benennen und vor allem zwischen Arbeitsaufgaben in der Fertigung und in der Montage, der Inbetriebnahme und der Instandhaltung von OWEA unterscheiden. Einen zusammenfassenden Überblick über die oben dargestellten Anforderungen der Unternehmen liefert Tab. 11.

6.2.4 Aktuelle Initiativen und Maßnahmen hinsichtlich einer sektorspezifischen Erstausbildung

Um den Unternehmen im Windenergiesektor bei der Bedarfsdeckung nach qualifizierten Fachkräften entgegen zu kommen, sind im Rahmen von zwei EU-geförderten Projekten bereits Pilotinitiativen für die Etablierung einer sektorspezifischen Erstausbildung durchgeführt worden. In beiden Fällen wurde von den jeweiligen Initiatoren der Versuch unternommen, bestehende und anerkannte Ausbildungsberufe durch windenergiespezifische Inhalte zu ergänzen, um somit eine Spezialisierung auf Windenergie vorzunehmen. Im ersten Projekt „Verbundausbildung Mechatroniker mit Zusatzqualifikation Windenergie" sind inhaltliche Anpassungen bislang lediglich konzeptionell erfolgt. Im zweiten Projekt hingegen wird die Ausbildung zum „Elektroniker für Betriebstechnik mit Spezifikation für den Bereich Windenergie" bereits angeboten.

Das Projekt „Verbundausbildung Mechatroniker mit Zusatzausbildung Windenergie"

Im Rahmen des vom Arbeitsministerium des Landes Schleswig-Holstein mit Mitteln des ESF bis Ende des Jahres 2007 geförderten Projekts „Verbundausbildung Mechatroniker mit Zusatzausbildung Windenergie" wurde auf Initiative des Bildungszentrums für Erneuerbare Energie e.V. (BZEE) in Zusammenarbeit mit der Industrie- und Handelskammer, der Universität Flensburg, Unternehmen der Branche sowie unter Einbeziehung der Berufsschulen Husum, Meldorf und Flensburg eine inhaltliche Anpassung des Ausbildungsberufes zur/zum Mechatroniker/-in vorgenommen. Mit der Anpassung dieses Ausbildungsberufes an die Bedarfe der Windenergie verfolgte der Initiator die Ziele, neue Arbeitsplätze zu schaffen, kleinen und mittleren Unternehmen der Branche eine passgenaue Ausbildung anzubieten, langfristig einen Ausbildungsverbund zu etablieren und eine IHK-Zusatzprüfung „Windenergie" zu schaffen. Nach Darstellung des BZEE wurden die Inhalte des Rahmenlehrplans in enger Abstimmung mit Expert(en)/-innen aus Unternehmen, die Mechatroniker/-innen ausbilden, zunächst in sechzehn Module überführt und neu angeordnet. Um den windenergiespezifischen Anforderungen gerecht zu werden, wurden die bestehenden Inhalte von Vertreter(n)/-innen der Windenergiebranche um elf weitere windenergiespezifische Module ergänzt, wie

1. Grundlagen der Windenergie,
2. Grundlagen der Betriebsführung von Windenergieanlagen,
3. Komponenten und Konstruktionsformen von Windenergieanlagen,
4. Service und Wartung,
5. Montage/Demontage von Großkomponenten,
6. Netzanbindung von WEA,
7. Brandschutz und Brandbekämpfung auf WEA,
8. Kunststoffverarbeitung/Rotorblattreparaturen,
9. Arbeitssicherheit/PSA-Training,
10. Grundlagen Offshore,
11. Fachenglisch.

Weiterhin wurde eine Ergänzung um sechs ausbildungsübergreifende Module, die Projektarbeiten, Seminare zu aktuellen Themen und Prüfungsvorbereitungen umfassen, als sinnvoll erachtet und vorgenommen (vgl. BZEE 2012).

Das Projekt „Elektroniker für Betriebstechnik mit Spezifikation für den Bereich Windenergie"

Bei der Ausbildung „Elektroniker für Betriebstechnik mit Spezifikation für den Bereich Windenergie" handelt es sich um ein von der Stadt Bremerhaven, dem Senat für Wirtschaft, Arbeit und Häfen der Freien Hansestadt Bremen, den Jobcentern Bremerhaven und Cuxhaven sowie von der EU gefördertes Projekt. In dessen Rahmen bietet die Berufliche Bildung Bremerhaven GmbH in Kooperation mit Unternehmen der Branche eine entsprechende Verbundausbildung an. Die 3,5 Jahre umfassende Ausbildung endet mit der regulären Abschlussprüfung zum/zur Elektroniker/-in für Betriebstechnik vor der IHK Bremerhaven. Zusätzlich erhalten die Auszubildenden Nachweise über erworbene Qualifikationen für den Bereich Windenergie. Neben der Vermittlung von Grundkenntnissen der Elektrotechnik, allgemeinen Vorschriften und Sicherheitsbestimmungen werden auch vertiefende Inhalte bzgl. moderner Bussysteme, Steuerungstechnik sowie Energieerzeugung und -umwandlung angeboten. Zudem umfasst die Ausbildung Praktika in Elektrobetrieben und Unternehmen der Windenergiebranche, den Besuch von Fachmessen und die Teilnahme an Informationsveranstaltungen (vgl. Berufliche Bildung Bremerhaven 2012). Darüber hinaus werden zusätzliche branchenspezifische Inhalte und Qualifikationen in Schulungen vermittelt wie bspw.:

- Lehrgang zur Ladungssicherheit,
- Kompetenzen in Hydraulik,

- PSAgA-Training,
- Lehrgang Faserverbundstoffe,
- Praktika in Windenergieunternehmen,
- Technisches Englisch (vgl. Bogumil 2012).

6.2.5 Fort- und Weiterbildungssituation der befragten Unternehmen

Da es derzeit keine sektorspezifische Erstausbildung für den Bereich Errichtung und Service und Wartung gibt, hat die Fort- und Weiterbildung hinsichtlich des Erwerbs von diesbezüglichen Qualifikationen eine besondere Bedeutung. Die Befragung der Unternehmen zeigte, dass Fort- und Weiterbildung in allen Sektorbausteinen und damit in allen Unternehmen eine Rolle spielt. Dennoch spiegelt das Ergebnis der Befragung klare Tendenzen wider. So kann laut Aussage der Unternehmen das erforderliche Know-how zur Ausübung der verschiedenen Arbeitsaufgaben derzeit nur durch gezielte Fort- und Weiterbildungen erworben werden.

Wie die Tab. 12 veranschaulicht, kann zwischen Qualifikationen zur Arbeitssicherheit und solchen, die zum Erwerb von Fachkompetenzen dienen, unterschieden werden. Bei letzteren wird die Qualifikation vornehmlich parallel zur Beschäftigung erworben. Diese Schulungen sind zumeist zeitlich auf einen Tag bis max. eine Woche begrenzt und dienen der Vertiefung und Erweiterung sektorspezifischer Kenntnisse und Fertigkeiten. Während die Qualifikation zur Arbeitssicherheit für Beschäftigte, die vor Ort an WEA arbeiten, gesetzlich vorgeschrieben ist und regelmäßig erneuert wird, ist der Erwerb sektorspezifischen bzw. unternehmensspezifischen Know-hows zumeist fakultativ bzw. wird vom Unternehmen gefordert. Eine Ausnahme stellen die Qualifizierungen zur EuP, die für Personen ohne elektrotechnische Kenntnisse gesetzlich vorgeschrieben sind, sowie die Qualifizierung zur EFFT dar. Personen mit langjähriger Berufsauszeit, angelernte Elektrotechnikfachkräfte und Fachkräfte anderer Gewerke mit Elektrotätigkeiten müssen diesen Lehrgang absolvieren, sofern sie mit elektrischen Anlagen arbeiten.

Entsprechend den verschiedenen Fort- und Weiterbildungen sind auch die Voraussetzungen für die Teilnahme an diesen unterschiedlich. So müssen die Beschäftigten, welche die gesetzlich vorgeschriebenen Sicherheitstrainings für den Einsatz vor Ort an WEA absolvieren, vor Aufnahme der Weiterbildung unterschiedliche arbeitsmedizinische Untersuchungen (sogenannten G-Untersuchungen) nachweisen. Hier sind die G 20 (Lärm), G 25 (Fahr-, Steuer- und Überwachungstätigkeiten), die G26 (Atemschutzgerätenutzung) und die G 41 (Arbeiten mit Absturzgefahr) zu nennen. Hinsichtlich der fachlichen Fortbildungen gestalten sich die Anforderungen zur Teilnahme an den jeweiligen Qualifikationen unterschiedlich.

Handelt es sich um eine Wissensvertiefung in Form einer Fortbildung, die zeitlich zumeist auf einen Tag bis wenige Tage begrenzt ist, sind keine wesentlichen Voraussetzungen erforderlich.

Tab. 12: Übersicht identifizierter Fort- und Weiterbildungen in Unternehmen in den verschieden Sektorfeldern (eigene Darstellung)

Sektorfelder	Identifizierte Fort- und Weiterbildungen
Maritime Industrie und Logistik	Erste-Hilfe-Ausbildung, Brandschutz und Brandbekämpfung an Bord, Sea-Survival-Training, PSAgA-Training, Helicopter-Underwater-Escape Training (HUET) und Helicopter-Hoist und Type-Training, Dynamic-Positioning Training für Kapitäne, Training zum Führen spezieller Boote im Offshore-Einsatz, SPMT-Schulungen für Modulfahrzeuge, ISPS (International Ship and Port Facility Security).
Komponenten	Erste-Hilfe-Ausbildung, PSAgA-Training, Abseil- u. Seilzugangstechnik, Schweißerfachlehrgänge, Lehrgänge zu Fertigungsverfahren und Beschichtungen, Anschlagen von Lasten gemäß BGI 556.
Windenergieanlagen	Health-Safety & Enviroment-Training (HSE), PSAgA-Training, Erste-Hilfe-Ausbildung, Brandschutz u. -bekämpfung, Helicopter Underwater-Escape-Training (HUET), Helicopter Hoist und Type-Training, Sea-Survival-Training, Seilzugangstechnik und Höhenrettung, elektrotechnisch unterwiesene Person (EuP), Elektrofachkraft für festgelegte Tätigkeiten (EFFT), Rotorblattreparatur, spezielle Systemschulungen, Schulungen zur Faserverbundstoffen, Kran- und Gabelstaplerführerschein.
Planung und Projektierung	Schulungen zum Seerecht, zum Bundesimmissionsschutzgesetz BImSchG, zur Baustatik, Fachenglisch, Schulungen zu Projektverträgen (Seminare zu EU-Recht, Finanzierung).
Errichtung, Betrieb, Service & Wartung	Erste-Hilfe-Ausbildung, Betriebssanitäter, sämtliche relevante Offshore-Sicherheitstrainings, Anschlagen von Lasten gemäß BGI 556, BZEE bzw. IHK-Zertifikat zum/zur Servicetechniker/-in für WEA, EuP, EFFT, Safety Certificate Contractors-Schulung (Zertifikat für Arbeitsschutzmanagement), Fachenglisch.

Weiterhin hat die Befragung der Unternehmen ergeben, dass Weiterbildungen in Form von Qualifikationen, die zur Erweiterung der eigenen Handlungskompetenz und zu beruflichen Aufstiegschancen führen, in den Unternehmen nur begrenzt stattfinden. Lediglich in dem Sektorfeld „Service und Wartung von WEA" konnten Unternehmen identifiziert werden, die diese Weiterbildung im Rahmen der Beschäftigung unterstützen. Einer der Hauptgründe dafür ist, dass entsprechende Qualifikationen überwiegend vor Eintritt in ein Arbeitsverhältnis von den Beschäftigten erworben werden müssen. Als Grund hierfür werden Kosten- und Zeitgründe von den befragten Unternehmen angeführt.

Hinsichtlich der Fortbildung hat die Befragung gezeigt, dass die Unternehmen diese vornehmlich bedarfsorientiert durchführen, so dass keine konkrete Aussage hinsichtlich der Frequentierung von Bildungsmaßnahmen getroffen werden kann. Und auch die Art der Durchführung der Fortbildungen erfolgt in den jeweiligen Unternehmen unterschiedlich. Während fach- und betriebsspezifisches Know-how durch interne Coachings und Inhouse-Schulungen vermittelt wird, finden Schulungen zu neuen Materialien, Anlagen oder Fertigungsverfahren sowohl im Unternehmen als auch bei Herstellerbetrieben sowie bei externen Weiterbildungseinrichtungen statt. Die Sicherheitstrainings hingegen werden in der Regel bei externen Weiterbildungseinrichtungen absolviert, die u. a. auf diese Trainingsmaßnahmen spezialisiert sind.

6.2.6 Fort- und Weiterbildungsangebote im Sektor

Neben den im Rahmen der Unternehmensbefragung identifizierten Fort- und Weiterbildungsinitiativen und -angeboten hat eine Analyse spezieller Windenergie-Angebote ergeben, dass weitaus mehr Qualifizierungen von externen Weiterbildnern angeboten werden als die befragten Unternehmen angaben. Hier kann zwischen vier unterschiedlichen Qualifizierungsebenen unterschieden werden:

1. Die *akademische Weiterbildung* in Form eines Studiums im Bereich Windenergie, das sich an Fach- und Führungskräfte richtet, ein akademisches Niveau aufweist und mittels dessen ein universitärer Abschluss und Zeugnis erworben werden kann.

2. Die *anerkannte Aufstiegsfortbildung* zum staatlich geprüften Techniker und Meister in der Fachrichtung Windenergie, die sich für gehobene Positionen in unterschiedlichen Arbeitsfeldern eignet und durch den zusätzlichen Erwerb der Fachhochschulreife die Aufnahme eines Studiums ermöglicht.

3. Die *Fortbildungen zu speziellen Themen*, welche die Vertiefung und Erweiterung berufsspezifischer Kenntnisse und Fertigkeiten umfassen und für die Ausübung spezieller Arbeitsprozesse und Kurzaufgaben qualifizieren. Sie umfassen

zumeist Tages- bis maximal Wochenschulungen und ermöglichen je nach Lehrgang den Erwerb von Zertifikaten der Weiterbildner bzw. Teilnahmezertifikate. Sie richten sich einerseits an Fachkräfte und andererseits zum Teil auch an Ungelernte mit einem Interesse für die jeweiligen Schulungen. Sie eignen sich für Personen, die zur Ausübung spezieller Arbeitsaufgaben im Windenergiesektor ein entsprechendes Know-how benötigen.

4. Die *Weiterbildungen zu komplexen Themenbereichen*, die zur Erweiterung der persönlichen Handlungskompetenz und zu beruflichen Aufstiegschancen beitragen. Sie umfassen eine Qualifizierungszeit von mehreren Monaten und ermöglichen je nach Weiterbildung den Erwerb von anerkannten IHK-Zertifikaten bzw. Zertifikaten der Weiterbildungseinrichtungen. Hierunter fallen auch Umschulungen nach BBiG, welche sich daher vornehmlich an Fachkräfte richten, die sich auf unterschiedliche Aufgabenbereiche im Windenergiesektor spezialisieren wollen.

Akademische Weiterbildung

Im akademischen Weiterbildungsbereich konnten zwei sektorspezifische Studiengänge identifiziert werden. Dies ist zum einen das weiterbildende Studium Windenergietechnik und -management, welches an der Carl von Ossietzky Universität Oldenburg angeboten wird. Dabei handelt es sich um ein Studium, das Selbstlernphasen, Präsenzseminare und praxisnahe Projektarbeiten kombiniert und Aspekte aus den Bereichen Naturwissenschaften, Technik und IT, BWL, Recht sowie Planung und Projektmanagement gleichsam berücksichtigt. Zum anderen gibt es ein weiterbildendes Studienangebot „Offshore-Windstudium", das ebenfalls an der Carl von Ossietzky Universität Oldenburg angeboten wird und das an das Studium Windenergietechnik und -management angelehnt ist. In einem Zeitraum von neun Monaten wird auf akademischer Ebene speziell für den Offshore-Bereich relevantes Know-how, Systemwissen und Praxiserfahrung aus den Bereichen Windenergietechnik, Energieversorgung, maritimer Technologie, Seeverkehrstechnik und -management vermittelt. Darüber hinaus bieten zahlreiche Universitäten und Hochschulen in verschiedenen Studienfächern windenergiespezifische Schwerpunkte an (vgl. WAB 2012):

- FH Bremerhaven: Bachelor „Maritime Technologien" (Studienrichtung Windenergietechnik), Master Windenergietechnik,
- Carl von Ossietzky Universität Oldenburg: Physik,
- Leibniz Universität Hannover: Studiengang „Windingenieurwesen", Bauingenieurwesen und Geodäsie,
- FH Flensburg/FH Kiel: Master „Wind Engineering",
- Universität Stuttgart: Diplom „Luft- und Raumfahrttechnik", Schwerpunkt Windenergie,

- Universität Rostock: Stiftungsprofessur Windenergietechnik,
- Weiterbildender Studiengang VDI: Fachingenieur Windenergietechnik.

Anerkannte Aufstiegsfortbildung

Neben diesen akademischen Weiterbildungsmöglichkeiten werden derzeit auch an verschiedenen norddeutschen berufsbildenden Schulen bzw. Fachschulen verschiedene sektorbezogene Ausbildungsgänge bzw. Fachrichtungen angeboten. So wird z. B. an der Flensburger Fachschule für Technik und Gestaltung (Eckener-Schule) mit der Fachrichtung Windenergietechnik eine Aufstiegsfortbildung für die Windkraftbranche offeriert. Die Fortbildung richtet sich an Interessierte, die eine Beschäftigung in einer Führungsposition im Bereich der Projektierung, der Betriebsführung, des Service, der Wartung und Reparatur, des Baus, der Installation und Inbetriebnahme oder der Begutachtung anstreben. Sie dient darüber hinaus dazu, Windenergieanlagen mit mechanischen und elektronischen Komponenten zu verstehen, zu modifizieren und instand zu halten.

Darüber hinaus kann am BildungsForum Nord (BFN) in Husum eine Weiterbildung zum/zur Industriemeister/-in Fachrichtung Mechatronik in drei Jahren berufsbegleitend absolviert werden.

Fortbildungen zu speziellen Themen

Neben den Fortbildungen zum Erwerb von Zusatzqualifikationen wie der EuP und EFFT, die für Personen, die an elektrischen Anlagen arbeiten, gesetzlich vorgeschrieben sind und regelmäßig aufgefrischt werden müssen, haben im Windenergiesektor vor allem auch die Sicherheitsfortbildungen eine große Bedeutung. Sie sind ebenfalls gesetzlich vorgeschrieben und für die Beschäftigung von Fachkräften vor Ort an den OWEA, unabhängig von deren Einsatzbereich verpflichtend. Hier sind zu nennen:

- Persönliche Sicherheitsausrüstung gegen Absturz-Training,
- Seilzugangstechnik und Höhenrettung,
- Überleben auf See,
- Helicopter Underwater-Escape-Training,
- Helicopter-Hoist und Type-Training,
- Brandschutz- und -bekämpfung,
- Schiffssicherheit,
- Health-Safety-Environment-Training (HSE),
- Erste-Hilfe-Ausbildung.

Diese Fortbildungen dienen dem individuellen Arbeitnehmerschutz und der Unfallverhütung auch Kollegen vor Ort betreffend. Die einzelnen Schulungen, die jeweils rund einen bis zwei Tage umfassen und sowohl einen theoretischen Anteil als auch praktische Übungen beinhalten, können einzeln oder im Gesamtpaket bei externen Anbietern absolviert werden. Die Lehrgänge werden derzeit von einer Vielzahl von Anbietern angeboten (bspw. BZEE e.V., bfw Windzentrum Bremerhaven, edWin Academy, DeutscheWindGuard GmbH, Falck Nutec, GAUSS gGmbH, Germanischer Lloyd, Institut für nachhaltige Aktivitäten auf See (INASEA), Offshore Kompetenzzentrum Cuxhaven (OKZ)).

Hinsichtlich der fachspezifischen Fortbildungen hat die Untersuchung ergeben, dass Schulungen zu bestimmten Materialien, Fertigungsverfahren und Betriebsmitteln vornehmlich von Unternehmen durchgeführt werden, die diese selbst herstellen. Fachspezifische Schulungen werden darüber hinaus auch von externen Anbietern von Fort- und Weiterbildungen angeboten. So haben sich bspw. das Fraunhofer-Institut für Fertigungstechnik und Angewandte Materialforschung (IFAM) auf Schulungen rund um das Thema „Kleben", die Bildung und Beratung in Bremen auf Themen zur „Faserverbundtechnik" und die edWin Academy auf Fortbildungen zum Schwerpunkt „Elektrotechnik, Schaltberechtigungen und SPS-Systeme" spezialisiert. Über die hier genannten und identifizierten Fortbildungen hinaus bietet der Bundesverband Windenergie e.V. (BWE) bedarfsorientiert eine Vielzahl unterschiedlicher Tagesseminare zu relevanten Themengebieten an wie zu Genehmigungsverfahren, Projektplanung, Bebauungsplanung, Windenergie und Netze, Marktentwicklung Windenergietechnik für Nichttechniker.

Abschließend sei darauf verwiesen, dass sich sämtliche Anbieter von windenergiespezifischen Fort- und Weiterbildungen oftmals in der norddeutschen Region angesiedelt haben. Dieses ist darauf zurück zu führen, dass dadurch die Kundennähe zu den Unternehmen des Sektors, deren Standorte sich ebenfalls in Norddeutschland befinden, gewährleistet ist.

Weiterbildungen zu komplexen Themenbereichen

Neben den oben dargestellten Weiterbildungen für Fachkräfte in gehobenen Positionen und Fortbildungen zu speziellen Themen existieren auf Fachkräfteebene bzw. teilweise auch für Ungelernte, die neue Arbeitsmöglichkeiten im Offshore-Sektor suchen, zahlreiche unterschiedliche Weiterbildungsmöglichkeiten.

Abb. 28 zeigt auf der rechten Seite Qualifizierungen zu offshorewindspezifischen Themenkomplexen. Besonders häufig nachgefragt wird im Sektor die Qualifizierung zum/zur Servicetechniker/-in bzw. -monteur/-in mit einem Umfang von ca. 23 Wochen. Die Weiterbildung deckt neben fachübergreifenden Inhalten vor allem auch fachspezifische Inhalte ab. Diese Weiterbildung hat für Offshore-Unternehmen aber nicht nur aufgrund der Inhalte eine große Bedeutung, sondern auch deshalb, als deren Qualifizierung durch ein abschließendes IHK-

Zertifikat beendet wird. Da bis dato für den Bereich Inbetriebnahme, Montage, Service und Wartung kein sektorspezifischer Ausbildungsberuf existiert, die Arbeitsprozesse und -aufgaben in diesem Bereich jedoch ein spezielles Anforderungsprofil voraussetzen, decken die Unternehmen ihren Fachkräftebedarf derzeit u. a. mit Fachkräften, die eine Weiterbildung

- zum/zur Servicetechniker/-in bzw. Servicemonteur/-in oder
- zur Fachkraft zum Aufbau von (Offshore-) Windenergieanlagen nachweisen können.

Fortbildungen Spezielle Themen – Zur Vertiefung und Erweiterung berufsspezifischer Kenntnisse und Fertigkeiten			Weiterbildungen Themenkomplex - Zur Erweiterung der persönlichen Handlungskompetenz/beruflicher Aufstiegschancen
Sicherheitsfortbildungen	**Fachspezifische Fortbildungen**	**Zusatzqualifikationen**	
• PSA-Training • Seilzugangstechnik • Überleben auf See • Helicopter Underwater Escape Training (HUET) • Brandschutz- und Bekämpfung • Schiffssicherheit	• Schweißerlehrgänge • Schaltberechtigungen bis 36 kV • SPS-Lehrgänge • Rotorblattreparaturen • Umgang mit Gefahrstoffen • Technisches Fachenglisch • Hydraulik-/Mechaniklehrgänge • Faserverbundtechnik Laminieren/Kleben	• Elektrotechnisch unterwiesene Person (EuP) • Elektrofachkraft für festgelegte Tätigkeiten (EffT)	• Servicetechniker/-in, Monteur/-in für WEA • Aufbautechniker/-in für WEA • Basisqualifikation Windenergieanlagen • Fertigungsfachkraft für WEA • Fachkraft Materialprüfer/-in • Schweißfachkraft • Fachkraft für Wartung und Reparatur von Rotorblättern

Abb. 28: Gliederung der Fort- und Weiterbildungen für den Windenergiesektor (eigene Darstellung)

Im Rahmen der Analyse der nichtakademischen Weiterbildungsangebote konnten noch weitere Angebote identifiziert werden, welche die Teilnehmer in spezifischen Anwendungsbereichen qualifizieren. Ergänzend sind zu nennen:

- Aufbautechniker/-in für WEA,
- Basisqualifikation Windenergieanlagen,
- Fertigungsfachkraft für WEA,
- Fachkraft Materialprüfer/-in,
- Schweißfachkraft,
- Fachkraft für Wartung und Reparatur von Rotorblättern.

Diesen Weiterbildungen gemein ist die Voraussetzung, dass die Teilnehmer bereits eine abgeschlossene Berufsausbildung aus dem Bereich der Metall- oder der Elektrotechnik bzw. eine handwerkliche oder industrielle Ausbildung nachweisen müssen. Außerdem sind die Schulungen auf mehrere Monate angelegt und umfassen sowohl einen theoretischen Teil (bis zu neun Monate in Vollzeit) als auch ein mehrwöchiges Praktikum. Ferner schließen sie mit einem in der Branche anerkannten Zertifikat bzw. einer anerkannten Kammerprüfung ab. Zum einen werden diese Weiterbildungen von einer Vielzahl an Weiterbildungseinrichtungen angeboten, die sich ausschließlich auf den Windenergiesektor spezialisiert haben, wie das Bildungszentrum für Erneuerbare Energien e.V. (BZEE), die edWin Academy oder das bfw Bildungs- und Trainingszentrum für Windenergie in Bremen/Bremerhaven. Zum anderen gibt es auch Weiterbildner, die sich auf einzelne der o. g. Weiterbildungen spezialisiert haben und diese neben Bildungsmaßnahmen für andere Sektoren anbieten.

Weiterbildung zum/zur Servicetechniker/-in bzw. Servicemonteur/-in für (Offshore-) Windenergieanlagentechnik

Bundesweit gibt es bisher 14 Anbieter für die Weiterbildung zum/zur Servicemonteur/-in, die ihr Onshore-Angebot auch für Offshore generieren können. Die Abb. 29 ermöglicht hierzu einen Überblick. Ein Großteil der Bildungsträger konnte über eine Anfrage zum Servicemonteur für WEA im Aus- und Weiterbildungskatalog der Arbeitsagentur KURSNET (2012) ermittelt werden, die durch eine Internetrecherche ergänzt wurden. Auffällig ist hierbei die Konzentration der Bildungsträger im norddeutschen Raum, die durch die Nähe zu den entsprechenden Errichtern und Betreibern von WEA zu erklären ist, sowie das starke Engagement der Berufsfortbildungswerke (bfw) in der Weiterqualifizierung für Windenergie.

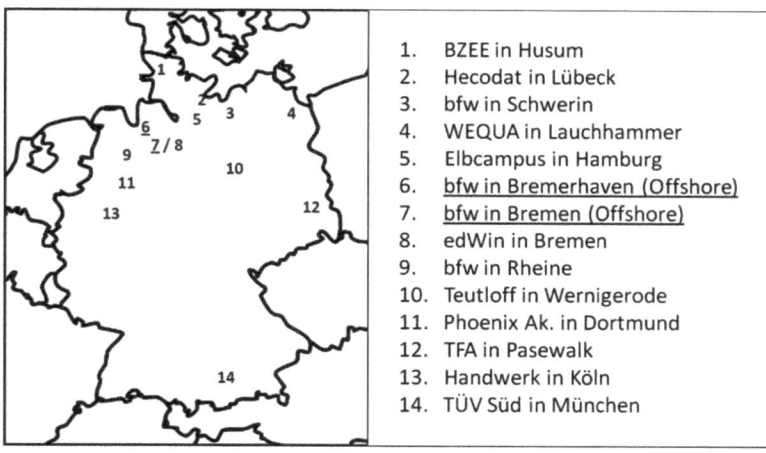

Abb. 29: *Anbieter für die Weiterbildung zum Servicemonteur für Windenergieanlagentechnik (eigene Darstellung)*

Servicemonteur(e)/-innen für Windenergieanlagen sind zuständig für die Montage, Demontage, Instandhaltung von WEA an Land und auf See. Als weitere Betätigungsmöglichkeit ist auch der Einsatz im Windenergieanlagenbau und in Ingenieurbüros für die technische Fachplanung möglich. Ferner können Servicemonteur(e)/-innen für WEA bei Herstellern von Großkomponenten beschäftigt sein und bspw. Anlagenteile im Werk vormontieren. Ihr Haupteinsatzgebiet ist jedoch die Wartung und Instandsetzung von einzelnen Windenergieanlagen oder die Betreuung ganzer Windparks. Dabei sind in der Regel Arbeitsteams in der Größenordnung von zwei bis acht Personen zusammen im Einsatz. Darüber hinaus installieren und testen Servicemonteur(e)/-innen für Windenergieanlagen Hard- und Softwarekomponenten und führen Fehlerdiagnosen sowie vorbeugende Instandhaltungsmaßnahmen durch. Zudem weisen sie das Bedienungspersonal in die Benutzung der Anlagen ein und organisieren und betreuen den Benutzerservice. Von den drei hier beschriebenen Weiterbildungsangeboten ist die des Servicemonteurs am anspruchsvollsten. Dies lässt sich aus der Länge des Lehrgangs, einer umfassenden IHK-Prüfung und den Zugangsvoraussetzungen ableiten.

Die Weiterbildung wird in Vollzeit absolviert und dauert zehn Monate, in denen 1234 Unterrichtsstunden zu bewältigen sind. Um auch praktische Anteile in die Weiterbildung mit einfließen zu lassen, kommt ein Pflichtpraktikum von sechs Wochen bei einem Windenergieanlagenbetreiber hinzu.

Wesentliche Inhalte der Weiterbildung sind neben der Einführung in die Windenergietechnik vor allem die Vermittlung von elektro- und metalltechnischen Inhalten, wie z. B. das Betriebsverhalten von Elektromaschinen und deren Leistungselektronik oder die auftretenden Verbindungstechniken bei Windenergieanlagen.

Im Kurs enthalten ist auch die Ausbildung zur EFFT (elektrotechnische Fachkraft für festgelegte Tätigkeiten). Diese ist später eine wesentliche Einstellungsvoraussetzung für Fachkräfte mit einem metalltechnischen Hintergrund. Das Weiterbildungsangebot wird komplettiert durch die Vermittlung von EDV-Grundlagen, einem Erste-Hilfe-Kurs, technische und betriebliche Kommunikation, Qualitätsmanagement und technisches Englisch. Das oben bereits angesprochene Offshore-Modul umfasst eine Einführung nebst maritimem Sicherheitstraining (vgl. bfw Windzentrum Bremen 2012a).

Die Weiterbildung wird mit einer Fortbildungsprüfung – zumeist vor der jeweils zuständigen Handelskammer bzw. Industrie- und Handelskammer – abgeschlossen und zertifiziert.

6.2.7 Weiterbildung zur Fachkraft zum Aufbau von (Offshore-) Windenergieanlagen

Die Fachkräfte zum Aufbau von WEA haben einen genau festgelegten Aufgabenbereich, der im Wesentlichen die Montage und Errichtung von Windenergieanlagen umfasst. In großen Teams und unter Zuhilfenahme von Kränen und Errichterschiffen werden die einzelnen Segmente auf das Fundament aufgebracht, entsprechend montiert und verkabelt. Die Montage der Gondel und des Rotorsterns werden am Boden oder auf Deck vorbereitet und ebenfalls von den Aufbaufachkräften unterstützt. In der Regel arbeiten auch Servicemonteur(e)/-innen für WEA bei der Errichtung mit und übernehmen hierbei meistens Montageaufgaben an und in der Anlage selbst. Ein weiteres, immer wichtiger werdendes Arbeitsfeld, ist das des Repowering von Windenergieanlagen. Bei diesem Begriff handelt es sich um den Austausch von alten, leistungsschwachen Anlagentypen durch stärkere und effizientere Anlagen.

Die Weiterbildung zur Fachkraft zum Aufbau von WEA umfasst knapp 3,5 Monate. In Vollzeit werden insgesamt 520 Unterrichtsstunden aufgewendet, um die Lehrgangsinhalte zu vermitteln. Dabei stehen neben einer Einführung in die Windenergie eine Grundbildung in den Bereichen des windspezifischen Maschinenbaus und der dazu gehörigen Elektrotechnik im Vordergrund. Weitere Themenschwerpunkte sind das Anschlagen und Heben von Lasten, die Schulung zur EFFT, eine Fahrberechtigung von Flurförderfahrzeugen, Grundkenntnisse der Kunststoffverarbeitung und spezifische Schulungen im Bereich der Arbeitssicherheit. Um Offshore arbeiten zu können, werden die Fachkräfte genauso wie die Servicemonteure in die Arbeit auf hoher See eingewiesen und müssen ein Offshore-Sicherheitstraining absolvieren (vgl. bfw Windzentrum Bremen 2012b).

Als Abschluss erhalten die Teilnehmer ein bildungsträgerbezogenes Zertifikat sowie die Bescheinigung zur Elektrofachkraft für festgelegte Tätigkeiten.

6.2.8 Weiterbildung zur Fertigungsfachkraft für Windenergieanlagen

Die Fertigungsfachkräfte für Windenergieanlagen sind im Regelfall in der Produktion von WEA-Komponenten eingesetzt. Je nach Einarbeitungsstand übernehmen sie vielfältige Arbeiten entlang der gesamten Herstellungskette. Ein Schwerpunkt ist die Produktion und Vormontage der Gondeln sowie die technische Ausrüstung der Turmsegmente für die Windkraftanlagen.

Die Vollzeitmaßnahme dauert 4,5 Monate und bedarf eines zusätzlichen dreiwöchigen Praktikums. Insgesamt sind 588 Unterrichtsstunden zur Vermittlung der Inhalte vorgesehen. Diese orientieren sich schwerpunktmäßig an einem Grundverständnis für die Windkraft und den dazugehörigen elektrotechnischen und mechanischen Besonderheiten. Des Weiteren werden Themen wie Warenwirtschaft, Anschlag- und Hebezeug-Techniken anbehandelt. Im Rahmen der Weiterbildung erfolgt auch die Ausbildung zur Elektrofachkraft für festgelegte Aufgaben. Weitere Inhalte stellen Grundlagen der Kunststoffverarbeitung, EDV, Arbeitssicherheit, Qualitätsmanagement und Standards des Umweltschutzes dar (vgl. bfw Windzentrum Bremen 2012c).

Als Abschluss erhalten die Teilnehmer ein bildungsträgerbezogenes Zertifikat sowie die Bescheinigung zur Elektrofachkraft für festgelegte Tätigkeiten.

6.3 Bedingungen bei den Lern- und Arbeitsumgebungen im Bereich der Offshore-Windenergie

6.3.1 Zur Bedeutung von Lern- und Arbeitsumgebungen[14]

Im Gegensatz zu der Diskussion um Lernumgebungen, bei der ein gewisser Konsens über den Begriff und dessen Reichweite besteht, wird die Bedeutung und Reichweite der erweiterten Begrifflichkeit „Lern- und Arbeitsumgebung" in der berufs- und wirtschaftspädagogischen sowie berufsdidaktischen Literatur immer noch kontrovers diskutiert. Erst in der zweiten Hälfte der 1990er-Jahre wurden

---

14 Das Verfassen dieses Abschnittes wurde unterstützt von Jörg Pahl. Es wurden Unterlagen aus dem Abschlussbericht des Modellversuches LASKO zu Rate gezogen.

Lern- und Arbeitsumgebungen für berufliche Bildung überhaupt ernsthaft und in größerem Umfang thematisiert (vgl. Pahl 1997, Herkner/Pahl 1997). Inzwischen sind in der Literatur weitere aktualisierte Überlegungen zu dieser Thematik zu finden (vgl. Pahl 2007, Pahl 2008). Dabei wird davon ausgegangen, dass Lernen und Arbeiten nicht nur in inhaltlichen, sondern auch in medialen und sozialen Kontexten stattfindet. Da berufliches Lernen vor allem in der dualen Berufsausbildung in mehr oder weniger starkem Maße eine Form von Arbeit darstellt oder durch und beim Arbeiten erfolgt, sollte allgemein von „Lern- und Arbeitsumgebung" gesprochen werden. Mit dem Begriffskonglomerat im weiteren Sinne ist die Summe der Umgebungen an verschiedenen Lernorten – ob schulisch, betrieblich oder überbetrieblich – gemeint. Diese können wiederum entweder eher eine idealtypische Lern- oder aber eher eine reine Arbeitsumgebung sein. Dazwischen sind die verschiedensten Abstufungen möglich, die zu einem fließenden Übergang der Umgebungsarten führen. Im engeren Sinne sollen solche Umgebungen als Lern- und Arbeitsumgebung gekennzeichnet werden, in denen tatsächlich gelernt und zugleich auch gearbeitet werden kann. Dabei kann es sich z. B. um jene Umgebungen an einer beruflichen Schule handeln, in denen neben vertiefter gedanklicher Reflexion auch instrumentelles Handeln mit Werkzeugen an Werkstücken oder technischen Geräten möglich ist (vgl. Abb. 30).

Mit dieser Begriffsdeutung ist die Annahme verbunden, dass Lern- und Arbeitsumgebungen zwar einerseits bereits gegenständlich und materiell vorhanden, aber andererseits zugleich durch die Art des Gebrauchs oder des Einsatzes bestimmt und darüber hinaus auch gestaltbar sind. Für die Berufsbildung kommt es damit zweckmäßigerweise darauf an, diese Umgebungen in didaktisch sinnvoller Weise zu nutzen, um Lernen und Arbeiten optimal fördern zu können. Insbesondere sollen damit selbstgesteuertes oder sogar selbstorganisiertes berufliches Lernen ermöglicht und gefördert werden.

Unter Gestaltungsansprüchen können zwei wichtige Teilbereiche unterschieden werden. Dieses betrifft zum einen die gegenständlichen Elemente einer solchen Umgebung wie Gebäude und Außenbereiche, Lern-, Arbeits- und Aufenthaltsräume oder auch Ausbildungs- und Unterrichtsmedien. Zum anderen können damit eher psychosoziale Phänomene wie das Verhältnis des Einzelnen zu der Lern- und Arbeitsumgebung, die Beziehungen und Kooperationsmöglichkeiten zwischen den Akteuren, Lern- und Arbeitskulturen, Traditionen, Lern- und Arbeitsatmosphäre etc. gemeint sein. Mit einer noch umfassenderen Sichtweise auf Lern- und Arbeitsumgebungen müsste man auch die Region, den Ort und gegebenenfalls den Stadtteil (also den Lern- und Arbeitsort) – beispielsweise in Hinblick auf Größe, Lage, soziokulturelle und wirtschaftliche Besonderheiten sowie Traditionen etc. – in die Betrachtungen einbeziehen.

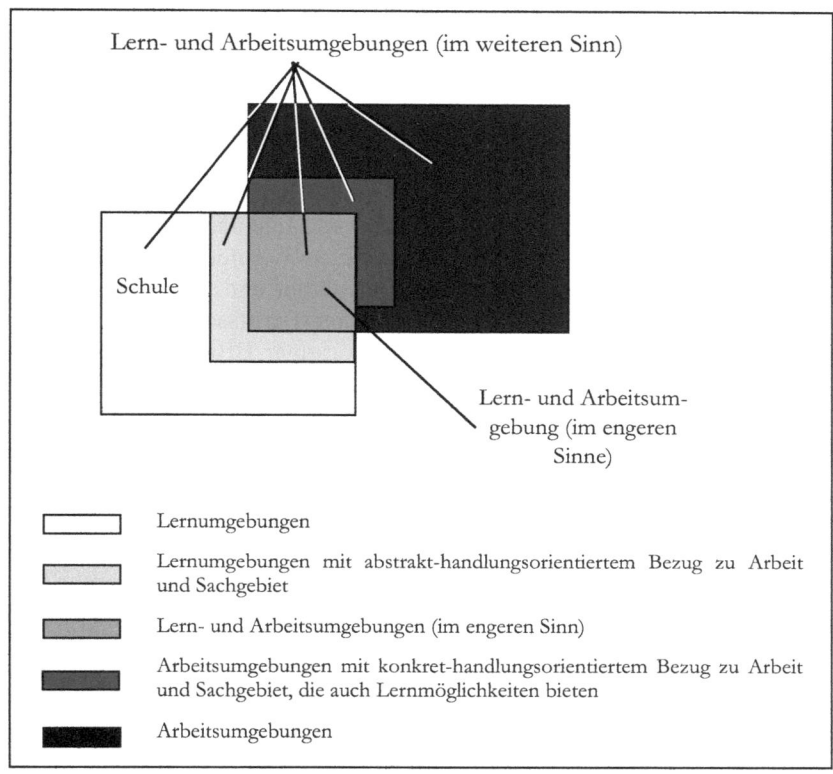

Abb. 30: Modellvorstellung über eine Lern- und Arbeitsumgebung (vgl. Pahl 2008, S. 310)

Die jeweilige Lern- und Arbeitsumgebung einer beruflichen Schule ist mit dieser äußeren Umwelt verwurzelt und kann sich nur authentisch darstellen und entwickeln, wenn keine unlösbaren Widersprüche an den Umgebungsgrenzen, d. h. zwischen den die Umgebung einschließenden und ihr nicht zugehörigen Elementen auftreten. Zwar lassen sich die gegenständlichen Objekte relativ eindeutig einer Umgebung zuordnen, doch vor allem die soziokulturelle Einbettung zeigt, dass die Umgebungsgrenzen an jenen Stellen diffus werden können. Diese Perspektive offenbart, dass eine Lern- und Arbeitsumgebung selbst wiederum als Teil einer noch weiter gefassten Umgebung für berufliches Lernen verstanden werden kann (vgl. dazu Herkner/Pahl 2006, S. 93 f.).

6.3.2 Lern- und Arbeitsumgebung „Berufsbildende Schule"

Im Rahmen der Unternehmensbefragung wurde festgestellt, dass es derzeit für den Offshore-Sektor zwar noch keine Offshore-Windenergie-spezifischen Ausbildungsberufe, wohl aber eine Fülle an herkömmlichen und anerkannten Ausbildungsberufen gibt, in denen regulär sektorrelevante Inhalte integriert sind (s. dazu Kap. 6.1.3). Die schulische Ausbildung in diesen Berufen erfolgt somit in den schon bestehenden schulischen Berufsbildungsstätten und dabei insbesondere im Rahmen der dualen Berufsausbildung am Lernort Berufsschule. Rechtliche Rahmensetzungen sind das Berufsbildungsgesetz (originär BBiG 1969, aktuell BBiG 2005), die Handwerksordnung (originär HwO 1953, aktuell HwO 2012) sowie die berufsbezogenen KMK-Rahmenlehrpläne und/oder die darauf bezogenen Landeslehrpläne.

Speziell der Lernort „Berufsbildende Schule" bzw. deren Gebäude, Räume und Außengelände stellen eine äußere Lern- und Arbeitsumgebung dar, die im Unterricht idealerweise als eine vergegenständlichte multifunktionale Lern- und Arbeitsumgebung gesehen und genutzt werden kann und sollte. Unter dieser Perspektive können und sollten neben der lernorganisatorischen Gestaltung von Klassen und Unterricht auch die Schulgebäude und die Schulräume selbst, ihre Bauart, Gestaltung und Ausstattung in die Lernprozesse einbezogen werden. Neben den lernorganisatorischen Überlegungen, mit Hilfe von medialen Unterrichtsmitteln z. B. in Form von Arbeitsblättern, Demonstrationsmitteln, Laborgeräten, Original- und Simulationsmaschinen sowie für Anschauungszwecke ausgewählte und ausbildungs- und unterrichtsmethodisch aufgearbeitete Bauteile, Geräte und Maschinen, die Lern- und Arbeitsumgebung bzw. den Unterricht zu gestalten, sollte auch das Zusammenwirken verschiedener medialer Elemente in den Schulräumen und des Schulgebäudes selbst ins Zentrum der Aufmerksamkeit gerückt werden. Damit werden Schulgebäude und Schulräume als wesentliche Lern- und Arbeitsumgebungen zu einem Teil des lernorganisatorischen Rahmens für berufliches Lernen und Arbeiten.

Unter dieser erweiterten Perspektive lässt sich eine berufsbildende Lern- und Arbeitsumgebung in einem nochmals erweiterten Sinne fassen. Danach gehört zu einer solchen alle Bereiche umfassenden Lern- und Arbeitsumgebung „Berufsbildende Schule" alles, was den Lernprozess berührt, beeinflusst und gleichzeitig fördern soll, und zwar

- das Schulgebäude und seine unmittelbare Umgebung,
- Ausbildungs- und Unterrichtsräume (Fachräume, Werkstätten, Labore etc.),

- periphere Gegebenheiten (sanitäre Anlagen, Versorgungseinrichtungen, Pausenbereiche, Bibliotheken etc.),
- Lehrkräfte (Ausbilder, Lehrer, Experten, Tutoren etc.),
- Schülerinnen und Schüler,
- Unterrichtsmethoden (Makro-, Meso- und Mikromethoden)
- Medien (Lehrbücher, Computer, Gerätetechnik etc.),
- Informationsmaterialien (Bedienungs- und Wartungsanleitungen, Datenbanken etc.),
- die psycho-sozialen Bedingungen (z. B. Formen der Interaktion) und letztlich
- die Schulkultur.

Die Lern- und Arbeitsumgebung „Berufsbildende Schule" im engeren Sinne bzw. konkrete Unterrichtsvorhaben wiederum umfassen

- spezifische Ausbildungs- und Unterrichtsräume,
- themenadäquate Unterrichtsformen,
- zielbezogene Methoden,
- ausgewählte Aktions- und Sozialformen,
- themenbezogene Medien,
- förderliches Lernklima.

Um das Schulgebäude, die Schulräume und das unmittelbare Umfeld der berufsbildenden Schulen als Lern- und Arbeitsumgebungen direkt oder indirekt in den Unterricht einbeziehen zu können, müssen an diese zunächst grundlegende Anforderungen u. a. an deren originäre Größe, Belichtung, Akustik und Ausstattung gestellt werden, sodass ein möglichst schülerzentriertes, selbstgesteuertes und handlungsorientiertes Lernen und Arbeiten möglich wird. Darüber hinaus sollten in den berufsbildenden Schulen Lern- und Arbeitsmedien zur Informationsrecherche, Auftragsbearbeitung, Kontrolle und Ergebnispräsentation bereit und für die Auszubildenden zur Verfügung stehen. Aber auch das Schulgebäude und die Schulräume selbst bieten ein zumeist unterschätztes Potenzial, denn diese können in ihren Details berufsdidaktisch genutzt werden, wobei dies insbesondere in Ausbildungsbereichen des Innenausbaus, des Objektbaus oder der Gebäudeinstallation für Heizung, Klima und Lüftung sowie des elektrotechnischen Bereiches möglich ist. Das kann z. B. durch die unterrichtliche Einbindung der Wand-, Decken- und Bodenbauteile (einschließlich der Türen und Fenster) eines Schulraumes erfolgen. Ebenso können die Möbelausstattung sowie die installierte Raumtechnik (Beleuchtung, Elektroversorgung u. a.) aufgrund ihres augenfälligen Bezugs zu den Inhalten von

Facharbeit und Technik im Bereich der Bau- und Holztechnik eine authentische und berufsnahe Lern- und Arbeitsumgebung repräsentieren. Das Schulbüro kann als Anschauungsbereich für eine Bürogestaltung dienen. Berufsdidaktisch transformiert können die Schulräume selbst zur Lern- und Arbeitsumgebung sowie zum Lerninhalt oder Lernmedium generieren. Dazu bedarf es allerdings authentischer und berufsnaher Lern- und Arbeitsaufgaben und entsprechender Lernsituationen (vgl. dazu Mersch 2006, S. 22 f.).

Grundsätzlich erscheint die Lern- und Arbeitsumgebung „Berufsbildende Schule" als ein lernorganisatorischer Rahmen, „der nicht nur berufspädagogische, lernpsychologische und soziale Faktoren beinhaltet, sondern auch ‚natürliche' oder ‚objektbezogene', also auch baukonstruktive und installationstechnische Komponenten aufweist." (Mersch 2001, S. 398). Diese Komponenten können und sollten in den Lernprozess bzw. in konkrete Lern- und Arbeitsaufgaben integriert werden und aufgrund ihrer direkten Praxisbezogenheit den Lernprozess vor allem in motivationaler und funktionaler Sicht positiv beeinflussen. Gleichzeitig eröffnet sich ein hohes Potenzial zur Mitgestaltung der für die Lernenden unmittelbaren und direkt wahrnehmbaren äußeren Lern- und Arbeitsumgebung in Form des Schulgebäudes, der Schulräume und der Außenanlagen. Die (Neu-)Gestaltung der Lern- und Arbeitsumgebung „Berufsbildende Schule" auch unter didaktischen Aspekten kann somit einen großen Einfluss auf die Verbesserung und Optimierung der schulischen Lernorganisation und Lernkultur haben (vgl. Lange 2008, S. 37 ff.).

Speziell in der dualen Berufsausbildung sind seit Einführung des Lernfeldkonzepts und der damit verbundenen pädagogischen und didaktischen Orientierung an beruflichen Handlungen eine Vielzahl von entsprechenden Konzepten zur Gestaltung berufsschulischer Lern- und Arbeitsumgebungen bzw. Lernräume entwickelt und erprobt worden. In diesem Zusammenhang erscheint es wichtig, dass Lernraumgestaltung nicht nur als eine zweckrationale bzw. funktionale Aufgabe gesehen wird. Ebenso wichtig sind ästhetische, soziale und berufsdidaktische Aspekte, wie z. B. Entwicklung von Lernkompetenz, Gesundheits- und Kommunikationsförderung sowie Erwerb von Teamfähigkeit. Kommunikationsfähigkeit und Teamfähigkeit können als Schlüsselqualifikationen für berufliches Handeln angesehen werden. Beide Fähigkeiten können im berufsschulischen Unterricht nicht durch Frontalunterricht, sondern nur durch entsprechendes handlungsorientiertes und damit auch selbstorganisiertem Lernen erworben werden. Erst die Berücksichtigung der angesprochenen Aspekte und Bedingungen kann zu einer „pädagogisch funktionalen Lernraumgestaltung" (Buddensiek 2008, S. 4) führen.

Aufgrund ihrer weitgehenden Unabhängigkeit von betrieblichen Arbeitsprozessen bestehen speziell an der Berufsschule gute Voraussetzungen zur Einrichtung und Gestaltung handlungsorientierter bzw. kommunikations- und teamfördernder Lern- bzw. Fachräume.

6.3.3 Lern- und Arbeitsumgebung „Betrieb"

Die betriebliche Berufsausbildung in anerkannten Ausbildungsberufen ist im Berufsbildungsgesetz (originär BBiG 1969, aktuell BBiG 2005), in der Handwerksordnung (originär HwO 1953, aktuell HwO 2012) sowie in den berufsbezogenen Ausbildungsordnungen und Ausbildungsrahmenplänen geregelt. Nach dem aktuellen Berufsbildungsgesetz können Betriebe der Wirtschaft – wenn ihr Ausbildungsstätte und ihr Ausbildungspersonal dazu geeignet sind (BBiG 2005, §§ 27-33) – ausbilden, müssen aber nicht. Obwohl privatwirtschaftlich unabhängig, müssen sie dabei die schon erwähnten staatlichen bzw. gesetzlichen Regelungen beachten und umsetzen. Im Rahmen des Dualen Systems der Berufsausbildung ist der Ausbildungsbetrieb für den Vertrag, die Planung, Organisation, Durchführung und Kontrolle der Berufsausbildung zuständig und verantwortlich.

Durch die neuen europäischen Rahmenbedingungen (bspw. Kompetenz- und Modulorientierung, Credit-Point-System u. a.) für den Bereich der Berufsbildung soll diese allerdings weitgehend unabhängig von Institutionen bzw. Lernorten werden. Nach diesem Verständnis ist insbesondere der Lernort „Betrieb" für die Berufsausbildung „nicht mehr zwingend erforderlich" (Biermann 2011, S. 43), wodurch allerdings der Bestand des Dualen Systems zur Disposition stehen würde. Unabhängig davon wird durch die Berufsbildungsverantwortlichen intensiv über neue Formen der Organisation betrieblicher Lernorte bzw. deren Lern- und Arbeitsumgebungen diskutiert. In der Diskussion stehen z. B. Produktionsinseln, Praxiszentren, Produktionsschulen und Juniorfirmen sowie Lernortverbünde und Netzwerke (vgl. Biermann 2011, S. 49).

Derzeit ist für die Aus- und Weiterbildung auch im Sektor der Offshore-Windenergie der Betrieb jedoch immer noch ein wichtiger Lernort. Dies betrifft die Erstausbildung, die Fort- und Weiterbildung sowie sektorbezogener Praktika. Die berufsfachliche Kompetenz der Ausbildungsstätte „Betrieb" bzw. deren Ausbilder ist im Regelfall unumstritten. Hinsichtlich der lernorganisatorischen bzw. der curricularen und didaktischen Effizienz betrieblicher Aus- und Weiterbildung müssen oftmals jedoch Einschränkungen gemacht werden. Dies liegt vor allem darin begründet, dass betriebliche Lernorte in vielen Fällen reguläre Arbeitsplätze sind, in denen nur ein arbeitsablauf- bzw. arbeitsprozessbezogenes Lernen möglich ist. In diesem Falle ist der reguläre Arbeitsplatz zugleich Lernort. Diese Doppelfunktion „ist problematisch, da an einem produktions- bzw. arbeitsablaufgebundenen Arbeitsplatz, d. h. in der betrieblichen Leistungserstellung eingebundenen Arbeitsplatz, in erster Linie nach technisch-ökonomisch-organisatorischen Kriterien gearbeitet wird, also nicht die Ausbildungsaufgabe im Vordergrund steht" (Schanz 2010, S. 51 f.). Die in den Arbeitsablauf integrierten Lernprozesse werden notwendigerweise den betrieblichen Arbeitsprozessen und entsprechenden ökonomischen und organisatorischen Notwendigkeiten untergeordnet. Damit verbunden ist ein nicht lösbarer Widerspruch zwischen Arbeitslogik und Lehr-Lernlogik. Zudem ist bei der Ausbildung an regulären Arbeitsplätzen funktionales bzw. erfahrungsgeleitetes Lernen von Bedeutung. Ein systematisches, intentionales und didaktisch angemessenes Lernen ist dagegen kaum möglich.

Neben der arbeitsplatzbezogenen Ausbildungsform bestehen in Ausbildungsbetrieben aber auch noch „besondere von regulären Arbeitsplätzen isolierte Ausbildungsplätze (...) sowie in Abhängigkeit von der Betriebsgröße und der Anzahl der Auszubildenden Ausbildungsabteilungen, z. B. Lehrwerkstätten, Lehrecken, Lehrlabors, Lerninseln, Lernbüros, Unterrichtsräume" (Schanz 2010, S. 51). Solche Ausbildungseinrichtungen bzw. Lern- und Arbeitsumgebungen sind im Regelfall aber nur in Großbetrieben und größeren mittelständischen Betrieben vorzufinden. In den meist handwerklich organisierten Kleinbetrieben ist die Ausbildung an regulären Arbeitsplätzen dagegen der Regelfall. Die curricularen und didaktischen Anforderungen an die Ausbildung können von diesen Betrieben meist nicht oder nur eingeschränkt erfüllt werden. Oftmals verlagern sie deshalb Teile der Ausbildung in andere Ausbildungseinrichtungen (Außerbetriebliche Ausbildung) oder werden Mitglied in einem Ausbildungsverbund.

6.3.4 Anforderungen an Lern- und Arbeitsumgebungen

Auch für Lern- und Arbeitsumgebungen im Bereich der Offshore-Windenergie gelten die allgemein gültigen organisatorischen und didaktischen Anforderungen an Lern- und Arbeitsumgebungen. Um diese didaktisch angemessen einzurichten und zu gestalten, müssen zunächst grundlegende Anforderungen u. a. an deren originäre Größe, Belichtung, Akustik und Ausstattung gestellt werden, sodass ein möglichst schülerzentriertes, selbstgesteuertes und handlungsorientiertes Lernen und Arbeiten möglich wird. Darüber hinaus sollten Lern- und Arbeitsmedien zur Informationsrecherche, Auftragsbearbeitung, Kontrolle und Ergebnispräsentation bereit und für die Auszubildenden zur Verfügung stehen. Aber auch die Lern- und Arbeitsräume selbst bieten ein zumeist unterschätztes Potenzial, denn diese können in ihren Details berufsdidaktisch genutzt werden, wobei dies insbesondere in Ausbildungsbereichen des Innenausbaus, des Objektbaus oder der Gebäudeinstallation für Heizung, Klima und Lüftung sowie des elektrotechnischen Bereiches möglich ist. Das kann z. B. durch die unterrichtliche Einbindung der Wand-, Decken- und Bodenbauteile (einschließlich der Türen und Fenster) eines Schulraumes erfolgen. Ebenso können die Möbelausstattung sowie die installierte Raumtechnik (Beleuchtung, Elektroversorgung u. a.) aufgrund ihres augenfälligen Bezugs zu den Inhalten von Facharbeit und Technik im Bereich der Bau- und Holztechnik eine authentische und berufsnahe Lern- und Arbeitsumgebung repräsentieren. Berufsdidaktisch transformiert können die Ausbildungs- oder Schulräume selbst zur Lern- und Arbeitsumgebung sowie zum Lerninhalt oder Lernmedium generieren. Dazu bedarf es allerdings authentischer und berufsnaher Lern- und Arbeitsaufgaben und entsprechender Lernsituationen (vgl. dazu Mersch 2006, S. 22 f.).

Grundsätzlich erscheint die Lern- und Arbeitsumgebung als ein lernorganisatorischer Rahmen, „der nicht nur berufspädagogische, lernpsychologische und soziale Faktoren beinhaltet, sondern auch ‚natürliche' oder ‚objektbezogene', also auch baukonstruktive und installationstechnische Komponenten aufweist." (Mersch 2001, S. 398). Diese Komponenten können und sollten in den Lernprozess bzw. in konkrete Lern- und Arbeitsaufgaben integriert werden und aufgrund ihrer direkten Praxisbezogenheit den Lernprozess vor allem in motivationaler und funktionaler Sicht positiv beeinflussen. Gleichzeitig eröffnet sich ein hohes Potenzial zur Mitgestaltung der für die Lernenden unmittelbaren und direkt wahrnehmbaren äußeren Lern- und Arbeitsumgebung in Form des Ausbildungs- oder Schulgebäudes, der Ausbildungs- oder Schulräume und der Außenanlagen. Die (Neu-)Gestaltung der Lern- und Arbeitsumgebung auch unter didaktischen Aspekten kann somit einen großen Einfluss auf die Verbesserung und Optimierung der Ausbildungs- oder Lernorganisation haben.

In der dualen Berufsausbildung sind seit Einführung des Lernfeldkonzepts und der damit verbundenen pädagogischen und didaktischen Orientierung an beruflichen Handlungen eine Vielzahl von entsprechenden Konzepten zur Gestaltung berufsschulischer Lern- und Arbeitsumgebungen bzw. Lernräume entwickelt und erprobt worden. In diesem Zusammenhang erscheint es wichtig, dass Lernraumgestaltung nicht nur als eine zweckrationale bzw. funktionale Aufgabe gesehen wird. Ebenso wichtig sind ästhetische, soziale und berufsdidaktische Aspekte, wie z. B. Entwicklung von Lernkompetenz, Gesundheits- und Kommunikationsförderung sowie Erwerb von Teamfähigkeit. Kommunikationsfähigkeit und Teamfähigkeit können als Schlüsselqualifikationen für berufliches Handeln angesehen werden. Beide Fähigkeiten können im berufsschulischen Unterricht nicht durch Frontalunterricht, sondern nur durch entsprechendes handlungsorientiertes und damit auch selbstorganisierten Lernen erworben werden. Erst die Berücksichtigung der angesprochenen Aspekte und Bedingungen kann zu einer „pädagogisch funktionalen Lernraumgestaltung" (Buddensiek 2008, S. 4) führen.

Aus den inzwischen vielfältig gewonnenen Erfahrungen über die didaktisch angemessene Ausstattung und Gestaltung von Lern- und Arbeitsumgebungen können einige Schwerpunkte herauskristallisiert werden. Sie lassen sich zu einer Checkliste zusammenfassen. Eine solche Checkliste, die für Lern- und Arbeitsumgebungen allgemein eingesetzt werden kann, lässt sich für den Offshore-Sektor entsprechend konkretisieren (vgl. Tab. 13).

Tab. 13: *Checkliste zur Ausstattung und Gestaltung von Lern- und Arbeitsumgebungen speziell für den schulischen Unterricht im Bereich der Offshore-Windenergie (in Anlehnung an Pahl u. a. 2008, S. 76 f./LASKO)*

Checkliste für die Ausstattung und Gestaltung von Lern- und Arbeitsumgebungen zur Ausbildung im Sektor der Offshore-Windenergie				
Fragestellung	Bewertung			
	ja	nein	unbestimmt	Kommentar
Sind ausreichend große Räume vorhanden, in denen Gruppen handlungsorientiert und selbstständig arbeiten und lernen können?				
Ist die Ausstattung der Räume für die Vermittlung von Offshore-orientierten Themen inhalts- und methodenadäquat?				
Entsprechen die Medien den Anforderungen an eine ganzheitliche und handlungsorientierte Ausbildung?				
Sind alle benötigten Offshore-spezifischen Medien Bestandteil der Lern- und Arbeitsumgebung?				
Sind die Lern- und Arbeitsaufträge realen oder realitätsnahen beruflichen Arbeitssituationen entnommen, und haben diese für die Lernenden exemplarische Bedeutung?				
Inwieweit können vielfältige Offshore-bezogene Tätigkeiten und verschiedene, auch unvorhergesehene Fälle durch einen ausgewählten Gegenstand der Lern- und Arbeitsumgebung abgedeckt werden?				
Sind Möglichkeiten vorhanden, sodass Lernende ihre Ergebnisse zu Offshore-bezogenen Lern- und Arbeitsaufgaben sowohl im Unterricht (PC, Beamer ...) als auch in der gesamten Schule präsentieren können?				
Kann in der Lern- und Arbeitsumgebung mit ihren spezifischen Medien ein handlungsorientiertes, selbstgesteuertes und selbstorganisiertes Lernen für Offshore-relevante Themen initiiert werden?				
Lässt die Lern- und Arbeitsumgebung mit den Ausbildungsmitteln Offshore-gerechte kognitive und psychomotorische Vorgänge zu?				
Lassen sich in den Umgebungen Lernarrangements zum handlungsorientierten Lernen und Arbeiten konfigurieren?				

Die Checkliste kann bei der Ausbildungs- und Unterrichtsplanung dazu verhelfen, eine kriterienorientierte Bewertung der Lern- und Arbeitsumgebung unter besonderer Berücksichtigung der Ausbildungsmittel vorzunehmen. Wenn der überwiegende Teil der Fragen positiv beantwortet werden kann, ist eine angemessene

Voraussetzung für selbstgesteuertes Lernen und Arbeiten gegeben. Gleichzeitig sind damit die Anforderungen an die sächliche, personelle und mediale Ausstattung der Lern- und Arbeitsumgebung beschrieben, um selbstgesteuerte Lehr- und Lernprozesse im Bereich der Instandhaltungsausbildung initiieren und fördern zu können.[15]

6.4 Situation bei den Lehrkräften im Bereich der Offshore-Windenergie

6.4.1 Kompetenzen der Lehrkräfte

In der beruflichen Aus- und Weiterbildung sind im Regelfall schulische Lehrer für Theorie und für Berufs- und Fachpraxis, hauptberufliche betriebliche Ausbilder und ausbildende Fachkräfte bzw. nebenberufliche Ausbilder sowie spezielle Weiterbildungslehrer tätig. Dies gilt auch für die Aus- und Weiterbildung im Bereich der Offshore-Windenergie. Die grundlegenden Bildungsvoraussetzungen und damit auch die Qualifikationen und Kompetenzen der Lehrkräfte, die in diesem Sektor tätig werden wollen oder sind, entsprechen daher denen der allgemeingültigen rechtlichen Regelungen und fachlichen Anforderungen an Lehrkräfte im berufsbildenden Bereich.

Voraussetzung der schulischen Lehrkräfte ist insbesondere ein akademischer Bildungsabschluss auf Grundlage der „Rahmenvereinbarung über die Ausbildung und Prüfung für ein Lehramt (...)" (KMK 2007a). Die Vereinbarung regelt die Struktur und Dauer der Ausbildung sowie die Anforderungen an die Personalentwicklung während der Ausübung des Lehrberufs. Die Ausbildung erfolgt in Form von Bachelor- und Masterstudiengängen oder als Lehramtsstudiengang. Integriert ist ein mindestens 12-monatiger Vorbereitungsdienst an einer berufsbildenden Schule, in welchem berufs- und fachpraktische Kenntnisse erworben werden.

Für hauptberufliche betriebliche Ausbilder/-innen gelten zunächst die grundlegenden Bedingungen des Berufsbildungsgesetzes (BBiG 2005). Danach darf nur derjenige ausbilden, der persönlich und fachlich geeignet ist (BBiG 2005, § 28). Die fachliche Eignung umfasst vor allem die für den jeweiligen Beruf erforderlichen berufsfachlichen Fertigkeiten und Kenntnisse. In der Regel muss der Ausbilder über eine Abschlussprüfung in einer dem Ausbildungsberuf entsprechenden Fachrichtung verfügen. Zur fachlichen Eignung gehören aber auch die berufs- und arbeitspädagogischen Kenntnisse (BBiG 2005, § 30 Abs. 1 und 2). Hierzu gehören

---

15 Zur Thematik „Ausstattung beruflicher Lernorte" wird an dieser Stelle auch auf den Beitrag von Pahl und Herkner in der Zeitschrift berufsbildung, Heft 113 (2008), verwiesen.

z. B. Kenntnisse über einschlägige Vorschriften des BBiG, über das Berufsausbildungsverhältnis, die Planung von Berufsausbildungen und die Möglichkeiten zur Förderung von Lernprozessen. Zur Ausübung der Ausbildertätigkeit ist ein Abschluss nach der allgemeingültigen Ausbildungs-Eignungsverordnung (aktuell AEVO 2009) notwendig. Diese Verordnung regelt u. a. den Geltungsbereich der Berufsqualifizierung, die Anforderungen an die berufs- und arbeitspädagogische Eignung sowie die Qualifikations- und Prüfungsmodalitäten.

Die Eignung zur Ausbildung speziell im Handwerk bzw. in handwerklichen Berufen ist zudem in der Handwerksordnung (HwO) und anderen handwerksrechtlichen Vorschriften, wie z. B. der Meisterprüfung, geregelt. Nach diesen ist u. a. die Qualifikation als Meister in der Regel Voraussetzung für die Ausübung eines handwerklichen Gewerbes und damit auch für die Ausbildung in dem jeweiligen Gewerbe. Die Qualifikation als Meister/-in beinhaltet auch die berufs- und arbeitspädagogischen Kenntnisse (Teil IV der Meisterprüfung). Für die zulassungsfreien Handwerke oder handwerksähnlichen Gewerbe (Anlage B der Handwerksordnung) finden die Bestimmungen nach der Ausbilder-Eignungsverordnung Anwendung (vgl. § 22 Absatz 3 Handwerksordnung).

Anforderungen an schulische Theorielehrer/Theorielehrerinnen[16]

Theorielehrer an berufsbildenden Schulen sind in der Mehrzahl akademisch ausgebildete Kräfte mit der Lehrbefähigung für das höhere Lehramt an beruflichen Schulen (Lehramtstyp 5). Dazu müssen sie eine akademische Ausbildung an einer wissenschaftlichen Hochschule auf Grundlage der „Rahmenvereinbarung über die Ausbildung und Prüfung für ein Lehramt (…)" (KMK 2007a) und den darin festgelegten Beruflichen Fachrichtungen absolviert haben. An den berufsbildenden Schulen unterrichten sie im Regelfall in einem berufsbezogenen Fach bzw. in einer Beruflichen Fachrichtung (z. B. Metalltechnik, Elektrotechnik, Hauswirtschaft, Gesundheit) und in einem allgemein bildenden Unterrichtsfach (z. B. Deutsch, Englisch, Mathematik, Physik). Ihr Lehrauftrag umfasst somit die Vermittlung entsprechender berufsfachtheoretischer Kenntnisse sowie eine weiterführende und vertiefte Allgemeinbildung. Dies erfordert sowohl berufsfachliche Kenntnisse als auch allgemeinfachliche und pädagogische Kompetenzen. Zur Aktualisierung, Anpassung und Weiterentwicklung dieser Kenntnisse und Kompetenzen sind regelmäßige und kontinuierliche Fortbildungen wichtig. Die Fortbildung „soll sicherstellen, dass die Personalentwicklung in den fachlich und pädagogisch professionellen Bereichen und in Schulorganisation und Schulmanagement dem Entwicklungsstand der Wissenschaft und der beruflichen Praxis in Betrieben und Institutionen entspricht" (KMK 2007a, S. 3).

---

16   In Anlehnung an Spöttl (2013).

Rechtlicher Bezugsrahmen für die Ausbildung von Lehrkräften für berufsbildende Schulen ist somit die „Rahmenvereinbarung über die Ausbildung und Prüfung für ein Lehramt der Sekundarstufe II (berufliche Fächer) oder für die beruflichen Schulen (Lehramtstyp 5)" (KMK 2007a). Danach sind die entsprechenden Studiengänge für das Lehramt für die beruflichen Schulen (Lehramtstyp 5) so anzulegen, „dass sie den wissenschaftlichen Erkenntnissen sowie der beruflichen Praxis Rechnung tragen und zu einer fachlich und pädagogisch professionellen Handlungskompetenz führen" (KMK 2007a, S. 1). Das Studium gliedert sich in zwei Phasen:

- Studium (Bachelor- und Masterstudiengänge oder Lehramtsstudiengang) einschließlich schulpraktischer Studien,
- Vorbereitungsdienst

und umfasst folgende Teile:

- Bildungswissenschaften mit Schwerpunkt Berufs- oder Wirtschaftspädagogik sowie Fachdidaktiken für die berufliche Fachrichtung und das zweite Unterrichtsfach und schulpraktische Studien im Umfang von 90 ECTS-Punkten,
- Fachwissenschaften innerhalb der beruflichen Fachrichtung (erstes Fach) sowie Fachwissenschaften des Unterrichtsfachs (zweites Fach) im Umfang von insgesamt 180 ECTS-Punkten,
- BA-Arbeit und MA-Arbeit im Umfang von insgesamt 30 ECTS-Punkten (vgl. KMK 2007a, S. 2 ff.).

Anforderungen an schulische Lehrkräfte für Berufs- und Fachpraxis

An berufsbildenden Schulen können neben den akademisch ausgebildeten Theorielehrern auch nichtakademisch bzw. seminaristisch ausgebildete Lehrkräfte für Berufs- bzw. Fachpraxis tätig sein. Für diesen Lehrertyp gibt es in den Bundesländern unterschiedliche Bezeichnungen. Am weitesten verbreitet ist die Bezeichnung „Lehrkraft für Berufs- oder Fachpraxis". Daneben gibt es aber auch die Bezeichnungen Fachpraxislehrer/-in, Fachlehrer/-in, Werkstattlehrer/-in, Technische(r) Lehrer/-in, schulische(r) Ausbilder/-in, Werklehrmeister/-in, Lehrwerkmeister/-in und Labortechniker/in.

Organisation und Durchführung der Ausbildung zur Lehrkraft für Berufs- und Fachpraxis sind insbesondere durch die im Prinzip immer noch gültige KMK-„Rahmenordnung für die Ausbildung und Prüfung der Lehrer für Fachpraxis im beruflichen Schulwesen" (KMK 1973) geregelt. Danach übt die Lehrkraft für Berufs- und Fachpraxis vor allem folgende Tätigkeiten aus:

- selbstständiger Unterricht zur Vermittlung von Fertigkeiten für die praktische Grund- und Fachbildung sowie
- die Mitwirkung bei der Vorbereitung und Durchführung von Versuchen und Übungen im Rahmen oder als Ergänzung des Theorieunterrichts (KMK 1973, S. 2).

Die Ausbildung zur Lehrkraft für Berufs- und Fachpraxis dauert 18 Monate. Sie besteht zu etwa gleichen Teilen aus schulpraktischer und theoretischer Ausbildung. Schulpraktische und theoretische Ausbildung müssen eng aufeinander bezogen sein, wobei die schulpraktische Ausbildung Hospitationen, Unterricht unter Anleitung, sowie Lehrerveranstaltungen in den entsprechenden Tätigkeitsbereichen umfasst. Die theoretische Ausbildung wiederum beinhaltet Didaktik und Methodik der Fachpraxis, ausgewählte Themen der Berufspädagogik, der pädagogischen Psychologie und der pädagogischen Soziologie sowie ausgewählte Themen des Schul- und Berufsbildungsrechts (vgl. KMK 1973, S. 2). Die Ausbildung schließt mit einer staatlichen Prüfung ab (KMK 1973, S. 3). Nach erfolgreicher Abschlussprüfung erhalten die Lehrkräfte für Berufs- und Fachpraxis eine kleine Lehrberechtigung und zwar nur für den berufs- und fachpraktischen Unterricht. Das Tätigkeitsspektrum und das Qualifikationsniveau der Lehrkräfte für Berufs- und Fachpraxis haben sich im Laufe der Zeit erheblich erweitert. Lehrkräfte für Berufs- und Fachpraxis haben heute oft einen Meisterabschluss oder einen Abschluss an einer Fachschule sowie eine zusätzliche berufspädagogische, nichtakademische Weiterbildung in Seminarform absolviert.

Anforderungen an hauptamtliche/hauptberufliche betriebliche Ausbilder/Ausbilderinnen

Die grundlegenden Anforderungen an hauptamtliche betriebliche Ausbilder sind im Berufsbildungsgesetz (BBiG) festgeschrieben. Das neue BBiG setzt bei diesen Ausbildern pauschal die persönliche und fachliche Eignung voraus (BBiG 2005, § 28), hat dazu aber auch detailliertere Bestimmungen erlassen (BBiG 2005, § 30). Rechtliche Grundlage für die persönliche und fachliche Eignung als Ausbilder/Ausbilderin bzw. für den Nachweis des Erwerbs der für die betriebliche Ausbildung notwendigen berufs- und arbeitspädagogischer Fertigkeiten, Kenntnisse und Fähigkeiten ist aber auch die Ausbilder-Eignungsverordnung (AEVO).[17] Da-

---

17 Die AEVO ist im Mai 2003 vorübergehend außer Kraft gesetzt worden. Nach Verabschiedung des neuen Berufsbildungsgesetztes (2005) erfolgte im Jahre 2008 eine (zweite) Novellierung der Ordnung. Die novellierte Fassung ist dann durch Beschluss der Bundesregierung ab dem 1. August 2009 wieder in Kraft gesetzt worden. Gegenüber der novellierten Fassung von 1998 wurden das Anforderungsprofil der Ausbilder und Ausbilderinnen modernisiert und geschärft, die Formulierung der berufs- und

nach haben betriebliche Ausbilder „für die Ausbildung in anerkannten Ausbildungsberufen nach dem Berufsbildungsgesetz den Erwerb der berufs- und arbeitspädagogischen Fertigkeiten, Kenntnisse und Fähigkeiten nach dieser Verordnung nachzuweisen" (AEVO 2009, § 1). Zur Ausbildung geeignet ist demnach nur, wer eine Abschlussprüfung in einer dem Ausbildungsberuf entsprechenden Fachrichtung vorweisen kann und darüber hinaus die Ausbildungseignungsprüfung abgelegt hat (AEVO 2009, § 4). Geeignet ist aber auch, „wer die Prüfung nach einer vor Inkrafttreten dieser Verordnung geltenden Ausbildungs-Eignungsverordnung bestanden hat, die aufgrund des Berufsbildungsgesetzes erlassen worden ist [...], wer durch eine Meisterprüfung oder eine andere Prüfung [...] eine berufs- und arbeitspädagogische Eignung nachgewiesen hat [...], wer eine sonstige staatliche, staatlich anerkannte oder von einer öffentlich-rechtlichen Körperschaft abgenommene Prüfung bestanden hat" (AEVO 2009, § 6 Nr. 1, 2, 3).

Die AEVO formuliert die berufs- und arbeitspädagogische Eignung der zukünftigen Ausbilder und Ausbilderinnen als „die Kompetenz zum selbstständigen Planen, Durchführen und Kontrollieren der Berufsausbildung in den [vier] Handlungsfeldern" (AEVO 2009, § 2). Grundlegende Aufgaben im Rahmen der Handlungsfelder sind:

1. Ausbildungsvoraussetzungen prüfen und Ausbildung planen,
2. Ausbildung vorbereiten und bei der Einstellung von Auszubildenden mitwirken,
3. Ausbildung durchführen und
4. Ausbildung abschließen" (AEVO 2009, § 2).

Die Rolle des betrieblichen Ausbilders hat sich in den letzten beiden Jahrzehnten zum Teil grundlegend verändert. Gründe dafür sind u. a. der gesellschaftliche Wandel von der Industrie- zur Wissens- und Dienstleistungsgesellschaft, die Globalisierung der Wirtschaft sowie neue Anforderungen an (lebenslange) Lehr- und Lernprozesse. Um den Anforderungen an handlungsorientiertes, selbstorganisiertes und arbeitsprozessorientiertes Lernen und Ausbilden gerecht werden zu können, sind in der betrieblichen Ausbildung neue Ausbildungsformen und -methoden eingeführt worden, „die Lernen und Arbeiten sowie informelles und formelles Lernen verbinden. Ihnen ist gemeinsam, dass Arbeitsplätze und Arbeitsprozesse unter lernsystematischen und arbeitspädagogischen Gesichtspunkten erweitert und angereichert werden. Es wird bewusst ein Rahmen geschaffen, der das Lernen unter organisationalen, personalen und didaktisch-methodischen Gesichtspunkten unterstützt, fordert und fördert" (Dehnbostel 2007b, S. 157). In derart gestalteten Lern- und

---

arbeitspädagogischen Eignung kompetenzorientiert gestaltet und inhaltliche Änderungen vorgenommen (vgl. Ulmer/Gutschow 2009).

Ausbildungsprozessen nimmt der Ausbilder nicht mehr die Rolle des Lehrenden bzw. Instruktors, sondern die des Betreuers, Begleiters, Unterstützers und Moderators ein. Seine Hauptaufgabe ist es, die betrieblichen Lern- und Ausbildungsprozesse so zu gestalten, dass handlungsorientiertes, selbstgesteuertes und arbeitsprozessorientiertes Lernen und Arbeiten initiiert, gefordert und gefördert werden. Aufgrund der immer stärkeren Vernetzung von berufsausbildenden Strukturen (wie z. B. in Form von Ausbildungsverbünden und Ausbildungspartnerschaften) muss er darüber hinaus zentrale Aufgaben im lernorganisatorischen, personellen und didaktisch-methodischen Ausbildungsmanagement wahrnehmen und erfüllen (vgl. Dehnbostel 2007b, S. 159 f.).

Aufgrund der immer stärkeren Verlagerung von betrieblichen Ausbildungsphasen in reale betriebliche Arbeitsprozesse (arbeitsnahe oder sogar arbeitsintegrierte Ausbildung) verliert der Beruf des hauptamtlichen Ausbilders zunehmend an Bedeutung. Extrem ist diese Entwicklung vor allem in handwerklichen Kleinbetrieben festzustellen. Hier sind kaum noch hauptberufliche Ausbilder anzutreffen.

Anforderungen an ausbildende Fachkräfte bzw. nebenberufliche Ausbilder

Im Zusammenhang mit der persönlichen und fachlichen Eignung zur dualen betrieblichen Ausbildung sieht das Berufsbildungsgesetz (BBiG) auch die Mitwirkung von so genannten ausbildenden Fachkräften bzw. nebenberuflichen Ausbildern vor. Danach kann an der betrieblichen Ausbildung im Dualen System unter der Verantwortung eines hauptverantwortlichen Ausbilders auch derjenige mitwirken, der keinen Abschluss als Ausbilder oder Ausbilderin nach der Ausbilder-Eignungsverordnung (AEVO) hat, aber „die für die Vermittlung von Ausbildungsinhalten erforderlichen beruflichen Fertigkeiten, Kenntnisse und Fähigkeiten besitzt und persönlich geeignet ist" (BBiG 2005, § 28 Abs. 3). Erforderlich ist darüber hinaus eine Abschlussprüfung in einer dem Ausbildungsberuf entsprechenden Fachrichtung (zum Beispiel Facharbeiterprüfung, Kaufmannsgehilf(en)/-innenprüfung), also eine berufsbezogene fachliche Eignung. Personen mit solchen Voraussetzungen bzw. Qualifikationen können von jeder Ausbildungsbehörde zu ausbildenden Fachkräften bzw. nebenberuflichen Ausbildern bestellt werden und müssen in der Folge eine Doppelrolle als Fachkraft und Ausbilder ausfüllen. Die bestellten ausbildenden Fachkräfte können an der Ausbildung mitwirken und sind dabei für bestimmte Ausbildungsteile bzw. -sequenzen (wie z. B. dem Thema „Arbeitsschutz") verantwortlich. Solche Ausbildungsaufgaben können auch auf nichtpädagogische Ausbilder übertragen werden, wie z. B. Fachkräfte in den einzelnen Abteilungen, Referaten oder Sachgebieten einer Ausbildungsbehörde oder einer Berufsgenossenschaft. Die Gesamt- bzw. Hauptverantwortung für die betriebliche Ausbildung bleibt aber bei den nach BBiG und AEVO anerkannten Ausbildern.

So wie der Beruf des hauptamtlichen Ausbilders selbst in den Industriebetrieben eher selten geworden ist, gewinnen nebenberufliche Ausbilder in der betrieblichen Ausbildung immer stärker an Bedeutung. Ausbildungsaufgaben werden dabei insbesondere von betrieblichen Mitarbeitern übernommen, die an ausbildungsrelevanten Arbeitsplätzen arbeiten und „nebenamtlich" Auszubildende in ihre Aufgaben einführen und sie ausbilden. Über die derzeitige Anzahl dieser ausbildenden Fachkräfte „liegen keinerlei gesicherte statistische Daten vor, aber man kann sicher sein, dass einige hunderttausend Fachkräfte betroffen sind – und dass am Arbeitsplatz auszubilden womöglich schon heute eine relativ normale Zusatzaufgabe für alle Fachkräfte (eben auch die gewerblichen) ist, der sie sich irgendwann in ihrem Berufsleben stellen müssen" (Brater 2011, o. Seitenangabe).

Anforderungen an „Geprüfte Aus- und Weiterbildungspädagogen/Geprüfte Aus- und Weiterbildungspädagoginnen"[18]

Im Zusammenhang mit der weiteren Professionalisierung auch des betrieblichen und überbetrieblichen Aus- und Weiterbildungspersonals ist 2009 der neue Fortbildungsabschluss „Geprüfter Aus- und Weiterbildungspädagoge/Geprüfte Aus- und Weiterbildungspädagogin" eingeführt worden. Durch diesen Beruf sollen die Qualifikationen und Kompetenzen des Aus- und Weiterbildungspersonals und dadurch auch die Qualität in betrieblichen Berufsbildungsprozessen verbessert und moderne Methoden des Lernens in die Unternehmen getragen werden. Ziel der entsprechenden Prüfungen „ist der Nachweis der notwendigen Qualifikationen, um die folgenden Aufgaben eigenständig und verantwortlich wahrnehmen zu können:

1. Bildungsprozesse in der Berufsausbildung sowie betrieblichen Weiterbildung ganzheitlich planen und durchführen, dabei insbesondere:
2. Ausbildungsordnungen umsetzen und betriebliche Weiterbildungsmaßnahmen planen,
3. Auszubildende gewinnen, auswählen und beraten, Beschäftigte in Bildungs- und Lernfragen beraten,
4. Bildungsmaßnahmen organisatorisch und pädagogisch unter Mitwirkung Anderer realisieren,
5. Auszubildende und Beschäftigte lernbegleitend sowie individuell fördern,
6. Fachkräfte in der Aus- und Weiterbildung berufspädagogisch begleiten,
7. die Qualität der Lehr- und Lernprozesse sichern und optimieren" (Verordnung 2009, § 1, Abs. 2).

Die Zulassung zur Prüfung ist an bestimmte Voraussetzungen gebunden, denn „zur Prüfung ist zuzulassen, wer

---

18   In Anlehnung an Pahl (2012).

1. einen Abschluss in einem mindestens dreijährigen Ausbildungsberuf und eine anschließende mindestens einjährige Berufspraxis [nachweisen kann] oder

2. in einem sonstigen anerkannten Ausbildungsberuf und eine anschließende mindestens zweijährige Berufspraxis und eine erfolgreich abgelegte Prüfung nach § 4 der Ausbildungs-Eignungsverordnung oder eine vergleichbare berufs- und berufspädagogische Qualifikation nachweist" (Verordnung 2009, § 2, Abs. 1, 2).

Geprüfte Aus- und Weiterbildungspädagogen bzw. Geprüfte Aus- und Weiterbildungspädagoginnen haben im Rahmen der betrieblichen oder überbetrieblichen Aus- und Weiterbildung vielfältige Arbeitsgebiete abzudecken und Aufgaben zu erfüllen.

6.4.2 Didaktisch-curriculare und methodische Voraussetzungen bei den Lehrkräften

Berufswissenschaftliche, pädagogische sowie didaktisch-curriculare einschließlich methodischer Kenntnisse und Erfahrungen sind unabdingbare Voraussetzungen für die Professionalität der Lehrkräfte im berufsbildenden Bereich. (Berufs-)fachliche Kenntnisse und Qualifikationen der Lehrkraft sind dabei nur eine wichtige Komponente. Gleichrangig wichtig sind aber auch didaktisch-curriculare und methodische Qualifikationen und Kompetenzen. Didaktische und curriculare Grundlagen für die berufliche Bildung unterliegen schon immer einem permanenten Wandel. Seit der Jahrhundertwende wird diese Entwicklung zusätzlich und wesentlich durch verbindliche Vorgaben der EU-Bildungskommission und des EU-Rates zur zukünftigen Gestaltung der europäischen Berufsbildungssysteme beeinflusst, insbesondere im Rahmen des Europäischen Qualifikationsrahmens (EQR). Berufsbildungspolitische Fixpunkte sind nun Outcome- bzw. Lernergebnisorientierung, Kompetenzorientierung, Modularisierung und Kreditpunktesystem. Auf die herkömmliche didaktische und methodische Planung, Gestaltung und Durchführung von beruflichen Lehrprozessen im deutschen Berufsbildungssystem haben diese Vorgaben zumindest bisher nur geringe Auswirkungen. Auch weiterhin werden das Lernfeldkonzept, Zusatzqualifikation, Handlungsorientierung und Kompetenzorientierung übergeordnete curriculare und didaktische Leitziele bleiben.

Die zukünftige Entwicklung im Bereich des deutschen Berufssystems, der Ausbildungsberufe und der Berufsfelder – und damit auch im Bereich curricularer, didaktischer und methodischer Entwicklungen in der beruflichen Bildung – dagegen ist derzeit nicht eindeutig und schlüssig vorhersehbar. Klar ist nur, dass aufgrund der berufsbildungsbezogenen europäischen Regelungen und Vorgaben die derzeitigen Ordnungssysteme mindestens angepasst werden müssen. Dabei ist zu befürchten, dass das Ordnungskonstrukt „Berufsfeld" mehr und mehr aufgelöst werden wird und neue, gestaltungsoffene bzw. berufsfeldübergreifende Berufe entstehen werden, deren Struktur sich nicht mehr an fachsystematischen und technikzentrierten Merkmalen, sondern an berufs- bzw. tätigkeitsübergreifenden Geschäfts- und Arbeitsprozessen orientiert. In diesem Zusammenhang ist z. B. das Konzept der Kernberufe in der Diskussion (z. B. Spöttl/Blings 2011). Auf dem Gebiet der Berufe und deren Entwicklung im Allgemeinen und der Berufe im Offshore-Sektor im Besonderen sowie entsprechender curricularer und didaktischer Konzepte sind allerdings noch vielfältige berufswissenschaftliche Forschungen notwendig. Dabei wird auch die Möglichkeit und Zweckmäßigkeit der Generierung einer Berufswissenschaft bzw. von spezifischen berufsbezogenen Berufswissenschaften untersucht und diskutiert (z. B. Pahl 2013, S. 17. ff.). Über diesen Ansatz könnte eventuell auch das schon lange bestehende Problem ungenügender berufsspezifischer Bezugswissenschaften bearbeitet und gelöst werden.

Aufgrund dieser Entwicklungen sind die (berufs-)wissenschaftlichen, curricularen, didaktischen und methodischen Anforderungen gerade an die Lehrkräfte in Offshore-Windenergie-relevanten Ausbildungsberufen und in offshore-bezogenen Weiterbildungsmaßnahmen/-kursen sehr vielfältig, umfassend und anspruchsvoll. Erforderlich sind zunächst die vorgeschriebenen Bildungsabschlüsse, die zur Ausübung eines Lehrberufs in der beruflichen Aus- und/oder Weiterbildung berechtigen. Im Regelfall ist dies der Abschluss eines Lehramtsstudiums für die Sekundarstufe II (berufliche Fächer) oder für die beruflichen Schulen (Lehramtstyp 5) (KMK 2007a). Betriebliche Ausbilder/-innen wiederum müssen ihre fachliche und persönliche Ausbildungseignung auf Grundlage der Ausbilder-Eignungsverordnung (AEVO 01.08.2009) nachweisen. In (berufs-)fachlicher Hinsicht sind Kenntnisse über die jeweils Ausbildungsberuf- und offshore-bezogenen technischen, technologischen, ökonomischen und Arbeitssicherheits-relevanten Inhalte sowie damit im Zusammenhang stehende gesellschaftlich und sozial bedingte Anforderungen notwendig. Darüber hinaus sind umfassende Kenntnisse zu den rechtlichen Rahmensetzungen der beruflichen Aus- und Weiterbildung im jeweiligen Ausbildungsberuf oder in der jeweiligen Weiterbildungsmaßnahme notwendig (BBiG, HwO, Ausbildungsordnung/Ausbildungsplan, Rahmenlehrplan, rechtliche Regelungen zur Arbeitssicherheit etc.). Zudem müssen die Lehrkräfte umfassende Kenntnisse über das Lernfeldkonzept sowie die Konzepte der Handlungsorientierung und der Kompetenzorientierung besitzen. Unter (berufs-) pädagogischen Aspekten müssen grundlegende pädagogische und soziale Kompetenzen vorhanden sein. In didaktischer Hinsicht wiederum sind umfassende Kenntnisse zur Planung, Gestaltung und Formulierung von jeweils berufsbezogenen Lernzielen und Lernabsichten, zu Lernthemen und Lerninhalten (Thematisierung und Inhaltsauswahl), zur didaktisch begründeten Analyse und Reduktion (Komplexreduktion) sowie zu didaktisch begründeten Methoden (Lehrmethoden, Lernmethoden, Aktions- und Sozialformen etc.) und Medien Voraussetzung (siehe dazu z. B. Pahl/Ruppel 2008).

6.5 Lernvoraussetzungen der Aspirantinnen und Aspiranten

6.5.1 Allgemeinbildende Schulabschlüsse

Auszubildende bzw. Lernende an berufsbildenden Institutionen und Einrichtungen weisen bei näherer Betrachtung eine sehr hohe Individualität und Heterogenität auf. Zur Ermittlung der jeweiligen Lernvoraussetzungen der Lerngruppen und auch der darin integrierten einzelnen Lernenden ist zunächst die Recherche der allgemeinen schulischen Abschlüsse notwendig. Zu klären ist insbesondere, ob die Auszubildenden bzw. Schüler/-innen einen allgemeinbildenden Hauptschulabschluss, einen Realschulabschluss oder den Abschluss einer Oberschule bzw. das Abitur besitzen. In der beruflichen Aus- und Weiterbildung gibt einerseits Lerngruppen, in denen sich ausschließlich Abiturienten befinden, und andererseits solche, bei denen keiner der Lernenden einen guten Hauptschulabschluss vorweisen kann. Dazwischen gibt es alle nur denkbaren Varianten von Zusammensetzungen. Die Heterogenität in sozialem Status, Vorbildung, Alter, Anschauungen, Vorstellungen und Berufseinstellungen in ihrer Gesamtheit hat sich in den letzten beiden Jahrzehnten immer weiter erhöht und ist daher nur schwer erfassbar und beschreibbar.

Die Ermittlung der unterschiedlichen Vorbildung der Aspirantinnen bzw. Aspiranten im Bereich der beruflichen Aus- und Weiterbildung ist zwar äußerst schwierig, gleichzeitig aber sehr wichtig; denn sie hat wesentliche Auswirkungen auf die Gestaltung von beruflichen Lehr- und Lernprozessen. Erst durch die Erfassung dieser Lernvoraussetzungen kann – soweit möglich – wesentlich effizienter und flexibler auf die jeweiligen Ansprüche, Bedürfnisse und Möglichkeiten der Lernenden eingegangen werden. Auch die spezifischen Interessen und Verhaltensweisen der Aspirantinnen und Aspiranten sind in den Blick zu nehmen. Im Einzelnen sind dabei vor allem lernmethodische, soziale, kooperative und kommunikative Kompetenzen der einzelnen Lernenden zu betrachten und zu berücksichtigen.

Die im Rahmen der vorliegenden Studie durchgeführten Unternehmensbefragungen haben ergeben, dass die Offshore-Branche insbesondere auf Akademiker/-innen bzw. Ingenieur(e)/-innen sowie gut qualifizierte Facharbeiter/-innen angewiesen ist. Aspirantinnen und Aspiranten für eine Tätigkeit in diesem Bereich müssen daher zunächst mindestens einen allgemeinbildenden Hauptschulabschluss, besser aber einen Realschulabschluss und/oder das Abitur als Voraussetzung für eine nachfolgende Facharbeiterausbildung oder ein nachfolgendes Studium besitzen. Für beide weiterführenden Bildungsgänge sind darüber hinaus aber auch gute lernmethodische, soziale, kooperative und kommunikative Kompetenzen erforderlich oder zumindest von Vorteil.

6.5.2 Berufsabschlüsse

Neben den jeweils erforderlichen allgemeinbildenden Abschlüssen (Hauptschul-, Realschulabschluss oder Abitur) sollten bzw. müssen Facharbeiter/-innen im Bereich der Offshore-Windenergie einen anerkannten metall- oder elektrotechnischen Berufsabschluss, wie z. B. als Schiffsmechaniker/-in, Konstruktionsmechaniker/-in, Mechatroniker/-in, Industriemechaniker/-in, Anlagenmechaniker/-in, Elektroniker/-in für Betriebstechnik oder Elektroniker/-in für Maschinen- und Antriebstechnik besitzen. Gesucht und beschäftigt werden aber auch Facharbeiter/-innen mit einem Berufsabschluss als Technische(r) Zeichner/-in, Fachkraft für Lagerlogistik oder Fachkraft für Kunststoff und Kautschuk.

Ingenieur(e)/-innen im Offshore-Sektor sollten einen akademischen Abschluss insbesondere in den Beruflichen Fachrichtungen Maschinenbau- und Elektrotechnik, Informatik, Betriebswirtschaft oder in einem naturwissenschaftlichen Fach vorweisen können. Zur professionellen Ausübung der entsprechenden Tätigkeiten sind zusätzlich gute Englischkenntnisse sowie Kenntnisse zu wirtschaftlichen, rechtlichen und umweltrelevanten Aspekten beim Bau von WEA erforderlich.

Bislang ist die Thematik und Problematik der Berufsabschlüsse hinsichtlich ihrer grundlegenden Notwendigkeit und Relevanz speziell für den Bereich der erneuerbaren Energien noch nicht umfassend untersucht worden. Als Basis eines idealtypischen Qualifikationsprofils gilt jedoch nach wie vor die klassische Fachausbildung als Techniker/-in, Ingenieur/-in oder eine metall- oder elektrotechnische Grundausbildung. Zu den derzeitigen Berufsabschlüssen bzw. zur derzeitigen Qualifikationsstruktur der Beschäftigten in der Windenergiebranche liegen dagegen schon detaillierte Untersuchungsergebnisse und damit auch aussagekräftige Erkenntnisse vor. Danach verfügen knapp 80 % der Beschäftigten in dieser Branche über eine abgeschlossene Berufsausbildung und gut jeder Vierte über einen Hochschulabschluss (vgl. dazu 4.5). Damit liegt der Sektor deutlich über dem Durchschnitt aller Wirtschaftsbereiche (vgl. BMU 2012, S. 13).

6.5.3 Bisherige Berufstätigkeit

Eine originäre Berufstätigkeit in einem der angeführten nichtakademischen Berufe ist für eine anschließende Tätigkeit im Offshore-Sektor von Vorteil, nicht aber Bedingung. Es kann aber davon ausgegangen werden, dass in der Praxis ein großer Teil der Beschäftigten vorher in ihrem Ausbildungsberuf oder in einem ihrem Ausbildungsberuf adäquaten Erwerbsberuf tätig waren. Wichtig ist, dass das spezifische Einsatz- bzw. Tätigkeitsgebiet im Offshore-Sektor weitgehend durch die Ausbildungsinhalte eines entsprechenden (Erst-)Ausbildungsberufs oder Studiums oder das Tätigkeitsprofil im bislang ausgeführten Erwerbsberuf abgedeckt wird. So sollten z. B. im Einsatzgebiet „Maritime Industrie und Logistik" vor allem Schiffsmechaniker/-innen und Fachkräfte für Lagerlogistik, im Einsatzgebiet „Fertigung von Komponenten" dagegen Konstruktionsmechaniker/-innen und Verfahrensmechaniker/-innen Kunststoff und Kautschuk eingesetzt werden. In der Planung und Projektierung wiederum sollten vorwiegend Absolventen mit einem akademischen Berufsabschluss beschäftigt werden (vgl. dazu Abb. 27).

Grundlegend sind für eine Tätigkeit im Sektor der Offshore-Windenergie in vielen Fällen sehr hohe allgemeinbildende, berufsfachliche und zum Teil auch maritime Qualifikationen und Kompetenzen notwendig. Von besonderer Bedeutung und Effizienz für den Sektor sind Beschäftigte mit einem Berufsabschluss und/oder einer vorhergehenden Tätigkeit bzw. Berufserfahrung als Mechatroniker/-in oder mit elektrotechnischen und metalltechnischen Qualifikationen und Kompetenzen und/oder entsprechenden praktischen Berufserfahrungen.

6.6 Zur Notwendigkeit und Bedeutung berufswissenschaftlicher Forschungen im Sektor der Offshore-Windenergie[19]

6.6.1 Bedeutung von Berufsforschung und Berufsbildungsforschung für die berufliche Aus- und Weiterbildung

Aufgrund der derzeit noch relativ unklaren und ungeordneten Lage der Berufe und der Aus- und Weiterbildung im Bereich der Offshore-Windenergie im Allgemeinen und der Erstausbildung im Speziellen sind entsprechende wissenschaftliche Forschungen von besonderer Wichtigkeit und Bedeutung. Dies gilt sowohl für die Erforschung von notwendigen Berufsbildern und Berufsstrukturen als auch von effizienten Aus- und Weiterbildungsstrukturen und -konzepten.

Bis Anfang der 1970er-Jahre wurden wissenschaftliche Forschungen zu Berufen und/oder berufsbildungsrelevanten Themen meist innerhalb anderer Wissenschaftsdisziplinen, wie z. B. den Arbeitswissenschaften oder den Erziehungswissenschaften, realisiert. Die dabei erzielten Ergebnisse geben jedoch im Regelfall nur Antworten für die jeweils eigene Disziplin aus ihrer eigenen Wissenschaftsperspektive. Die Erkenntnisse und Ergebnisse mit Blick auf den jeweiligen Beruf und die entsprechende Berufsbildung fallen so eher verkürzt aus und es mangelt ihnen an notwendiger Tiefe. Eine konsequente Hinwendung zu einer empirischen Berufs-,

---

19 In Anlehnung an Becker/Spöttl (2008).

Berufsbildungs- und Qualifikationsforschung hat in den vergangenen Jahrzehnten kaum stattgefunden, so dass bis heute vor allem das Wissen über Berufe, Berufsarbeit und Arbeitsprozesse und deren Zusammenhänge in vielen Gebieten nur unzureichend erschlossen ist. Dies gilt in besonderer Weise für Erkenntnisse zur Unterstützung der Qualifikations- und Kompetenzentwicklung für einen Beruf. Deshalb gelingt es kaum, aus einer Perspektive mit deutlichen Arbeitsbezügen Lehrpläne für die berufliche Bildung zu formulieren, die dann auch konsequent in der Berufsbildungspraxis ihre Umsetzung finden.

Dies gilt auch und insbesondere für neue Wirtschaftsbranchen bzw. neue berufliche Tätigkeiten (wie z. B. den Bereich der Offshore-Windenergie bzw. die damit verbundenen Arbeitstätigkeiten), für die es noch keine anerkannten Ausbildungsberufe und keine rechtlich fixierten Berufsbilder gibt. Hier sind zunächst spezifische wissenschaftliche Forschungen zu Offshore-bezogener Technik und Technologien, zur Facharbeit, zu notwendigen Qualifikationen und Kompetenzen sowie zu effizienten Aus- und Weiterbildungskonzepten notwendig.

Insofern erscheint es konsequent, sich mit der Facharbeit, den praktischen Aufgaben und dem dazugehörigen Geschäfts- und Arbeitsprozesswissen im Offshore-Bereich wissenschaftlich auseinander zu setzen und zum Thema einer Berufs- und Berufsbildungsforschung zu machen, die sich in prospektiver und gestaltungsorientierter Perspektive mit der Entwicklung entsprechender Berufsbilder, beruflicher Curricula, Berufsausbildungsstrukturen, Lehrerbildung sowie beruflicher Lehr- und Lernkonzepte beschäftigt. Voraussetzung dafür ist eine Tätigkeits-, Qualifikations- und Kompetenzforschung, die einen Beitrag zur Entwicklung entsprechender Berufe und Berufsbildungscurricula leistet. Allerdings bedingt dieser Anspruch, die Qualifikationsforschung als eine berufswissenschaftliche auszugestalten und zugleich interdisziplinär anzulegen, um die inneren Zusammenhänge von Arbeitsinhalten zu erschließen und eine überzeugende inhaltliche Ausgestaltung expliziter und impliziter Lernformen sicher zu stellen (vgl. Becker/Spöttl 2008). Nur so kann es gelingen, eine Berufswissenschaft zu etablieren, die einerseits die empirische Erforschung der konkreten Formen und Inhalte von Facharbeit im Bereich der Offshore-Windenergie zum Gegenstand hat und andererseits als Bezugswissenschaft für das Fachstudium von Berufspädagoginnen/Berufspädagogen dienen kann (vgl. Gerds 2001, S. 241 ff.).

6.6.2 Berufswissenschaft als didaktische Basis der Berufsbildung

Die derzeit noch unklare Sachlage, ob für den Offshore-Bereich (neue) Ausbildungsberufe entwickelt und konstruiert werden sollten, kann und sollte im Rahmen entsprechender berufswissenschaftlicher Forschungen untersucht werden. Die berufswissenschaftliche Forschung sieht sich als Disziplin, die ihre Ansätze in enger Verbindung mit der Forschungspraxis definiert, entwickelt und begründet und so häufig mit Akzeptanzproblemen konfrontiert ist, weil sie sich Gegenständen zuwendet, die von anderen, etablierten Wissenschaftsdisziplinen nicht in den Blick genommen werden. Sie konzentriert sich also nicht allein auf einen Beruf und/oder ein Berufsfeld, sondern erschließt Zusammenhänge von „Berufspraxis", „Berufstheorie", Facharbeit, Lehrplänen, Berufsbildern u. a. aus Sicht der Gesellschaft, der Arbeitswelt und der Berufsbildung, um zu Erkenntnissen zu gelangen, die für die Gestaltung der Berufsbildung von Bedeutung sind.

Grundlegendes Ziel berufswissenschaftlicher Forschungen ist die Generierung einer Berufswissenschaft bzw. von jeweils spezifischen Berufswissenschaften. Berufswissenschaft ist eine Disziplin, die sich mit den „in den Berufen und Berufsfeldern zum Ausdruck kommenden Inhalten und Formen der berufsförmig organisierten Facharbeit in ihrem Wechselverhältnis zum Gegenstand der Arbeit und den damit wechselwirkenden Qualifizierungs- und Bildungsprozessen und ihren Potentialen" (Rauner 2001, S. 192) auseinandersetzt. Damit bearbeitet sie einen eigenständigen Forschungsgegenstand, der gegenüber anderen Forschungsdisziplinen deutlich abgegrenzt werden muss, ohne die notwendigen interdisziplinären Zugänge zu vernachlässigen. Wissenschaftssoziologisch betrachtet zeichnen sich Wissenschaften zunächst einmal dadurch aus, dass sie den Weg in die universitäre Lehre und Forschung erfolgreich beschritten haben. Historisch betrachtet ist die Frage nach dem konstituierenden Moment beruflicher Fachrichtungen bereits entschieden. Lehramtsstudiengänge gewerblich-technischer Prägung und andere haben den Einzug in die Universitäten im letzten Jahrhundert vollzogen.

Hinsichtlich ihrer inhaltlichen und curricularen Reichweite kann die Berufswissenschaft in einem allgemeinen und einem spezifischen Sinne strukturiert werden. Die übergeordnete allgemeine Berufswissenschaft umfasst und liefert generalisierende bzw. allgemeine Aussagen, die für alle oder zumindest viele Berufe und Berufsfelder sowie alle mit beruflichen Tätigkeiten und Berufsbildung Befassten bedeutsam und/oder relevant sind. Man kann diese daher als Theorie der Berufe, d. h., der Lehre und Forschung über Berufe und Berufsfelder interpretieren.

Die spezifische Berufswissenschaft wiederum kann in einem weiten und einem engeren Sinne interpretiert werden und ist insbesondere für die Professionalisierung der Lehrkräfte im Bereich der Berufsbildung von Relevanz. Die spezifische Berufswissenschaft im weiten Sinne richtet sich im Wesentlichen auf die Theorie und Praxis der Fachinhalte eines spezifischen Berufs und die damit verbundene berufliche Arbeit sowie die in diesem Beruf erforderlichen fachlichen Qualifikationen und Kompetenzen. Sie erfasst somit spezifische berufs- bzw. fachwissenschaftliche Erkenntnisse im Vorfeld von Didaktik und Methodik beruflichen Lehrens und Lernens. Für das höhere Lehramt an berufsbildenden Schulen umfasst das entsprechende Wissen insbesondere auch dasjenige, das Berufspädagog(en)/-innen für ihre

Profession benötigen und das insbesondere auch die vertieft studierten Fächer beinhaltet. Dazu gehört insbesondere allgemeines Fachwissen auf den Gebieten der

- allgemeinen Bildung und Erziehung sowie der allgemeinen Didaktik und Methodik,
- Schulorganisation und Lernorganisation,
- Didaktik beruflichen Lernens (Berufsdidaktik) und der Didaktik des Zweitfaches (Fachdidaktik),
- Fachwissenschaften,
- Ausbildungs- und Schulrechtsfragen.

```
┌─────────────────────────────────────────────────┐
│                Berufswissenschaft               │
└─────────────────────────────────────────────────┘
                         │
┌─────────────────────────────────────────────────┐
│          Allgemeines Verständnis:               │
│                Theorie der Berufe,              │
│   d. h. der Lehre und Forschung über die Berufe,│
│   Berufsfelder und Beruflichen Fachrichtungen   │
│         in Bezug zu Arbeit,                     │
│            Technologie, Bildung.                │
└─────────────────────────────────────────────────┘

┌─────────────────────────────────────────────────┐
│           Spezielles Verständnis:               │
│                                                 │
│                 Weiter Begriff                  │
│                                                 │
│  Berufswissenschaft als Wissen, das Berufs-     │
│  pädagogen für ihre spezielle Profession        │
│  benötigen und das insbesondere auch            │
│  spezielles Wissen zu den vertieft studierten   │
│  (Zweit-) Fächern beinhaltet:                   │
│   – Arbeits- und Technikdidaktik                │
│   – Allgemeine Didaktik                         │
│   – Fachwissenschaften                          │
│   – Organisation und Lernorganisation,          │
│   – Ausbildungs- und Unterricht,                │
│   – Schulrecht                                  │
│                                                 │
│                  Enger Begriff                  │
│                                                 │
│  Berufswissenschaft als Fach- und Bezugs-       │
│  wissenschaft einer Beruflichen Fachrichtung    │
│  bzw. als Theorie und Praxis                    │
│    - des Berufsfeldes                           │
│    - des Berufes                                │
│    - der Arbeit auf verschiedenen               │
│      Qualitätsniveaus                           │
│    - der Beruflichen Fachrichtung, z. B.        │
│          Metalltechnik                          │
│          Bautechnik                             │
│          Elektrotechnik                         │
└─────────────────────────────────────────────────┘
```

Abb. 31:   Begriff "Berufswissenschaft" aus Sicht der Lehrkräfte des Berufsbildungsbereiches (eigene Darstellung)

Die spezifische Berufswissenschaft im engeren Sinne wiederum kann als Fachwissenschaft einer Beruflichen Fachrichtung ausgewiesen und generiert werden. Diese umfasst die konkreten zu vermittelnden Fachthemen, -inhalte und -gegenstände, wie z. B. kennzeichnende Geschäfts- und Arbeitsprozesse, Arbeitsorganisation, Arbeitssicherheit, technische und technologische Komponenten und Merkmale (vgl. Abb. 31).

Ein besonders bedeutsames Merkmal der spezifischen Berufswissenschaft besteht in der Möglichkeit, als Bezugswissenschaft für berufliches Lehren und Lernen in einem spezifischen Ausbildungsberuf fungieren zu können. Durch ihre Interdisziplinarität, Kontextbezogenheit und Praxisorientierung wäre eine solche Wissenschaft eventuell in besonderem Maße dazu geeignet, als didaktische Basis für die Planung und Gestaltung von beruflichen Aus- und Weiterbildungsprozessen im Bereich der Offshore-Windenergie zu dienen.

6.7 Didaktische Entscheidungsmöglichkeiten zur beruflichen Aus- und Weiterbildung

6.7.1 Traditionelle Fachdidaktik

Bis Ende der 1960er-Jahre war die schulische Berufsbildung in der BRD vor allem durch die insbesondere in der Weimarer Republik konstituierte klassische Berufsschuldidaktik geprägt (Stichworte: Fachkunde und Frankfurter Methodik). Im Wesentlichen artikulierte diese „einschlägige Fragen der Lehrplan- und Unterrichtsgestaltung im Kontext der spezifischen Bedingungen der neuen technisch-gewerblichen Bildungsinstitution […]" (Schütte 2001, S. 33). Leitfächer der Berufsschuldidaktik waren zunächst nur Werkkunde bzw. Fachkunde und Staatsbürgerkunde. Die Berufsschuldidaktik brach „sowohl mit dem didaktischen Primat des Berufs als auch mit dem älteren, an den Technischen Fachschulen erprobten Primat der Systematik" und „generierte […] seit den späten 1920er-Jahren das Primat des Fertigens" (Schütte 2001, S. 35). Die Ordnung berufsschulischen Unterrichts in Form von Fächern erfolgte jedoch keinesfalls systematisch, sondern aufgrund folgender historischer Strukturbedingungen: Tradition, Selbstverständnis der Lehrer sowie Fehlen einer pädagogischen Theorie (vgl. dazu Blättner 1947, S. 71 in Clement 2006, S. 262 f.).

Bei der Transformation der auf Grundlage lernpsychologischer Erkenntnisse organisierten Berufsschuldidaktik in den frühen 1970er-Jahren zu einer wissenschaftstheoretisch gestützten Didaktik der Fächer bzw. einer Fachdidaktik konzentrierte sich „die didaktische resp. methodische Reflexion auf bestimmte Technikbereiche und/oder einzelne Unterrichtsfächer" (Schütte 2001, S. 34). Damit verbunden waren u. a. die Substituierung der Fach- bzw. Technikkunde durch Technologie(kunde) sowie die Erforschung und Übernahme technik- bzw. ingenieurwissenschaftlicher Erkenntnismethoden und Wissensbestände.

Fächersystematische Unterrichtskonzepte stellen ein curriculares Prinzip dar, „bei dem sich Lehrplanautoren und Lehrkräfte an einer innerhalb der Berufsgruppe konsensfähigen Vorstellung davon orientieren, welche Inhalte einer bestimmten Fachdisziplin für eine Zielgruppe Relevanz besitzen" (Clement 2006, S. 261). Inhaltlich definieren sich solche (Schul-)Fächer „über besondere Gegenstandsbereiche, Zugangsweisen, Verfahren, Begrifflichkeiten und Methoden ihrer Arbeit. [...]. Zugleich bilden Fächer jedoch auch institutionelle Gebilde. [...]. Und schließlich zählt auch das Vorhandensein einer fachspezifischen Metadiskussion [...] zu den wichtigen Konstitutionsfaktoren eines Schulfachs" (Clement 2006, S. 261 f.). Besonders für die fachtheoretischen Fächer an berufsbildenden Schulen trifft jedoch mehr denn je zu, dass diese „inhaltlich unscharfe, häufig bewusst künstlich gesetzte Grenzen zu ihren Nachbarfächern aufweisen und dass ihnen weder eine spezifische akademische Bezugsdisziplin, noch eine besondere Lehrerausbildung und auch keine Fachdidaktik zugeordnet ist" (Clement 2006, S. 262). Diese Einschätzung hat im Zuge der technischen, technologischen und arbeitsorganisatorischen Entwicklung im Bereich beruflicher Arbeit hin zu immer komplexeren und berufsübergreifenden Arbeitsprozessen stark an Bedeutung gewonnen. Daher ist die Fächerstruktur zumindest für berufsfachlichen Unterricht didaktisch nur noch bedingt sinnvoll und zweckmäßig.

Letztere Aussage trifft auch auf die schulische Berufsbildung im Sektor der Offshore-Windenergie zu.

Selbst die von Sektorexperten in Interviews, Fallstudien und Workshops schlagwortartig genannten Themengebiete (bspw. Triebstrang einer WEA, Hydraulik, Werkstoffkunde, Hebetechnik, Leistungselektronik, Sensorik, Technik der Generatoren, Umrichter, Transformatoren und Motoren, Blitzschutzsystem, Persönliche Schutzausrüstung, Arbeitssicherheit) spiegeln nicht zuletzt das Vorhandensein einer auf Fachsystematik ausgerichteten Denkweise wieder.

6.7.2 Technikzentrierte Berufsbildungskonzepte (Technikdidaktik)

Die technikzentrierte Berufsbildung bzw. die entsprechende Technikdidaktik hat ihren Ursprung in der im ersten Drittel des 20. Jahrhunderts entwickelten industrietypischen Lehrlingsausbildung in gewerblich-technischen Berufen. In diesem Zuge sind die traditionellen handwerklichen Lernkonzepte und das damit verbundene traditionelle Modell beruflichen Lernens schrittweise durch beruflich-systematische und technikbezogene Lernkonzepte ersetzt worden. Markantestes Merkmal der industrietypischen Lehrlingsausbildung war „zweifellos der Lehrgang, der als Ausbildungsmittel eine planmäßige, systematische Ausbildung ermöglichen soll" (Kipp 1987, S. 226). Die Lehrgänge waren (und sind) durch eine Abfolge von Unterweisungen gekennzeichnet, „in denen sequentiell einzelne berufliche Fertigkeiten vermittelt, erlernt und trainiert werden" (Bonz 1999, S. 207 f). Ihnen lag (und liegt) eine geschlossene Gesamtkonzeption zugrunde.

Wie der Name schon sagt, fokussiert die Technikdidaktik im Wesentlichen auf die gewerblich-technischen Berufsfelder und Berufe, wobei zwischen diesen aber angesichts der Vielfalt der anzutreffenden Werkstoffe, Arbeitsverfahren und Arbeitsprozesse teilweise andere oder differenzierende didaktische Aspekte zutreffend sind. „Eine gemeinsame Klammer sind allerdings der Technikbegriff [...], curriculare und didaktische Aspekte [...] und didaktische Grundformen [...]" (Lipsmeier 2006, S. 283). Basis der Technikdidaktik waren und sind die Genese von technischen Wirtschaftsbereichen (insb. Maschinenbau, Bautechnik, Elektrotechnik) zu wissenschaftlichen Disziplinen sowie die didaktische Systematisierung (insb. Frankfurter Methodik) der Berufsausbildung ab Anfang des 20. Jahrhunderts. Dem Technikunterricht und damit auch der Technikdidaktik beruflicher Schulen lagen bis Ende der 1960er-Jahre allerdings „positivistische oder gar irrationale Auffassungen von Technik zugrunde" (Lipsmeier 2006, S. 286), die Technik und Technologien als im Regelfall feststehend und inhuman charakterisierten. Erst im Rahmen der großen Bildungsreform sind als neue Zielformen für den Technikunterricht „der Technikbegriff der Systemtheorie mit seiner naturalen, humanen und sozialen Dimension sowie Gestaltbarkeit und Sozialverträglichkeit von Technik" (Lipsmeier 2006, S. 286) formuliert und festgeschrieben worden..

Das technikbezogene Berufsbildungskonzept ist für die gewerblich-technische Berufsbildung auch heute noch von Bedeutung. Nach Lipsmeier (2006, S. 290 ff.) und Ott (2011, S. 138) können dabei folgende technikdidaktische Grundkonzeptionen unterschieden werden:

- experimentierende Technikdidaktik bzw. experimentierendes Lernen,
- problemlösungsorientierte Technikdidaktik,
- wissenschaftsorientierte Technikdidaktik,
- strukturtheoretische Technikdidaktik,
- integrative Technikdidaktik,
- ganzheitliche Technikdidaktik,
- gestaltungsorientierte Technikdidaktik,
- systemtheoretische Technikdidaktik.

Einen Paradigmenwechsel erfuhr die Technikdidaktik durch die Erweiterung um das Bildungsziel der humanen und sozialökonomischen Technikgestaltung. Dieser Ansatz interpretiert Technik nicht nur aus natur- und ingenieurwissenschaftlicher Erkenntnisperspektive bzw. aus funktionaler Sicht. „Eine solche Techniklehre befähigt Ingenieure, Technik zu konstruieren und instrumentell zu beherrschen, sie versetzt Facharbeiter in die Lage, Technik zu handhaben, und erlaubt damit beiden, instrumentell über Technik zu verfügen. Sie werden jedoch nicht befähigt, die Implikate ihrer Tätigkeiten zu reflektieren, die Zweckmäßigkeit zu überprüfen oder Gestaltungen in gesellschaftlicher Verantwortung vorzunehmen" (Sachverständigenkommission 1988, S. 123). Das Bildungsziel „Befähigung zur sozialverträglichen Gestaltung von Arbeit und Technik" sollte deshalb als eine weitere Grundkonzeption in die Technikdidaktik integriert werden. Dadurch sollen Jugendliche und Erwachsene in der Berufsbildung dazu befähigt werden, Technik auch in ihrer Entstehung, ihren konkreten Formen sowie in ihren vielfältigen Wechselverhältnissen zur Natur, zur gesellschaftlichen, intellektuellen und sozialökonomischen Entwicklung zu begreifen und Technik mit Souveränität zu handhaben und (mit) zu gestalten (vgl. Sachverständigenkommission 1988, S. 125). „Ein entsprechendes unterrichtlich umsetzbares schlüssiges Technikdidaktik-Konzept [ist] bislang allerdings erst in Ansätzen erkennbar" (Lipsmeier 2006, S. 293) (siehe dazu die folgenden Kapitel 6.2.3 und 6.2.4). Vorbehalte gibt es vor allem von betrieblicher Seite, deren diesbezügliche Akzeptanz immer noch „eher verhalten oder sogar nicht vorhanden" (Pahl 2003, S. 64) ist. Eine „Gestaltungskompetenz, die insbesondere die Fähigkeit zum Beherrschen und zum Mitgestalten von komplexen Arbeitsprozessen und der zugehörigen Technik umfasst" (ebd.), sollte aber auch für die Betriebe eine wichtige berufliche Qualifikation darstellen.

Berufswissenschaftliche Forschungen im Windenergiesektor zeigen, dass Technologieentwicklung zwischen Fachkräften und Ingenieuren über ein entsprechendes Verbesserungsvorschlagswesen der Unternehmen vermittelt wird. Zur Entwicklung von Gestaltungskompetenz für komplexe Arbeitsprozesse bedarf es jedoch einer weiteren Stärkung der beruflichen Facharbeit auch außerhalb der Fertigungsabläufe, sprich an den Windenergieanlagen vor Ort.

6.7.3 Integrative Arbeits- und Technikdidaktik

Ansätze zu einer integrativen und schon weitestgehend wissenschaftsorientierten Arbeits- und Technikdidaktik sind erstmals in den 1990er-Jahren am Institut für Berufliche Fachrichtungen der TU Dresden entwickelt worden. Mit diesem didaktischen Konzept soll und kann didaktisch sinnvoll und zweckmäßig auf den immer schnelleren Wandel nicht nur der Technik und Technologien (naturwissenschaftlich-technische Dimension), sondern auch der beruflichen Arbeit und Arbeitsprozesse (individuelle Dimension) in gewerblich-technischen Berufen sowie den damit verbundenen betrieblichen, gesellschaftlichen und ökonomischen (politisch-ökonomische Dimension) Entwicklungen reagiert werden. Der Akzent liegt somit auch auf dem Subjekt bzw. dem Lernenden, d. h. Technik und Arbeit sind Mittel zum Zweck personaler Bildung. Die stärkere Einbeziehung der beruflichen Arbeit in den Lernprozess führt dazu, die mit der Technik verbundenen Arbeitsprozesse besser zu verstehen und entsprechend handeln zu können, wobei auch gesellschaftlich und sozial relevante Aspekte von Bedeutung sind. Um dieses Bildungsziel zu erreichen, müssen die Auszubildenden dazu befähigt werden, sich selbstständig an zukünftige technische, technologische sowie arbeitsorganisatorische und arbeitsprozessbezogene Veränderungen anpassen zu können.

Der integrative arbeits- und technikdidaktische Ansatz lässt sich beschreiben als Erweiterung des traditionellen technikdidaktischen Ansatzes um den Faktor der (Fach)Arbeit bei stärkerer Einbeziehung individueller Lernvoraussetzungen und Lerninteressen der Auszubildenden und ihrer (zukünftigen) beruflichen Tätigkeiten in den Lern- und Arbeitsprozess. Man kann bei diesem Ansatz daher auch von einer ganzheitlicheren wissenschaftlichen Technikdidaktik sprechen. Grundlegende Komponenten dieses erweiterten technikdidaktischen Konzeptes sind „ein kritisch-reflexives Technikverständnis als Voraussetzung" (wie es die Technikdidaktik verfolgt) sowie „eine autonome Handlungskompetenz als Vermittlungsziel" (Ott 2001, S. 13). Beide Komponenten „beziehen sich auf zwei Handlungsdimensionen. Einerseits auf die Fähigkeit zum intelligenten Handeln nach grundlegenden technischen Strukturregeln (wie sie beispielsweise die allgemeine Technologie bereitstellt), andererseits aber auch die sprachliche Interaktion (also kommunikatives Handeln) im Sinne der Verständigung über gesellschaftlich-politische und sozialkulturelle Werte in mehrperspektivischer und arbeitsorientierter Akzentsetzung" (Ott 2001, S. 13). Diese konzeptionelle Erweiterung gegenüber der Technikdidaktik hatte ihren Ursprung in „der allgemeinen pädagogischen Diskussion, die im Zuge der Einführung des Unterrichtsfaches ‚Arbeitslehre' oder ‚Technik' an den allgemein bildenden Schulen vorgenommen wurde" (Pahl/Ruppel 2008, S. 52). Damit verbunden war eine stärkere Ausrichtung auf tätigkeits- und arbeitsprozessübergreifende Qualifikationen, die prinzipiell auch auf andere Arbeitsprozesse übertragbar sind. Dabei sind neben technischen und technologischen auch wirtschaftliche, gesellschaftspolitische, soziale und ethische Aspekte der Facharbeit zu berücksichtigen. Die individuellen Voraussetzungen und Ansprüche der Lernenden wurden bei diesem Erweiterungsansatz jedoch nicht oder nur indirekt berücksichtigt.

Das Konzept der Arbeits- und Technikdidaktik geht deshalb noch weiter und rückt im Vermittlungsprozess – neben der Technik und Technologie und der beruflichen Arbeit – auch die Voraussetzungen, Intentionen und Interessen der Lernenden in den Vordergrund. Ziel ist die Vermittlung einer umfassenden beruflichen Handlungskompetenz, die auch gesellschaftliche und soziale Handlungskompetenz sowie Selbstständigkeit und Selbstbestimmung einschließt. Ein grundlegendes

Merkmal des arbeits- und technikdidaktischen Ansatzes ist somit die Verknüpfung der Ansprüche der Lernenden mit gesellschaftlichen Intentionen und Interessen (vgl. ebd., S. 57). Als weitere anzustrebende Ziele und Kriterien dieses Ansatzes können genannt werden:

- Gewährleisten von Offenheit hinsichtlich der Lerninteressen,
- Aufzeigen der Gestaltbarkeit von Arbeit und Technik,
- Herausstellen transferierbarer technischer Inhalte und Strukturen,
- Fördern von Analyse- und Handlungsfähigkeit an technischen Systemen sowie zu Arbeits- und Lebensbedingungen,
- Herstellen von mehrdimensionalen Bezügen zu Inhalten und Fördern fächerübergreifender Betrachtungsweisen,
- Vermitteln von Sach-, Sozial- und Methodenkompetenz bzw. einer über das engere Fachliche und Berufliche hinausgehende Handlungskompetenz,
- Entwickeln von Mündigkeit und Selbstbestimmung sowie Flexibilität und Mobilität der Lernenden,
- Ermöglichen von Berufs- und Lebensorientierung,
- Abwägen individueller und gesellschaftlicher Ansprüche (vgl. ebd., S. 60).

Zusammenfassend geht es „bei dem arbeits- und technikdidaktischen Ansatz darum, Arbeit und Technik mehrperspektivisch darzustellen, komplexe Zusammenhänge sichtbar zu machen und diese mit den Ansprüchen, Interessen und Erfahrungen der Lernenden zu verknüpfen" (Pahl/Ruppel 2008, S. 63). Didaktische Grundlage des Ansatzes sind somit ganzheitliche Inhalte und Methoden bzw. Themen- und Inhalte, wie z. B. ganzheitlich angelegte Verfahrens- oder Arbeitsprozesse bzw. Prozessketten. Bei der Planung und Gestaltung des beruflichen Unterrichts kann dabei z. B. auf den von Schilling (1981, S. 240; s. auch Pahl/Ruppel 2008, S. 69) für den Sektor „Maschinenbautechnik" entwickelten didaktisch-curricularen Strukturierungsansatz zurückgegriffen werden. Eine im Wesentlichen gleichartige Strukturierung ist auch für den Sektor der Offshore-Windenergie möglich.

Sowohl in der schulischen als auch der betrieblichen Ausbildung müssen die beruflichen Aufgaben im Offshore-Sektor in möglichst realitätsbezogene Handlungsfelder und Handlungssituationen eruiert und in entsprechende Lernsituationen didaktisiert werden. Dies kann und sollte auf Basis einer vollständigen Handlung erfolgen. Exemplarisch ist für den Bereich bzw. das Handlungsfeld der Instandhaltung von Offshore-WEA dabei folgendes Handlungsschema einschließlich entsprechender Handlungs- bzw. Lernsituationen sinnvoll wie nachstehende Tabelle zeigt.

Tab. 14: Handlungs- bzw. Lernsituationen im Handlungsfeld „Instandhaltung an Offshore-WEA" (in Anlehnung an Hartmann/Mayer 2012, S. 101 f.)

Berufliches Handlungsfeld „Service/Instandhaltung an Offshore-WEA" Handlungssituationen	
1. Handlungsebene	2. Handlungsebene
Vorbereitung der Instandhaltungsmaßnahme an einer spezifischen Offshore-WEA	Auftrag bzw. Lern- und Arbeitsaufgabe zur Instandhaltung (Wartung, Inspektion, Instandsetzung, Verbesserung) annehmen und Problematik verstehen.
	Informationsbedarf identifizieren und falls erforderlich Informationsbeschaffung planen.
	Entscheiden, welche Informationen und Informationsquellen relevant sind.
	Informationen über die Offshore-WEA einholen (z. B. anhand Anlagendokumentation des Herstellers, von Daten aus dem Condition-Monitoring-System sowie über Werkzeuge, Instrumente und Geräte).
	Kontrollieren der Informationsquellen.
	Reflexion und Bewerten der Informationsbeschaffung (Sind alle relevanten und geeigneten Quellen ausgewertet worden?).
Planen der Instandhaltungsmaßnahme	Planungsmaßnahmen, Werkzeuge und Instrumente identifizieren, erforderliche Informationen einholen.
	Erstellung und Einsatz der Planungsinstrumente, Werkzeuge und Instrumente vorbereiten.
	Entscheiden, welche Instandhaltungsmaßnahmen, welche Werkzeuge und Instrumente zu welchem Zweck eingesetzt werden sollen.
	Erstellen eines Wartungs-/Inspektions-/Instandsetzungs-/Verbesserungsplans für die Offshore-WEA (u. a. Art und Reihenfolge der Tätigkeiten sowie des Einsatzes von Hilfsmitteln planen).
	Kontrollieren der Planung.
	Reflexion und Bewerten der Planung.
Entscheiden über anzuwendende Grundmaßnahmen der Instandhaltung	Informieren, welche Teammitglieder in die Entscheidung einbezogen werden sollen und auf welchen Grundlagen sie zu informieren sind.
	Planen der Entscheidung, z. B. durch den Einsatz einer Matrix oder eines Entscheidungsbaums.
	Begründung der Entscheidung.

	(Gemeinsames) Fällen der Entscheidung über anzuwendende IH-Maßnahmen, besonders bei Tätigkeiten im Team mit Reihenfolge, einzusetzenden Werkzeugen und Instrumenten.
	Kontrollieren der Entscheidungsgrundlagen vor dem Hintergrund der Bedingungen.
	Bewertung der Entscheidung – Iteration.
Durchführung der Instandhaltungsmaßnahme (ggf. mehrmaliges Durchlaufen dieser Handlungssituation)	Informieren über geplante Maßnahme(n) und Vor-Ort-Bedingungen (Anlagenzustand „erfahren", z. B. Anlage sehen, hören, riechen etc.).
	Anpassung der Ausführungsplanung in Teamabsprache vor Ort.
	Entscheiden über die angepasste Ausführung und den Einsatz der Werkzeuge und Instrumente.
	Durchführung der Instandhaltungsmaßnahme(n).
	Kontrollieren der Wirksamkeit der ausgeführten IH-Maßnahme(n).
	Reflexion und Bewerten der Ausführung.
Abschließende **Funktionskontrolle** aller Teilsysteme der Offshore-WEA	Informationen über durchgeführte Instandhaltungsmaßnahme(n) zusammentragen.
	Planen der Kontrolle(n).
	Entscheiden der Kontrolle(n).
	Funktionskontrolle(n) durchführen und dokumentieren.
	Kontrollieren, ob alle Teilsysteme überprüft wurden.
	Reflexion und Bewerten der Kontrolle(n).
Auswertung der Instandhaltungsmaßnahme und Abgleich mit Condition-Monitoring-System	Zusammentragen der Dokumentationen.
	Planen der Auswertung.
	Entscheiden der Auswertung.
	Auswerten der Instandhaltungsmaßnahe(n) im Team und mit Teamleiter/-in) bzw. Disponent/-in), Abgleich mit Condition-Monitoring-System der Anlage.
	Kontrollieren der Auswertung.
	Bewerten der Kommunikation im Team und der Kommunikation mit den Schnittstellen des Condition-Monitoring-Systems.

Zur inhaltlichen Ausgestaltung und Konkretisierung der Handlungs- bzw. Lernsituationen sind zwei didaktische Zugangsoptionen möglich: Zum einen der Zugang über einen anerkannten Ausbildungsberuf mit sektorrelevanten Inhalten (wie z. B. Mechatroniker/-in), zum anderen der Zugang über reale bzw. sektorbezogene berufliche Handlungsfelder und Handlungssituationen. Beide Zugänge liefern für die jeweilige Lernsituation eine kompetenzorientierte Beschreibung der Anforderungen an die beruflichen Handlungen und damit auch an die didaktischen Anforderungen an die Aus- und Weiterbildung.

6.7.4 Didaktische Konzepte im Zusammenhang von (Fach-)Arbeit, Technik und (Berufs) Bildung

Der vorgestellte arbeits- und technikdidaktische Ansatz stellt gegenüber dem traditionellen technikdidaktischen Ausbildungskonzept zwar schon eine didaktisch sinnvolle Erweiterung um das wichtige Element der (Fach-)Arbeit dar, berücksichtigt aber noch nicht die Kategorie und das Ziel „Bildung" in gesellschaftlich angemessener Weise. Im Fokus steht dabei u. a. die gleichberechtigte Verbindung von Berufsbildung und Allgemeinbildung. Über diesen Ansatz sollen und können im Rahmen der Berufsausbildung nicht nur (berufs-)fachliche Qualifikationen sondern auch allgemeine bzw. gesellschaftlich notwendige persönliche Kompetenzen (wie z. B. Lernkompetenz, Sozialkompetenz, Kommunikationskompetenz) vermittelt und von den Auszubildenden erworben werden.

Die ganzheitliche und wissenschaftliche Technikdidaktik versucht deshalb, die drei zentralen berufsbildenden Komponenten „(Berufs-)Arbeit", „Technik/Technologie" und „(Berufs-)Bildung" in gleichberechtigter Weise in den Ausbildungsprozess zu integrieren. Ein solches ganzheitliches Didaktikkonzept begreift ein kritisch-reflexives Arbeits- und Technikverständnis als Voraussetzung, eine autonome berufliche Handlungskompetenz (verstanden als Fach-, Methoden-, Sozial- und Individualkompetenz) als Vermittlungsziel sowie die Befähigung bzw. Bildung zur (Mit-) Gestaltung von Arbeit und Technik auch unter gesellschaftlichen, humanen und sozialen Aspekten als gleichrangige und voneinander abhängige Komponenten beruflicher Bildungsprozesse. Dieses Wechselverhältnis „begründet zwei grundlegende technikdidaktische Ansätze – den Anpassungs- und Gestaltungsansatz" (Ott 2001, S. 14).

Das ganzheitliche technikdidaktische Konzept basiert somit auf einer Vielzahl von curricular offenen Aspekten:

- „Interdisziplinärer Aspekt (Wissenschaftstheorie, Sozialphilosophie, Industriesoziologie, Technikgeschichte),

- Gesellschaftspolitischer Aspekt (Technikentwicklung, Technikbewertung, Technikfolgen, Technikgestaltung),
- Fachwissenschaftlich-curricularer Aspekt (Informations- und Kommunikationstheorie, offene Curricula, autonome Curricula, didaktische Leitlinien),
- Psychologisch-soziologischer Aspekt (Lern- und Arbeitsbedingungen, Technik und Beruf, Arbeit und Bildung, Qualifikationswandel),
- Unterrichtspraktischer Aspekt (berufliche und allgemeine Bildung, ganzheitlicher Technikunterricht, methodisch-operatives Lernen, ganzheitliche Lernkontrolle)" (Ott 2011, S. 140).

6.7.5 Didaktische Konzepte unter besonderer Berücksichtigung der neuen Beruflichkeit

Es deutet sich an, dass das derzeit bestehende deutsche Berufs- und Berufsbildungskonzept und die damit verbundene Beruflichkeit u. a. aufgrund neuer berufsübergreifender Tätigkeitsprofile und neuer gesamteuropäischer Regelungen und Vorgaben (insbesondere EQR) zumindest angepasst und damit weiterentwickelt werden müssen. Ein angepasstes Berufskonzept könnte z. B. in Form von Kernberufen, Berufsgruppen oder Berufsfamilien entwickelt und konzipiert werden. Alle drei Ansätze basieren auf jeweils tätigkeitstypischen Geschäfts- und Arbeitsprozessen, Qualifikationen und Kompetenzen, die dann in mehr oder weniger starkem Maße für mehrere herkömmliche Berufe zutreffend sein können. Diese vorhersehbare Entwicklung muss zukünftig auch bei der Weiterentwicklung berufsbildender bzw. curricularer Konzepte und dabei insbesondere didaktischer Vermittlungskonzepte Berücksichtigung finden, aber ohne dass bewährte Konzepte völlig aufgegeben werden.

Idealerweise müssten in diesem Zusammenhang auch die Möglichkeit, Sinnhaftigkeit und Zweckmäßigkeit einer berufsbildenden „Geschäfts- und Arbeitsprozessdidaktik" untersucht und diskutiert werden. Dieser neue didaktische Ansatz dürfte allerdings kaum realistisch sein, denn grundlegend sind die konzeptionellen Merkmale der ganzheitlichen Arbeits-, Technik und Bildungsdidaktik (s. dazu 6.7) im Wesentlichen auch für die eventuell entstehenden und beschriebenen neuen beruflichen und berufsbildenden Ordnungsstrukturen zutreffend. Unabhängig davon muss die grundlegende Leitidee der Geschäfts- und Arbeitsprozessorientierung zukünftig in noch stärkerem Maße Basis für didaktische Konzepte werden. Daneben sind aber auch strukturelle Differenzierungen und Anpassungen bei den Ausbildungsberufen sowie im Eingangs- und Ausgangsbereich der Erstausbildung erforderlich, wie z. B. im Bereich der Berufsvorbereitung. In den neuen Ausbildungsberufsbildern bzw. deren Curricula und didaktischen Konzepten müssen sowohl betriebliche Spezialisierungen als auch allgemeine ökonomisch, technisch und gesellschaftlich bedingte Anforderungen verankert werden.

Mit dem Wachstum und der Entwicklung des Windenergiesektors werden bereits Qualifizierungsmaßnahmen für Fachkräfte initiiert und durchgeführt. Die weitreichendsten, den oben skizzierten Aspekten am nächsten kommenden Angebote, finden sich bislang in Ansätzen nur in der Ingenieursausbildung. Die etablierten Maßnahmen zur Deckung des kurzfristigen Fachkräftebedarfs bei Service und Montage haben jedoch zuvorderst Anpassungscharakter.

6.8 Didaktische Kategorien und Prinzipien in der nichtakademischen beruflichen Aus- und Weiterbildung[20]

6.8.1 Selbstgesteuertes und selbstorganisiertes Lernen

Die konzeptionelle bzw. curriculare und didaktische Form und Gestaltung von Aktions- und Sozialformen in Lern- und Arbeitsprozessen haben auf die Qualität handlungsorientierter Aus- und Weiterbildungsprozesse wesentlichen Einfluss. Fremdbestimmte bzw. Fremdgesteuerte Vermittlungs- und Aneignungsformen sind dabei keinesfalls dazu geeignet, bei Auszubildenden oder Facharbeitern gerade im Bereich der Offshore-Windenergie die heute notwendigen beruflichen und sozialen Qualifikationen und Kompetenzen in ausreichender Weise herauszubilden. Mit der Einführung des Konzeptes der beruflichen Handlungskompetenz Mitte der 1990er-Jahre (vgl. KMK 1996) sind deshalb in verstärktem Maße auch Konzepte zum selbstständigen bzw. selbstbestimmten beruflichen Lernen und Arbeiten entwickelt, analysiert und diskutiert worden. In diesem Zusammenhang haben sich Begrifflichkeiten wie selbstständiges Lernen, selbstgesteuertes Lernen, selbstbestimmtes Lernen, autodidaktisches Lernen, selbstreguliertes Lernen und selbstorganisiertes Lernen etabliert, die aber keinesfalls eindeutig voneinander abgrenzbar sind. Dieser Begriffswirrwarr äußert sich auch in widersprüchlichen und funktional ineinander übergehenden Begriffsbestimmungen. So stehen z. B. Regulation und Steuerung in einem engen Zusammenhang; denn „Regelung ist ein zielgerichteter, stets korrigierter Steuerungsprozess in offenen Systemen" (Rosendahl 2010, S. 19). Steuerung kann demnach als ein zielgerichtetes Handeln definiert werden, während Regulation zusätzlich eine zielbezogene Kontrolle des Prozesses einschließt. Auch Steuerung und Organisation haben nur teilweise eine gleiche Funktion. So setzt

---

20 In Anlehnung an Spöttl (2013).

„Steuerung" bzw. „Steuern" immer ein mehr oder weniger deutlich definiertes Lernziel voraus, während „Organisation" bzw. „Organisieren" dann notwendig wird, wenn Situationen bzw. Lernsituationen zu bewältigen sind, bei denen aufgrund ihrer Komplexität eine klare Zielvorgabe zunächst nicht möglich war und dadurch im Verlaufe des Prozesses Anpassungen der Zielstellung und des Vorgehens notwendig werden können (vgl. Lang/Pätzold 2006). Unabhängig von der derzeitigen begrifflichen Vielfalt werden die Bezeichnungen „selbstgesteuertes Lernen" und „selbstorganisiertes Lernen" in der berufspädagogischen Diskussion „am häufigsten verwendet" (Rebbe 2008, S. 155). Dies gilt auch und insbesondere für die curriculare Gestaltung von Lern- und Arbeitsprozessen im Dualen System.

Unabhängig von diesen begrifflichen bzw. formalen Problemen bedeuten selbstgesteuerte und selbstorganisierte Ausbildungs- und Lernkonzepte auch für die duale Berufsausbildung insbesondere an den Berufsschulen einen Innovationsimpuls. Allerdings kann bei diesem curricularen Konzept nicht – wie z. B. bei den vergleichbaren konstruktivistischen Ansätzen – „von einer einheitlichen Theoriegrundlage (…) ausgegangen werden" (Pätzold /Lang 2011, S. 11). In der Literatur sind daher zahlreiche unterschiedliche Theoriemodelle zum selbstgesteuerten Lernen zu finden, die aber durchaus grundlegende Gemeinsamkeiten aufweisen. Dementsprechend gibt es auch zur didaktisch-methodischen Umsetzung des selbstgesteuerten Lernkonzepts im berufsschulischen Unterricht kein allgemeingültiges Verfahren. Nach Euler u. a. (2010, S. 53 ff.) z. B. kann eine direkte (explizite bzw. stärker instruktionsbezogene) und eine indirekte (implizite bzw. offenere) Vorgehensweise bzw. ein entsprechender Förderansatz unterschieden werden. In jedem Fall ist ein systematisches und zielgerichtetes didaktisch-methodisches Vorgehen erforderlich. Deren Integration in organisatorisch-institutionelle und personelle Schulentwicklungsprozesse und/oder Berufsschulprogramme ist sinnvoll und zweckmäßig. Der für die Gestaltung selbstgesteuerter Lernprozesse unbedingt notwendigen Professionalisierung der Lehrkräfte im Rahmen weiterbildender Maßnahmen ist dabei besondere Bedeutung beizumessen. Nur so können die Lehrkräfte die zur Planung, Organisation, Durchführung und Reflexion dieses anspruchsvollen Lernkonzeptes erforderlichen didaktisch-methodischen Kompetenzen erlangen. Dazu gehört z. B. die Fähigkeit, den Lernprozess in Abhängigkeit von den individuellen Lernvoraussetzungen der Auszubildenden und der jeweiligen Lernsituation zu gestalten bzw. den effizienten Grad der Selbststeuerung für jeden Lernprozess zu erkennen und umzusetzen.

In der Berufsaus- und Weiterbildungspraxis bzw. in entsprechenden Modellversuchen und -projekten sind inzwischen eine Vielzahl von selbstgesteuerten Ausbildungs- und Lernprozessen entwickelt, erprobt und evaluiert worden. Von besonderer Bedeutung und Aussagekraft sind dabei die im Rahmen des BLK-Modellversuchsprogramms „Selbst gesteuertes und kooperatives Lernen in der beruflichen Erstausbildung (SKOLA)" gewonnenen Ergebnisse, Erkenntnisse und

Erfahrungen, die in diversen Publikationen veröffentlicht worden sind (z. B. Euler u. a. 2010; Pätzold/Lang 2011; Abschlussberichte der 16 Modellversuche).

Aufgrund der zum Teil sehr speziellen, komplexen und verantwortungsvollen Tätigkeiten im Sektor der Offshore-Windenergie sind Selbstständigkeit, Eigenverantwortung und Entscheidungsfähigkeit unabdingbare soziale Kompetenzen der Facharbeiter. Diese müssen spätestens in der sektorbezogenen Aus- und Weiterbildung vermittelt und erworben werden. Selbststeuerung und Selbstorganisation müssen daher ein grundlegendes didaktisches Prinzip entsprechender Aus- und Weiterbildungskonzepte sein.

6.8.2 Kompetenzorientierung

Berufliche Aus- und Weiterbildung war lange Zeit – und ist es teilweise heute noch – mit der Begrifflichkeit der „beruflichen Bildung" verbunden. Erst ab Ende der 1960er-Jahre bzw. im Zuge der so genannten „Großen Bildungsreform" ist diese schrittweise vom Begriff der „(beruflichen) Qualifikation" verdrängt worden. In diesem Zusammenhang wurde Mitte der 1970er-Jahre auch der Begriff der „Schlüsselqualifikation" geprägt und bestimmt (vgl. dazu Mertens 1974). Schon Anfang der 1980er-Jahre wurde aber im berufs- und wirtschaftspädagogischen Diskurs mit der Hervorhebung der Kompetenz, teilweise sogar als Ersatz des Bildungs- oder Qualifikationsbegriffs, eine neue begriffliche Beschreibung und Bedeutung erkennbar. Dieser angepasste curriculare Ansatz erhielt im Zuge der europäischen Entwicklungen im Bereich beruflicher Bildungsstrategien (Bologna-Prozess 1999, Kopenhagen-Prozess 2002) ab Mitte der 1990er-Jahre eine wesentlich höhere Bedeutung. In der Folge wurde der Qualifikationsbegriff im Bereich der Berufsbildung durch den der Kompetenz teilweise abgelöst, wobei allerdings noch nicht eindeutig geklärt war, was „Kompetenz im Kern ausmacht" (Minnameier 2003, S. 1) und wie dessen Abgrenzung zur Qualifikation zu definieren ist. Zumindest wurde zu diesem Zeitpunkt Kompetenz nicht als eine fachbezogene (wie die Qualifikation), sondern als eine subjektorientierte Disposition verstanden. Unabhängig davon wurde der Kompetenzbegriff in Form von beruflicher Handlungskompetenz ab 1995 verbindliche Leitidee und Leitziel der KMK-Rahmenlehrpläne und damit auch der Lehrpläne für berufsbildende Schulen. Berufliche Handlungskompetenz wird dabei „verstanden als die Bereitschaft und Befähigung des Einzelnen, sich in beruflichen, gesellschaftlichen und privaten Situationen sachgerecht, durchdacht sowie individuell und sozial verantwortlich zu verhalten. Handlungskompetenz entfaltet sich in den Dimensionen von Fachkompetenz, Humankompetenz und Sozialkompetenz" (KMK 1996; i. d. F. 2007b, S. 10). Darüber hinaus umfasst berufliche Handlungskompetenz die Methodenkompetenz, die kommunikative Kompetenz und die Lernkompetenz (KMK 2007b, S. 11).

Theorien zur konkreteren Definition und Erfassung von beruflicher Kompetenz sind bisher jedoch nur in Ansätzen vorhanden. Konsens besteht aber darüber, dass berufliche Kompetenz in einem interdependenten Zusammenhang mit selbstorganisiertem beruflichen Handeln steht. In der gegenwärtigen Diskussion werden Kompetenzen z. B. „als kontextspezifische kognitive Leistungsdispositionen (...)" (Klieme/Leutner 2006) definiert. In diesem Rahmen müsste ein entsprechendes Kompetenzkonzept folgende Prinzipien und Merkmale erfüllen:

(1) „Die Einführung eines Kompetenzkonzepts ist nur sinnvoll und zu rechtfertigen, wenn es mehr als Fähigkeiten umfasst.

(2) Handeln ist immer aktuell und auf Information bezogen; das bedeutet, dass auch vermeintlich ‚kontextunabhängiges' intelligentes Handeln kontextbezogen unterschiedlich wirksam wird.

(3) Ein pädagogisches Kompetenzkonzept umfasst nicht nur ‚kontextspezifische kognitive Leistungsdispositionen' und kann durchaus einer empirischen Konstruktvalidierung unterzogen werden" (Straka/Macke 2010, S. 1).

Tab. 15: Gegenüberstellung konzeptioneller Merkmale der Begriffe „Qualifikation" und „Kompetenz" (Quelle: Rauner u. a. 2009, S. 31)

Kriterium/Merkmal	Qualifikationen	Kompetenzen
Objekt-Subjekt-Bezug	sind objektiv durch die Arbeitsaufgaben und -prozesse und die daraus resultierenden Qualifikationsanforderungen gegeben.	sind bereichsspezifische Fähigkeiten und Strategien im Sinne von psychischen Leistungsdispositionen; sie sind anwendungsoffen.
Lernen/Lernprozess	Im Prozess der Aneignung von Qualifikationen ist der Mensch ein Trägermedium für Qualifikationen, eine (humane) Ressource, die durch Training zur Ausübung spezifischer Tätigkeiten befähigt wird.	Die Aneignung von Kompetenzen ist Teil der Persönlichkeitsentwicklung und umfasst auch die Fähigkeiten, die sich aus den Bildungszielen ergeben.
Objektivierbarkeit	Qualifikationen beschreiben die noch nicht objektivierten/maschinisierten Fertigkeiten und Fähigkeiten und definieren den Menschen als Träger von Qualifikationen, die aus den Arbeitsprozessen abgeleitet werden.	Berufliche Kompetenzen zielen v. a. auf die nicht oder nur schwer objektivierbaren Fähigkeiten beruflicher Fachkräfte, die über die aktuellen beruflichen Aufgaben hinaus auf die Lösung und Bearbeitung zukünftiger Aufgaben zielen.

Hinsichtlich der Bestimmung von Merkmalen beruflicher Kompetenz bieten sich aber auch Kriterien wie „Objekt-Subjekt-Bezug", „Lernen/Lernprozesse" und „Objektivierbarkeit" an (vgl. Tab. 15; vgl. dazu Rauner u. a. 2009, S. 31).

Berufliche Kompetenz umfasst demnach das berufliche Handeln als sinnvolles Verbinden von übergreifenden Inhalten sowie ein entsprechendes Handeln in der Berufs- und Lebenswelt. In diesem Kontext wurde am berufs- und wirtschaftspädagogischen Horizont nicht nur eine Veränderung der Wortwahl von Qualifikation zu Kompetenz sichtbar, sondern auch ein Wandel der Bedeutung und des Inhaltes beruflicher Bildung. Der Wandel hat – wenn auch zögerlich – seinen Niederschlag auch in den Ordnungsmitteln für die duale Berufsausbildung gefunden.

Etwas problematisch erscheint allerdings die teilweise unterschiedliche Interpretation von beruflicher Kompetenz im Europäischen Qualifikationsrahmen (EQR) und im Deutschen Qualifikationsrahmen (DQR). Während der EQR Kenntnisse, Fertigkeiten *und* personale Kompetenz unterscheidet, differenziert der auf Grundlage des EQR entwickelte DQR in fachliche und personale Kompetenz. Kenntnisse bzw. Wissen und Fertigkeiten aus dem EQR sind im DQR somit zu (beruflicher) Fachkompetenz zusammengefasst worden. Personale Kompetenz wiederum wird aus Sozialkompetenz und Selbstständigkeit gespeist. Zudem liegt dem EQR ein sehr verkürzter Kompetenzbegriff zu Grunde, da er Kompetenz lediglich „im Sinne der Übernahme von Verantwortung und Selbstständigkeit" beschreibt (Europäische Kommission 2008, S. 13). Der Kompetenzbegriff des DQR dagegen bezeichnet Kompetenz umfassender als „die Fähigkeit und Bereitschaft des Einzelnen, Kenntnisse und Fertigkeiten sowie persönliche, soziale und methodische Fähigkeiten zu nutzen und sich durchdacht sowie individuell und sozial verantwortlich zu verhalten. Kompetenz wird in diesem Sinne als umfassende Handlungskompetenz verstanden" (DQR 2011, S. 8). Eine europaweit- bzw. allgemeingültige Definition von beruflicher Kompetenz ist allerdings auch zukünftig kaum zu erwarten. Dazu existiert inzwischen eine viel zu große Anzahl von Kompetenzmodellen (vgl. Keil/Pasternack 2011, S. 13 ff.).

6.8.3 Geschäfts- und Arbeitsprozessorientierung

Wie alle wirtschaftlichen und beruflichen Branchen ist auch der relativ neue Offshore-Windenergiesektor durch spezifische arbeitsorganisatorische Merkmale und Prinzipien gekennzeichnet. Im Mittelpunkt steht dabei die grundlegende Gestaltung der Arbeit auf Grundlage von betrieblichen Geschäfts- und Arbeitsprozessen. Daher ist es naheliegend, sich von einer themen-, technik- und technologieorientierten Ausrichtung der Aus- und Weiterbildung im Sektor der Offshore-Windenergie zu distanzieren und dafür die sektorspezifischen Kategorien bzw. deren Geschäfts- und Arbeitsprozesse und die damit verbundenen Aufgaben und Kompetenzen in den Mittelpunkt zu stellen. Für die konkrete konzeptionelle Ausgestaltung der Aus- und Weiterbildung bedeutet dies eine Ausrichtung nicht mehr auf der Basis von isoliert nebeneinander stehenden thematisch-fachlichen Schwerpunkten, sondern auf der Basis von exemplarischen betrieblichen Geschäfts- und Arbeitsprozessen und den damit verbundenen Qualifikationen und Kompetenzen. Dabei ist von folgendem Grundverständnis für betrieblichen Geschäfts- und Arbeitsprozesse auszugehen:

„a) Geschäftsprozesse beschreiben die mit der Bearbeitung eines bestimmten Auftrages verbundenen Funktionen, Leistungen, beteiligten Organisationseinheiten, benötigten Ressourcen sowie die Planung und Steuerung der Arbeitsprozesse. Damit verbunden ist immer ein Ziel, das erreicht werden soll und ein Zweck, der eingelöst werden soll (vgl. Röben 2010). Der Terminus betont den Prozesscharakter der betrieblichen Aufgaben- und Auftragsabwicklung und hebt den Zusammenhang der Organisationseinheiten sowie den Ablauf der Gesamtaufgabe hervor. Daraus ergibt sich die Anforderung, dass Fachkräfte zunehmend die gesamten betrieblichen Organisationsstrukturen übersehen, reflektieren und mitgestalten sollen. Die Befähigung von Fachkräften, an der Gestaltung der Trias „Betriebsorganisationsentwicklung, Technikentwicklung und Kompetenzentwicklung" teilzunehmen, wird damit zu einem zentralen Ziel der Aus- und Weiterbildung. Es geht im Kern darum, Fachkräfte zu befähigen, ihre Rolle in den komplexen Anlagen und Systemen, in die sie eingebunden sind, zu reflektieren und zur Selbstorganisation beizutragen. Voraussetzung hierfür ist das Wissen um die Geschäftsprozesse. Es umfasst alle relevanten betrieblichen Funktionen und Teilprozesse, die zur Erstellung des Produkts, für Wiederaufbereitungsmaßnahmen oder zunehmend auch für eine Produkt- bzw. produktionsbezogene Dienstleistung vom Angebot bis zum Controlling notwendig sind.

b) Kern von Geschäftsprozessen sind Arbeitsprozesse, die als noch genauer zu definierende didaktische Kategorie geeignet sind. Geschäfts- und Arbeitsprozesse stehen in einem engen Zusammenhang, weil beide auf das gleiche angestrebte Ziel und den gleichen Zweck ausgerichtet sind. Arbeitsprozesse sind zu charakterisieren als mehrdimensionale Kategorie, bei denen es um die gegenständlichen Bedingungen des Verwertungsprozesses und von Dienstleistungen geht, um die Organisation der betrieblichen Abläufe, um die Bewältigung vielfältiger, unterschiedlicher Aufgaben, um die Auseinandersetzung mit dem realen Arbeitsgegenstand, um den Einsatz geeigneter Werkzeuge und um das Einhalten gesellschaftlicher und ethischer Rahmenbedingungen und Normen. Dabei spielen kontext- und situationsabhängiges berufliches Erfahrungswissen, verallgemeinerbares systematisch-wissenschaftliches Wissen und Können eine wichtige Rolle. Das heißt, es bestehen klare Bezüge zur betrieblichen Arbeitsorganisation, zu den Geräten, Anlagen, Materialien und Menschen im Betrieb (und zu den mechanischen, energetischen, chemischen, informationstechnischen und anderen Prozessen), zur betrieblichen Lebenswelt und dem Umfeld dieser Lebenswelt, die durch gesellschaftliche Interessen geprägt ist. Die didaktische Relevanz des an Arbeitsprozesse gebundenen Arbeitsprozesswissens liegt darin begründet, dass eine Strukturierung, eine Aufbereitung von Lerninhalten, die sich an den multifunktionalen betrieblichen Prozessen und dessen Implikationen orientieren, in die Lernbereiche „Überblickswissen", „Zusammenhangswissen von Anlagen und Systemen", „Detail- und Funktionswissen" und „fachsystematisches Vertiefungswissen" möglich ist. Traditionelle Fachsystematiken und eine thematische Ausrichtung von Lernangeboten treten damit deutlich in den Hintergrund zugunsten einer Arbeitsprozessorientierung, die es nach sich zieht, die gegenseitigen Beziehungen von komplexeren inhaltlichen und gesellschaftlichen Strukturen im Blickfeld zu behalten. Bei der Arbeitsprozessorientierung ist es mehr oder weniger eine Selbstverständlichkeit, dass über das fachspezifische und gegenstandsorientierte Wissen hinaus die sozialen, arbeitsorganisatorischen und „werkzeug-spezifischen" Aspekte sowie die ethischen, normativen und gesetzlichen Herausforderungen mit allen Zusammenhängen bei allen Lernprozessen eine wichtige Rolle spielen, weil sie jeweils integrativer Bestandteil sind." (Spöttl/Blings 2011, S. 20 f.) [21]

Es ist naheliegend, dass bei diesem Verständnis über Geschäfts- und Arbeitsprozesse auch neue Formen der Arbeitsorganisation wie z. B. Teamarbeit sowie darüber hinaus persönliche Kompetenzen wie Eigeninitiative und Verantwortungsbereitschaft, Selbststeuerungsfähigkeit, Verantwortungsbewusstsein, Koordinations- und Kommunikationsfähigkeit und eine hohe berufliche Fachkompetenz erforderlich sind. Die Berufsausbildung auch und gerade im Dualen System muss darauf mit entsprechenden curricularen Konzepten reagieren.

6.8.4 Zusatzqualifikation/Zusatzausbildung

Die Konstrukte der Zusatzqualifikation und Zusatzausbildung sind für die Qualifizierung sowie die Aus- und Weiterbildung in neuen innovativen Branchen und Berufen besonders geeignet. Darüber hinaus kommen sie den Anforderungen der „neuen Beruflichkeit" entgegen, die z. B. durch Kernberufe, Kernqualifikationen und Kernkompetenzen gekennzeichnet wird. Je weiter bzw. breiter Kernberufe oder Berufsgruppen gefasst bzw. gestaltet werden, umso notwendiger und didaktisch sinnvoller wird die Integration von spezifischen, ergänzenden Zusatzqualifikationen bzw. Zusatzausbildung in die jeweiligen Aus- und Weiterbildungskonzepte. Durch diese Integration ist ein Anstoß zur lernorganisatorischen und didaktisch-methodischen Flexibilisierung sowie zur inhaltlichen Aktualisierung des Ausbildungs- und Lernangebots in der Berufsausbildung gegeben. Darüber hinaus lassen sich mit solchen zusätzlichen Lernangeboten die unterschiedlichen Voraussetzungen, Bildungsansprüche und Interessen der oft sehr heterogenen Klientel besser berücksichtigen. Die Auszubildenden können stärker motiviert und besser befähigt werden, ihre berufliche Qualifizierung und Bildung in einem gewissen Maße selbstständig und eigenverantwortlich zu bestimmen und zu gestalten.

In erweitertem Sinne kann Zusatzausbildung (ZA) in:

---

[21] Eine über die hier erläuterte Sichtweise von Geschäfts- und Arbeitsprozessen hinaus gehende Sichtweise mit Bezug zur Handlungsregulationstheorie verfolgt Röben in einem 2010 veröffentlichten Artikel (vgl. Röben 2010).

- fachlich eng begrenzte betriebliche Zusatzqualifikationen (ZQ, Lernort: Ausbildungsbetrieb),
- Zusätzliche Ausbildungsangebote (ZAA, Lernort: vorwiegend Überbetriebliche Berufsbildungsstätten sowie
- erweiterte Zusätzliche Qualifizierungs- und Bildungsangebote (ZQBA, Lernort: vorwiegend Berufsschule)

differenziert und strukturiert werden. Inhaltlich zusammenhängende Themenbereiche der einzelnen Lernangebote können aber vor allem durch die Berufsschule oder die ÜBS auch zu einer komplexen, themenübergreifenden und systematisierten Zusatzausbildungskonzept zusammengefasst und in dieser ganzheitlichen Form angeboten und vermittelt werden. Ähnliche Fragen stellen sich auch aus der Perspektive Offshore.

Die Debatte um Flexibilisierung und Differenzierung der dualen Berufsausbildung bzw. von betrieblichen und schulischen Lernformen und Lernangeboten hatte ihren Ursprung im Mitte der 1990er-Jahre wiederbelebten Konzept der Zusatzqualifikationen (ZQ). Schon der Deutsche Bildungsrat hatte dazu in seinem Strukturplan für das Bildungswesen festgestellt: „Rechtzeitiger Erwerb von Zusatzqualifikationen kann helfen, Umschulung zu vermeiden oder zu erleichtern" (DBR 1970, S. 54). Ausgangspunkt der administrativ unterstützten Bemühungen waren bildungspolitische Überlegungen dazu, wie leistungsstarke und leistungsschwache Jugendliche im Rahmen der dualen beruflichen Erstausbildung durch differenzierte zusätzliche Lernangebote gleichermaßen gefördert werden können. Der Begriff „Zusatzqualifikation" unterliegt aber immer noch „einer unterschiedlich weiten, mehr oder weniger trennscharfen Auslegung" (Schemme 2001, S. 17). Insbesondere die Abgrenzung zur Weiterbildung war und ist immer noch umstritten. Empirisch zumindest kann Zusatzqualifikation als Vorwegnahme von Teilqualifikationen einer Weiterbildung, als so genannte „kleine Qualifikationen" unterhalb der Schwelle einer anerkannten Weiterbildung sowie Einzelkursen entsprechen (vgl. Schemme 2001, S. 17), was bei einigen Offshore-Angeboten der Fall ist.

Zusatzqualifikationen ermöglichen zweifelsfrei eine schnelle Reaktion auf neue fachliche, arbeitsorganisatorische und arbeitsprozessbezogene Anforderungen der Betriebe. Die Ausbildung im Dualen System kann und sollte aber auch mit Hilfe von Zusätzlichen Bildungs- und Qualifizierungsangeboten (ZQBA) flexibilisiert und aktualisiert werden. Solche Lernangebote sollen und können an die individuellen Voraussetzungen und Interessen der Auszubildenden anknüpfen und den integrativen Zugang auf allgemeine *und* berufsübergreifende Themen, Inhalte und Methoden eröffnen. Zusätzliche Qualifizierungs- und Bildungsangebote bieten sich vor allem für die Ausbildung in neuen berufs- und berufsfeldübergreifenden Berufen an, wie z. B. in Berufen im Bereich der Hochtechnologie oder in Elektro- oder Metallberufen, um diese bei Bedarf auf Offshore auszurichten. Inhalt und Ziel zusätzlicher Bildungs- und Qualifizierungsangebote sind nicht nur die (berufs-)fachliche bzw. funktionale Qualifizierung der Auszubildenden, sondern die Integration von funktionaler und extrafunktionaler Qualifikation. Diese Art zusätzlicher Lernangebote verfolgt demnach den Anspruch einer umfassenden Qualifizierung bzw. einer berufspädagogisch begründeten Bildung, die auch Allgemeinbildung einschließt (vgl. Pahl/Rach 2004, S. 68 ff.).

Übergeordnetes Ziel sollte es aber sein, für einen bestimmten berufs- oder sogar branchenübergreifenden Geschäfts- und Arbeitsprozess ein systematisiertes Gesamtkonzept einer Zusatzausbildung zu erstellen, das den umfassenden Ansprüchen auf den Erhalt der Beruflichkeit Rechnung trägt. Ein solches Gesamtkonzept könnte curricularer Bestandteil der Ausbildungsordnungen eines Kernberufes oder einer Berufsgruppe werden und gleichzeitig zu einer Flexibilisierung und Dynamisierung der Ausbildung beitragen. Darüber hinaus kann ein flexibles Konstrukt „Zusatzausbildung" die didaktische Integration bzw. Verzahnung von Fachqualifikation, Kernqualifikation und Weiterbildung unterstützen.

Das Konzept der Zusatzausbildung bietet sich insbesondere auch dazu an, neue didaktisch-methodische Ansätze, wie z. B. zum selbstgesteuerten oder selbstorganisierten Lernen zu entwickeln und zu erproben; denn solche Konzepte stellen oft bisherige didaktisch-methodische Ansätze und Vorgehensweisen in Frage. Vor allem können dabei die Motivation und Voraussetzungen der Lernenden sowie die Bedingungen der Lernumgebung in besonderer Weise berücksichtigt werden; denn Selbststeuerung beruht auch auf Erfahrungen, Vorwissen und Einflüssen der Umwelt. Im Rahmen differenzierter Zusatzausbildung kann diesen Anforderungen in effizienter Weise entsprochen werden. Darüber hinaus wird es in besonderem Maße möglich, sowohl leistungsstarke als auch leistungsschwächere Jugendliche zu berücksichtigen, anzusprechen und zu fördern.

Mit einem solchen integrierten und ganzheitlichen zusätzlichen Ausbildungs- und Lernmodell kann somit u. a. erreicht werden:

- eine Flexibilisierung und Individualisierung der Bildungsgänge und Kurse,
- eine zeitnahe Anpassung der fachlichen Inhalte an die jeweils aktuellen Anforderungen des Beschäftigungssystems und der Wissensgesellschaft sowie
- eine engere Kopplung von beruflicher Erstausbildung und daran möglichst nahtlos anschließender Weiterbildung.

Problematisch aber wichtig ist die Zertifizierung von Zusatzqualifikationen oder Zusatzausbildung und damit deren Anerkennung im Berufsbildungssystem und im Beschäftigungssystem. Während derzeit über das Internet-Informationssystem „AusbildungPlus" des BIBB eine Fülle von verschiedensten betrieblichen Zusatzqualifikationen angeboten wird, ist die Zertifizierung dieser Maßnahmen hinsichtlich ihrer Anerkennung und Berechtigung noch nicht zufriedenstellend geregelt. Dagegen bieten die Kammern „für Auszubildende zahlreiche Lehrgänge an, die mit einem Zertifikat oder mit einer anerkannten Kammerprüfung abschließen. Außerdem besteht die Möglichkeit, Teile anerkannter Fortbildungen mit einem formalen Abschluss während der Ausbildung oder direkt nach der Ausbildung zu absolvieren (§§ 53 ff. BBiG)" (Schanz 2010, S. 63).

Derzeit wird kontrovers darüber diskutiert, ob das Feld der erneuerbaren Energien im Allgemeinen und im Offshore-Sektor im Besonderen so bedeutend ist oder werden könnte, dass entsprechende neue Berufe geschaffen werden müssen. Der Bedarf an Fachkräften wächst zwar merklich, jedoch sind die beruflichen Anforderungen im Sektor einerseits mit denen anderer etablierter Sektoren (z. B. Maschinenbau, Elektrotechnik) vergleichbar, andererseits aber auch sehr spezifisch (insbesondere maritime Logistik). Im Regelfall werden jedoch die Aufgaben inhaltlich derzeit durch schon bestehende Berufe bzw. Berufsbilder abgedeckt. Ob in Zukunft spezielle Offshore-Berufe entwickelt werden sollen, ist jedenfalls noch unklar. Der Bedarf an sektorspezifischen Fachkräften kann derzeit zumindest nicht direkt über die Erstausbildung, sondern nur über in die Ausbildung integrierte oder unmittelbar daran anschließende schulische oder betriebliche Zusatzqualifikationen oder auch Zusatzausbildung abgedeckt werden. Dies gilt insbesondere für die Ausbildungsberufe der Metall- und Elektrotechnik, wie z. B. den Beruf Mechatroniker/-in. Direkt an die Erstausbildung gekoppelte Zusatzqualifikationen erscheinen besonders sinnvoll, da sie eine zeitnahe Abstimmung der Ausbildungsinhalte an die spezielleren Bedarfe von regionalen Unternehmen im Bereich der Offshore-Windenergie ermöglichen. Zudem lassen sich durch eine didaktisch sinnvoll aufeinander abgestimmte Ausbildung und Zusatzqualifikation Synergieeffekte nutzen. Alternativen dazu werden weiter unten diskutiert.

Um auch Zusatzqualifikationen didaktisch am Lernfeldkonzept auszurichten, sollten die einzelnen Lernfelder Lernsituationen darstellen. Dadurch wird auch eine bessere didaktische Abstimmung zwischen den Lernorten Berufsschule, Betrieb und ÜBS möglich und erleichtert.

6.8.5 Handlungsorientierung und Lernfeldkonzept: Didaktische Umsetzung

Der didaktische bzw. konzeptionelle Ansatz beruflichen Lehrens und Lernens auf der Basis von realitätsbezogenen Handlungen gewann in der Berufspädagogik ab Mitte der 1980er-Jahre immer stärker an Bedeutung. Kern des Handlungslernens war und ist das Konzept der vollständigen Lernhandlung (Informieren, Planen, Entscheiden, Ausführen, Kontrollieren, Beurteilen; vgl. z. B. Hacker 2005). Theoretische Grundlagen des Konzeptes findet man in der strukturalistischen Kognitionspsychologie (z. B. Aebli u. a. 1975). Danach sind „Wahrnehmen, Denken und Handeln Formen des Tuns mit der gemeinsamen Zielsetzung der Beziehungsstiftung" (Czycholl 2006, S. 273). Bildung im Allgemeinen und Berufsbildung im Besonderen sollten deshalb Denken bzw. Wissenstheorie und Handeln bzw. Praxis didaktisch miteinander verbinden und in integrativer Form vermitteln.

Das didaktische Konzept der Handlungsorientierung als grundlegende curriculare Basis beruflicher Lern- und Arbeitsprozesse wurde im berufspädagogischen Diskurs ab Ende der 1980er-Jahre in verstärktem Maße diskutiert und (weiter-)entwickelt. Dabei wurde u. a. herausgearbeitet, „dass mit ‚Handlungen' im Sinne eines ganzheitlichen didaktischen Konzepts prinzipiell nicht nur die Ausführung, also das Tun gemeint ist, sondern auch ihre Planung und Bewertung" (Hartmann u. a. 2012, S. 38). (…)

Im Jahre 1996 erhielt der handlungsorientierte Ansatz in den „Handreichungen für die Erarbeitung von Rahmenlehrplänen (…)" (KMK 1996) bzw. im Lernfeldkonzept der Kultusministerkonferenz erstmals eine normative Definition und Struktur. Mit diesem Konzept sind normativ und curricular abgesicherte lernorganisatorische und didaktische Möglichkeiten zum handlungsorientierten und eigenständigen beruflichen Lernen geschaffen worden. Dadurch lassen sich inhaltliche Trennungen, wie z. B. in die tayloristisch begründete Kopf- und Handarbeit, in Wissen und Tun oder in Denken und Handeln, letztendlich also in Theorie und Praxis, zumindest teilweise überwinden. Die Überwindung solcher dualistischen Trennungen erfordert systemisch-ganzheitliche Lern- und Qualifikationskonzepte sowie angepasste Berufsbildungsprofile, wie z. B. die Abkehr vom Fächerprinzip. Die Orientierung der Lernfelder an beruflichen Aufgabenstellungen und Handlungsabläufen führt nun dazu, dass das Fächerprinzip überwunden wird und das Situationsprinzip „eine dominierende Funktion bei der curricularen Strukturierung erhält" (Reetz/Seyd 2006, S. 229). Auf Grundlage lerntheoretischer und didaktischer Erkenntnisse werden in der aktuellen Handreichung u. a. Orientierungspunkte für die Planung und Umsetzung handlungsorientierten Unterrichts in Lernsituationen genannt (vgl. dazu KMK 2011, S. 17 f.).

Grundlegendes Ziel des Lernfeldkonzeptes ist die Vermittlung bzw. der Erwerb von umfassender bzw. ganzheitlicher beruflicher Handlungskompetenz. Nicht mehr berufliche Qualifikation, sondern berufliche Kompetenz steht nunmehr im Mittelpunkt berufsbildender Lern- und Arbeitsprozesse. Mit dieser Entwicklung verbunden ist ein bildungspolitischer und didaktisch-methodischer Paradigmenwechsel. Wichtig sind nun insbesondere die Ergebnisse der Ausbildung, d. h. die erlernten und einsetzbaren beruflichen Fähigkeiten und Fertigkeiten bzw. Kompetenzen. Wann, wie und wo diese ganzheitlichen Kompetenzen vermittelt und erworben worden sind, ist für die nachfolgenden Prozesse weitgehend unerheblich. Mit diesem Ansatz wird schon in der beruflichen Erstausbildung auf die flacheren Hierarchien und die damit verbundenen größeren Handlungs- und Verantwortungsspielräume der einzelnen Beschäftigten in modernen Unternehmen reagiert.

Das Lernfeldkonzept beinhaltet eine konsequente Orientierung an realen beruflichen Handlungen bzw. an realen beruflichen Handlungsfeldern und Handlungssituationen. Die didaktische Logik liegt somit im Zyklus (berufliches) Handlungsfeld –> (schulisches) Lernfeld –> (berufliche) Handlungssituationen –> (schulische) Lernsituationen. Diese Form der Handlungsorientierung bedeutet auf curricularer Ebene, „dass die Bezugspunkte für die Auswahl der Lehr- und Lerninhalte nun nicht mehr alleine die Lehrfächer in den Ingenieurwissenschaften sind, sondern ganzheitliche und einigermaßen komplexe Arbeitsabläufe in beruflichen Handlungsfeldern" (Adolph 2001, S. 16). Handlungsorientierung bedeutet somit die Erweiterung von Inhalten ingenieurwissenschaftlicher Fächer bzw. von „Fachwissen" um facharbeitertypisches Wissen über berufliche Arbeitsabläufe bzw. Arbeitsprozesse (Arbeitsprozesswissen). Dies geschieht aber nicht nur in rein additiver Form, „vielmehr strukturiert sich das Wissen aus den Fächern im Zusammenhang von thematisch definierten Handlungsstrukturen" (ebd.) und in Form von thematisch und inhaltlich zusammenhängenden Lernfeldern statt inhaltlich abgegrenzten Fächern. Die systematische Strukturierung des Fachlichen folgt somit nicht nur fachlogischen, sondern auch handlungslogischen Kriterien. Darüber hinaus wird berufliches Handeln selbst zum Gegenstand des Lernens. Im Bereich der Berufsbildung konkretisiert sich Handlungsorientierung auf folgenden drei berufspädagogisch relevanten Ebenen (vgl. dazu ausführlich Czycholl 2006, S. 272 f.):

- auf der bildungspolitischen Leitbildebene,
- auf didaktisch-curricularer Ebene sowie
- auf didaktisch-unterrichtlicher Ebene.

Reale berufliche Handlungsfelder bzw. reale berufliche Arbeits- und Geschäftsprozesse können aufgrund ihrer Komplexität durch Lernfelder als praxisorientierte thematische Einheiten allerdings meist nicht vollständig abgebildet werden. Lernfelder sind daher lediglich didaktisch-methodische Konstrukte, die für das berufliche Lernen durch Reflexion, Rekonstruktion und didaktische Reduktion realer beruflicher Handlungsfelder in möglichst praxisnah ausgestaltete handlungsorientierte Lernsituationen umzuwandeln sind. Dabei müssen die Lerngegenstände als quasi relative Themenganzheiten angelegt werden, sodass ein ganzheitliches und handlungsorientiertes berufliches Lernen (z. B. in Form von Projekten, Fallstudien, Planspielen) möglich wird. Bei der Aufbereitung von an beruflichen Handlungsfeldern orientierten Themenganzheiten kann bzw. muss auf die in der Handreichung der Kultusministerkonferenz (vgl. KMK 2011) formulierten Grundsätze für die Bildung von Ganzheiten auf der Ziel- und Inhaltsebene zurückgegriffen werden.

Mit Hilfe dieser curricularen Konzeption soll und kann eine ganzheitliche berufliche Handlungsfähigkeit vermittelt bzw. erworben werden, die Fachkompetenz mit Sozialkompetenz und Methodenkompetenz verbindet. Handlungsorientierte Lernformen (und dabei insbesondere Projekte, Experimente, Fallstudien u. ä. ganzheitliche Lernprozesse) fordern und fördern selbstständiges bzw. selbstgesteuertes und selbstorganisiertes Planen, Durchführen, Kontrollieren und Beurteilen von beruflichen Lern- und Arbeitsaufgaben. Die damit verbundenen Kompetenzen sind wiederum für spätere berufliche Tätigkeiten unabdingbar.

Ganzheitliche handlungsorientierte Kompetenzen sind natürlich auch für den Sektor der Offshore-Windenergie von wesentlicher Bedeutung. Da es noch keine sektorspezifischen Erstausbildungsberufe und damit auch keine entsprechende Erstausbildung gibt, ist die Vermittlung solcher Kompetenzen derzeit nur im Rahmen der fachschulischen oder betrieblichen Aus- und Weiterbildung möglich. Voraussetzung ist der Abschluss in einem etablierten Ausbildungsberuf mit zum Teil sektorrelevanten Inhalten. In den sektorspezifischen weiterbildenden Bildungsgängen der Fachschulen (wie z. B. an der Fachschule für Technik und Gestaltung Flensburg) ist das Lernfeldkonzept und damit das Konzept der Handlungsorientierung verbindlicher Standard. Die Weiterbildung in der dort angebotenen Fachrichtung Windenergietechnik erfolgt daher in Form von vernetztem Unterricht, Praxisorientierung, Teamarbeit und Projektarbeit. In der betrieblichen Aus- und Weiterbildung dagegen existieren keine Lernfeldbeschreibungen. Hier werden Handlungs- bzw. Lernsituationen von den Ausbildern mehr oder weniger systematisch gestaltet und eingesetzt.

7 Perspektiven von Technik, Facharbeit und Aus- und Weiterbildung

7.1 Offshore-Ausbau, Fachkräftemangel und Qualifikationsbedarf

7.1.1 Situationsbeschreibung

Der Umbau der Energiewirtschaft bietet gewerblich-technischen Fachkräften sowohl Zukunftschancen als auch Aus- und Weiterbildungsperspektiven – zum Beispiel im Sektor der Windenergiegewinnung. Im vom Bundesministerium für Bildung und Forschung (BMBF) und Bundesinstitut für Berufsausbildung (BIBB) finanzierten Projekt „Offshore-Kompetenz" werden berufliche Kompetenzen und der Qualifikationsbedarf von Fachexperten bei der Errichtung, Inbetriebnahme und Instandhaltung von Windenergieanlagen an Land und auf See analysiert.

Die Nutzung regenerativer Energien zur Stromerzeugung erlebt in den letzten Jahren einen neuen Schub. Eine nachhaltige Entwicklung im Windenergiesektor entstehen zu lassen bedeutet jedoch, neben umweltbezogenen Gesichtspunkten der Energiegewinnung auch soziale und wirtschaftliche Ziele zu betrachten. Die drei sich bedingenden Aspekte sollten dabei gleichberechtigt nebeneinander und zeitlich parallel umgesetzt werden. Damit ist also nicht nur die gesetzliche Basis einer ökonomisch vertretbaren Einspeisevergütung ohne Einsatz von Primärenergie angesprochen. Vielmehr richtet sich der Blick verstärkt auf die Fachkräftesituation in den beteiligten Unternehmen. Hier geht es bspw. um Themen wie Fachkräftemangel und Qualifikationsbedarf. Eine der zentralen Fragestellungen einer beruflichen Bildung für eine nachhaltige Entwicklung im Sektor der Windenergie lautet folglich:

Wie viele qualifizierte Facharbeiter werden im Windenergiesektor derzeit und in Zukunft überhaupt benötigt und stehen im Abgleich dazu zur Verfügung?

Daneben muss ebenso gefragt werden:

Sind die erforderlichen Kompetenzen bei den Fachkräften speziell für den Offshore-Einsatz schon heute vorhanden und können diese womöglich bereits umfassend erworben werden?

Die Rolle der Fachkräfte sowohl aus quantitativer als auch qualitativer Perspektive zu beleuchten, stellt demnach eine der wesentlichen Herausforderungen im Vorhaben „Offshore-Kompetenz" dar. Um die Entwicklungsrichtungen aufzeigen zu können, wurden Experten der Windenergiebranche im Jahr 2012 nach deren Einschätzung des Fachkräftebedarfs, den Kompetenzanforderungen und den Entwicklungsmöglichkeiten für die Unternehmen befragt. Ziel war, die Erkenntnisse für den Entwurf von Szenarien zu nutzen.

7.1.2 Erkenntnisse aus der Befragung

Die grafische Darstellung der Ergebnisse orientiert sich an der Grundgesamtheit (Kreis bzw. gestapelte Säulen) oder an den Einzelantworten (gruppierte Säulen), um die Interpretation der Ergebnisse zu unterstützen.

Zuordnung Onshore/Offshore

Dreiviertel aller Befragten positionieren ihr Unternehmen in beiden Bereichen Onshore & Offshore Windenergie. 18 % gaben an, sich lediglich Onshore zu betätigen, nur 8 % operieren ausschließlich Offshore wie Abb. 32 zeigt.

Dies ist zum einen dadurch erklärbar, dass Windenergieanlagen unterschiedlicher Hersteller aus technischer Sicht grundsätzlich vergleichbar und bis auf bestimmte Details auch unabhängig von ihrem Einsatzort an Land oder auf See sind. Viele ohnehin mit Windenergie befasste Unternehmen widmen sich zusätzlich der Offshore-Windenergiegewinnung. Zum anderen ist der noch junge Offshore-Sektor mit weniger als 100 in Nord- und Ostsee errichteten Windenergieanlagen derzeit noch zu gering entwickelt, als dass zum Beispiel die Hersteller von Offshore-Gründungen, Schiffsbauer oder logistische Dienstleister auf See eine dominante Rolle spielen würden.

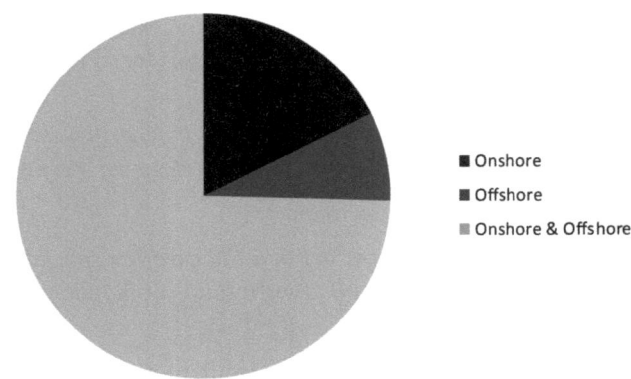

Abb. 32: Tätigkeitsbereich der Windenergieunternehmen (eigene Darstellung)

Zuordnung Sektorstruktur

Im Bereich Maritime Industrie und Logistik arbeiten 5 % aller befragten Teilnehmer/-innen. Fast genauso viele kommen aus dem öffentlichen Bereich wie Behörden und Institutionen. Auf Personalvermittlung und Qualifizierung zusammen entfallen etwa 10 % aller Befragten. Jede sechste Person arbeitet für einen Zulieferer aus der Komponentenfertigung – das sind dreimal mehr als die Befragten von Anlagenherstellern (5 %). 8 % der Teilnehmer/-innen sind bei einem Unternehmen der Planung und Projektierung von Windparks angestellt. Mit knapp 28 % sind die Arbeitnehmer/-innen von Service- & Wartungsbetrieben für Windenergieanlagen am stärksten vertreten. 7 von Hundert Befragten gaben an, Anlagen selbst zu betreiben. Die Errichtung der Turbinen nehmen wiederum 9 % der in diesen Unternehmen tätigen Personen wahr. 5 % zählen sich zum Repowering, dem Ersetzen alter Anlagen durch leistungsstärkere, neue Windräder. Mit dem Rückbau der Anlagen nach Ablauf des Lebenszyklus befassen sich gut 3 % aller Teilnehmer/-innen. Auch wenn durch Mehrfachnennungen ein differenzierteres Bild der Unternehmenszugehörigkeit zur Sektorstruktur entsteht, wird in

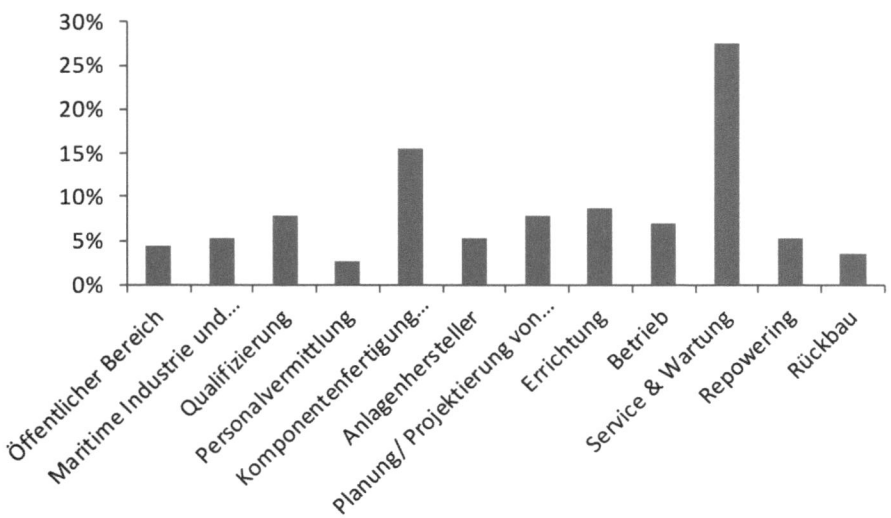

Abb. 33: Zuordnung der Unternehmen zur Sektorstruktur (Mehrfachnennungen möglich, eigene Darstellung)

dennoch deutlich, dass zwei Bereiche besonders stark vertreten sind: die Komponentenfertiger und Zulieferer von Bauteilen, Werkzeugen und Betriebsstoffen einerseits und die auf den Windenergieanlagen vor Ort agierenden Instandhaltungsbetriebe andererseits. Es verwundert nicht, dass die Unternehmen, welche hauptsächlich dem Bereich Forschung und Entwicklung zugeordnet werden können, um etwa 10 % liegen. Damit übereinstimmend ist die Anzahl der am Markt operierenden Hersteller von Windenergieanlagen begrenzt. Zehn Unternehmen teilen über 80 % des Weltmarktes untereinander auf (vgl. Reuters 2010).

Offshore-Ausbau

Befragt nach den Chancen für den Offshore-Ausbau bis zum Jahr 2020 bzw. 2030 zeichnet sich ein sehr klares Bild ab. Wie in Abb. 34 deutlich wird, gehen 72 % aller befragten Personen von einer moderaten Entwicklung aus, d. h. von 5 Gigawatt installierter Gesamtleistung bis 2020 und entsprechend 15 Gigawatt im Jahre 2030. An das Ausbauziel der Bundesregierung, stattdessen 10 Gigawatt bis zum Jahr 2020 zu errichten, glaubt nur jede(r) achte Befragte. Mit 16 % Prozent sind hingegen diejenigen, die mit einer deutlich schwächeren Entwicklung beim Ausbau der Windenergie auf Hoher See rechnen, sogar etwas stärker vertreten.

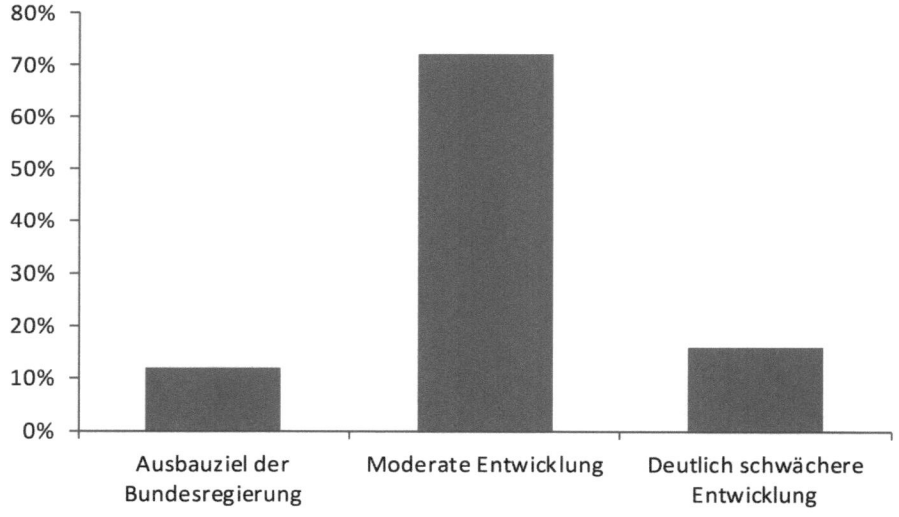

Abb. 34: Prognosen für den Offshore-Ausbau der Windenergie (eigene Darstellung)

Hier hat sich demnach die Position durchgesetzt, den Offshore-Ausbau etwas pessimistischer einzuschätzen als die mit großen Ambitionen verbundene Zielsetzung des Bundes. Die Gründe sind seit nunmehr zwei Jahren der Tagespresse zu entnehmen: durch Schallemissionen beeinträchtige Meeressäuger im Baufeld der Anlagen, der schleppende Netzausbau oder die infrage stehende Mittelfreigabe in

Zeiten der globalen Finanzkrise. Die Fachteilnehmer/-innen gehen also mehrheitlich davon aus, dass in etwa halb so viel Leistung gestellt wird wie von der Bundesregierung ursprünglich geplant. An die Erreichung dieses optimistischen Vorhabens wie auch an ein Scheitern der Offshore-Pläne glaubt folglich nur eine Minderheit.

Einschätzungen zum Fachkräftemangel

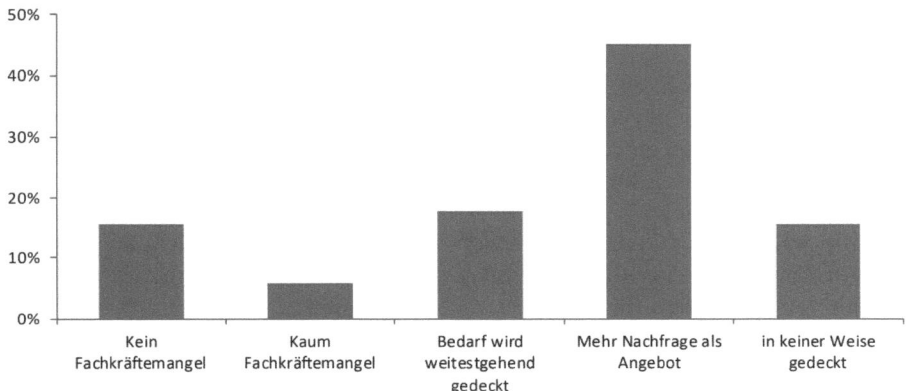

Abb. 35: Angaben zum Fachkräftebedarf der Windenergie-Unternehmen (eigene Darstellung)

Wie beurteilen die Befragten den Fachkräftebedarf für ihr Unternehmen in den nächsten zwei Jahren? An dieser Stelle zeigt sich ein differenziertes Bild, wie Abb. 35 demonstriert. Mit über 60 % tendiert die Mehrzahl der Unternehmen einerseits dazu, von einer höheren Nachfrage an Fachkräften auszugehen als ihnen am Markt zur Verfügung steht. Zählt man andererseits diejenigen zusammen, die so gut wie keinen Fachkräftemangel angeben beziehungsweise ihre Nachfrage weitestgehend decken können, so kommt man demgegenüber auf zusammen fast 40 % der Teilnehmer/-innen. Betrachtet man nun aus der Grundgesamtheit der 51 Personen nur diejenigen 31 Teilnehmer/-innen, die ihr Unternehmen bei Service & Wartung von Windenergieanlagen verorten, wird der geäußerte Fachkräftemangel noch deutlicher. Hier sind es schon zwei von drei befragten Personen (68 %), welche die Nachfrage ihres Unternehmens nach qualifiziertem Personal in den kommenden Jahren nicht ausreichend gedeckt sehen. Allerdings muss auch darauf verwiesen werden, dass Fachkräfte nicht in allen Bereichen der Sektorstruktur gleichermaßen fehlen und die Betriebe bei der Rekrutierung ihres Personals unterschiedliche Bedingungen vorfinden und entsprechende Strategien entwickelt haben. Dies wird deutlich, wenn bspw. nur die 15 Personen betrachtet werden, die WEA weder errichten, in Betrieb nehmen oder den Service leisten. Diese in anderen Bereichen beschäftigten Befragten geben nur zu 53 % an, dass ihr Unternehmen den Personalbedarf nicht ausreichend decken kann.

Es wird somit anschaulich, dass der allenthalben betonte Fachkräftebedarf sich auch und gerade im Sektor der Windenergienutzung wiederfindet. Jedes siebte Unternehmen gab an, händeringend nach geeignetem Personal zu fahnden. In Gesprächen auf Windmessen wurden gar Prämien auf die Vermittlung von Servicepersonal für Windenergieanlagen in Aussicht gestellt.

Notwendigkeit eines windspezifischen Ausbildungsberufs

Auf die Frage hin, ob sie einen eigenen Ausbildungsberuf für Errichtung, Inbetriebnahme, Service und Wartung von Windenergieanlagen für notwendig hielten, machten die Befragten eindeutige Angaben. Aus Abb. 36 ist zu erkennen, dass fast 60 % der Befragten sich für eine windspezifische Ausbildung an Land und auf See aussprechen. Weitere 10 % finden, für Offshore müsste dediziert ausgebildet werden. Ein Viertel aller Teilnehmer/-innen vertritt hingegen die Meinung, dass die derzeit vorhandenen Ausbildungsberufe genügen. 6 % der Teilnehmer/-innen könnten sich vorstellen, dass für die erneuerbaren Energien, d. h. Windkraft, Solarenergie, Erdwärme und Biomasse, gemeinsam ausgebildet würde. Hierzu müsste noch die Energieeffizienz im Gebäudemanagement gezählt werden.

Die Fachvertreter/-innen haben erkannt, dass Servicetechniker/-innen für Windenergieanlagen angesichts der stetig wachsenden Anzahl errichteter Turbinen permanent gesucht werden. Dies durch eine eigene Erstausbildung zu unterstützen, befürworten eindeutig die meisten Befragten. Speziell für den Offshore-Einsatz auszubilden ist jedoch nicht konsensfähig.

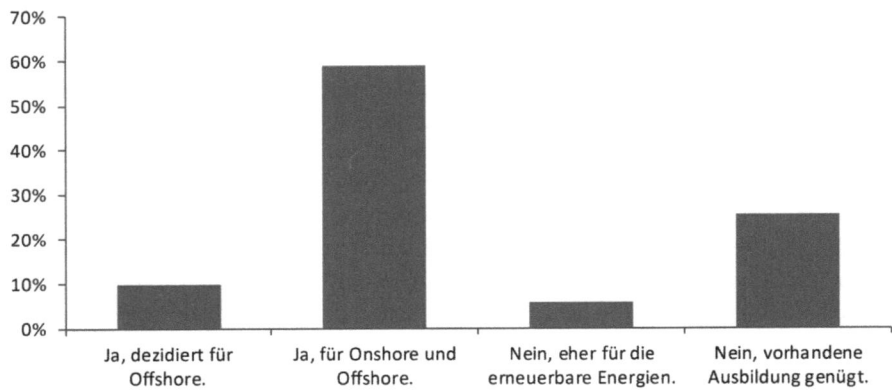

Abb. 36: Ausbildungsberuf notwendig? (eigene Darstellung)

Qualifikationssicherung der Betriebe

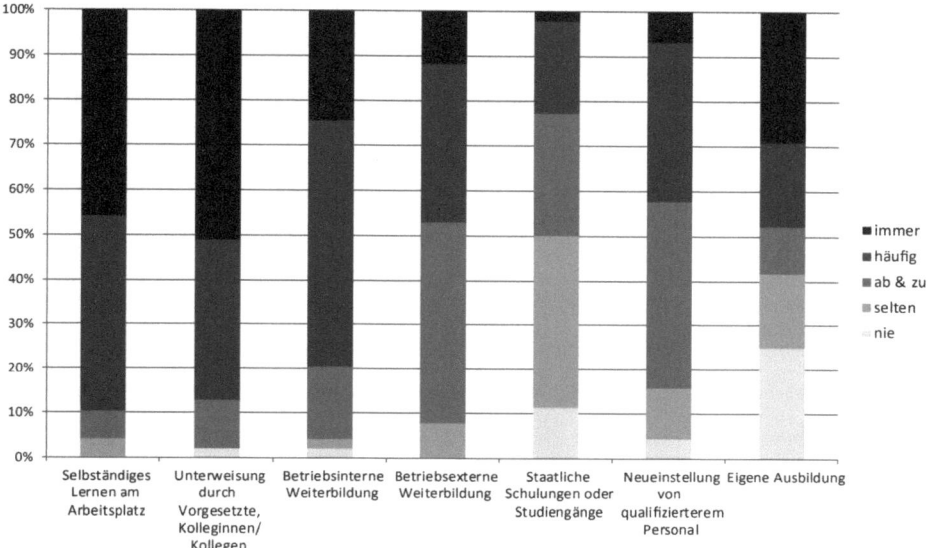

Abb. 37:   Sicherung der Qualifikationen der Mitarbeiter (eigene Darstellung)

Die Befragung zur Sicherung der benötigten Qualifikation der Mitarbeiter/-innen ergab Ergebnisse, die in Abb. 37 veranschaulicht sind. *Selbstständiges Lernen am Arbeitsplatz* ist selbst im Sektor der Windenergie ein Schwerpunkt. 46 Prozent der Teilnehmer/-innen gaben an, dass dies „immer" der Fall sei, weitere 44 % kreuzten „häufig" an. Ähnliches gilt für die *Unterweisung durch Vorgesetzte und Kolleginnen/Kollegen*: 51 % „immer" und 36 % „häufig". Die Nutzung von *Weiterbildung* ist stark verbreitet, wobei die *betriebsinternen* Angebote den *externen* Maßnahmen vorgezogen werden. 25 % der Befragten erklärten, ihr Betrieb sichere die nötige Qualifikation der Mitarbeiter/-innen „immer" durch interne Weiterbildung gegenüber 12 %, die externe Programme „immer" nutzen. 55 % der Personen teilten mit, interne Weiterbildung „häufig" zu beobachten, wogegen 35 % der Teilnehmer/-innen aussagten, ihr Unternehmen buche „häufig" externe Schulungen. Hier sind es dann aber 45 % Prozent der Befragten, die „ab und zu" außerhalb des eigenen Betriebes durchgeführte Trainings beobachten. *Staatliche Schulungen oder Studiengänge* gehören zu den mäßig genutzten Optionen der Qualifikationssicherung. 39 % der befragten Personen sehen eine „seltene" Nutzung dieser Möglichkeiten. 27 % geben hier „ab und zu" an und noch knapp 21 % der Teilnehmer erklären, dass in ihrem Unternehmen „häufig" berufsbegleitend ein Meisterkurs oder Fernstudium absolviert wird. Bei der *Neueinstellung von qualifiziertem Personal* zeigt sich, dass mit gut 42 % fast die Hälfte aller Betriebe dies „ab und zu" und damit gelegentlich betreibt. 36 % der Unternehmen stellen laut befragter Arbeitnehmer/-innen „häufig" neues, qualifiziertes Personal ein, um einem drohenden Kompetenzverlust („brain drain") entgegenzuwirken. Bei der Durchführung *eigener Berufsausbildung* in den Betrieben zeigten sich gegensätzliche Positionen. 29 % der Befragten arbeiten in einem Unternehmen, das „immer" Auszubildende beschäftigt und noch für 19 % ist dies „häufige" Praxis. Allerdings erklären 17 % der Teilnehmer/-innen, dass Ihre Firma „selten" ausbildet und sogar 25 % geben „nie" an.

Weiterbildungsmodule für die Offshore-Praxis

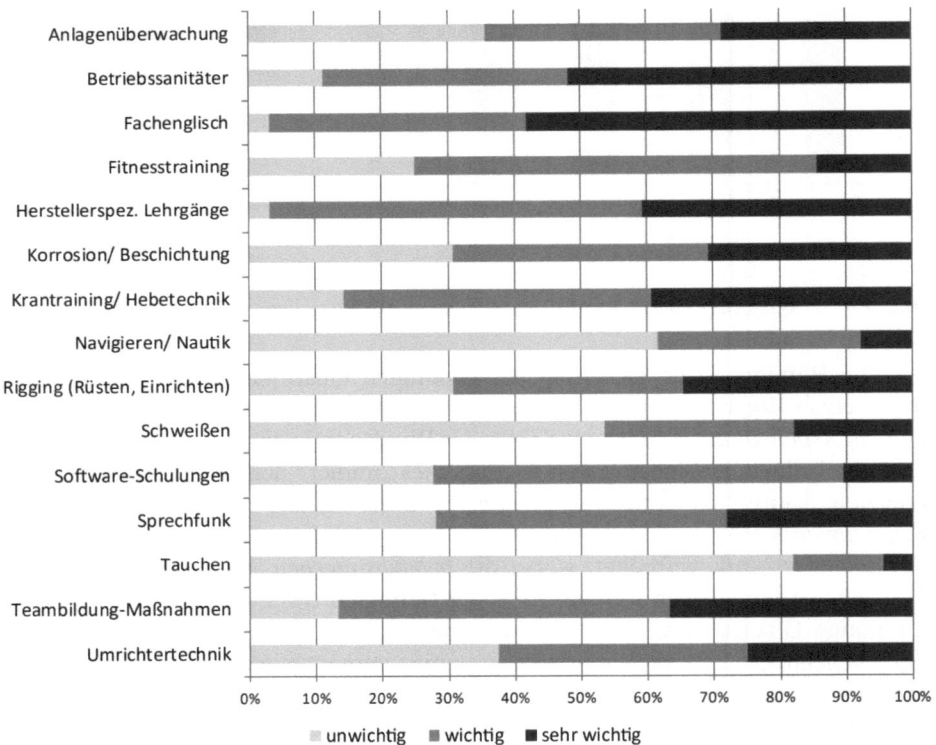

Abb. 38: *Bedeutung von Weiterbildungsmodulen für die Offshore-Praxis (eigene Darstellung)*

28 der insgesamt 51 Teilnehmer/-innen machten abschließend von der Gelegenheit Gebrauch, über die Bedeutung von Weiterbildungen für ihre Offshore-Aktivitäten zu urteilen. Über die Hälfte aller Personen hob dabei die Schulungen zum/zur Betriebssanitäter/-in und Kurse in Fachenglisch als „sehr wichtig" hervor (vgl. Abb. 38). „Wichtig" waren der Mehrheit der Befragten vor allem Trainings zu

körperlicher Fitness und Teambuilding-Maßnahmen sowie Software-Schulungen und Hersteller-spezifische Lehrgänge. Als „Unwichtig" wurde von über 50 % der Personen die Themen Tauchen, Navigieren/Nautik und Schweißen bewertet. Zum Nutzungsverhalten der Angebote durch die Unternehmen kann an dieser Stelle nicht näher eingegangen werden, da die überwiegende Anzahl der Befragten hierzu keine Angaben machte.

Die Resultate aus der Frage nach der Bedeutung von Offshore-Weiterbildungsmodulen lenken den Blick zurück auf die eingangs getätigte Aussage, dass Windenergieanlagen (Onshore wie Offshore) grundsätzlich vergleichbar und vom Aufstellungsort technisch relativ unabhängig aufgebaut sind. Offshore sind vor allem die maritimen Rahmenbedingungen und die Arbeit in internationalen Teams von besonderer Bedeutung (vgl. Grantz/Molzow-Voit/Windelband 2013). Somit werden von den Befragten Schulungen zur Sicherheit und Kommunikationsfähigkeit der Mitarbeiter gegenüber fachspezifischen Angeboten bevorzugt. Wie außerordentlich die Offshore-Anforderungen jedoch sein können und dass diese Arbeiten bisher noch nicht von einem/einer umfassend ausgebildeten Servicetechniker/-in erledigt werden, zeigt das weitestgehende Ausklammern von Spezialaufgaben wie Taucharbeiten am Gründungsbauwerk oder Schweißarbeiten an der Windenergieanlage durch die Teilnehmer/-innen.

7.1.3 Schlussfolgerungen

Die Befragung von Fachvertretern folgte dem Ziel, die Fachkräftesituation der Unternehmen zu beurteilen und die derzeitigen Strategien zur Qualifikationssicherung zu charakterisieren. Das hierbei entstandene Bild zeigt einen noch jungen und sehr dynamischen Windenergiesektor mit seinen sich zunehmend herausbildenden Geschäftsfeldern, Aufgabenspektren und Beschäftigungsstrukturen.

Es lässt sich festhalten, dass die meisten Unternehmen des Windenergiesektors sowohl Onshore als auch Offshore tätig sind. Eine strikte Fokussierung, der Anlagenhersteller Areva bedient nur Offshore-Projekte, die Firma Enercon konzentriert sich allein auf Windparks an Land, ist unter den befragten Unternehmensvertretern eher die Ausnahme.

Die Verteilung der Betriebe im Sektor zeigt, dass klein- und mittelständische Unternehmen, welche operative Dienstleistungsaufgaben wie den WEA-Service übernehmen, stark vertreten sind. Gespräche mit Sektorexperten deuten darauf hin, dass in diesem Bereich für die kommenden Jahre von einem Wachstum auszugehen ist. Daneben leuchtet ein, dass Systemanbieter den in Deutschland traditionell starken Maschinenbau auch im Windenergiesektor repräsentieren. Diese entwickeln und fertigen Werkzeuge oder Komponenten wie Pumpen oder Motoren für Windenergieanlagen, welche prinzipiell auch branchenübergreifend abgesetzt werden können.

Im Windenergiesektor gehen mittlerweile nur noch die kühnsten Optimisten von den oben genannten Zielzahlen für den Offshore-Ausbau aus. Die Sektorexperten sind überwiegend der Meinung, dass sich die Offshore-Windenergie langsamer entwickeln wird, da die benötigte Infrastruktur zunächst fertiggestellt sowie die sich durch maritime Rahmenbedingungen ergebenden logistischen und finanziellen Herausforderungen noch gelöst werden müssen.

Die windspezifische Erstausbildung stellt eine Möglichkeit unter anderen dar, den Fachkräftebedarf mittel- bis langfristig zu sichern. Eine rein offshore-bezogene Ausbildung mehrheitlich abzulehnen, mag in den sicherheitstechnischen und organisatorischen Rahmenbedingungen auf See und der weiter oben erwähnten technischen Vergleichbarkeit der Windenergieanlagen Onshore und Offshore liegen. Die Ermittlung konkreter Inhalte beruflicher Facharbeit bei der Errichtung, Inbetriebnahme und Instandhaltung von WEA bildet dabei die Voraussetzung für ein Berufsprofil der Fachkräfte an Land und auf See. Es lässt sich schlussfolgern, dass der Mangel an qualifiziertem Personal durch bereits vorhandene Unternehmensstrategien und die Eigendynamik des Windenergiesektors bislang nicht behoben wird. Hier müssen u. a. durch einheitliche Aus- und Weiterbildungsmaßnahmen nachhaltige Strukturen geschaffen werden, um das bestehende Fachkräfteproblem mittelfristig lösen zu können. Besonders unter dem Aspekt des sich fortsetzenden Ausbaus der (Offshore-)Windenergie bleibt diese Thematik weiterhin akut.

Bei der Qualifikationssicherung der Mitarbeiter spielt die Position des Betriebes in der Sektorstruktur eine wesentliche Rolle. Es ist schnell ersichtlich, dass Service-Unternehmen bei den derzeitigen Rahmenbedingungen Offshore nicht selbst ausbilden können. Klassische Fertigungsbetriebe dagegen blicken auf eine lange Ausbildungstradition zurück. Allen Befragten gemein ist jedoch eine tendenzielle Verlagerung der Verantwortung für Qualifikationssicherung vom Betrieb auf die Mitarbeiter/-innen. Je aufwändiger und kostspieliger eine Bildungsmaßnahme wird, desto weniger wird sie von den befragten Firmenvertretern bisher eingesetzt. Eine Besonderheit stellt die Nutzung der Weiterbildungsangebote für die Servicetechniker/-innen dar. Aufgrund des beispielsweise besonderen Gefährdungspotentials der Fachkräfte, die an den Windenergieanlagen arbeiten, sind die einmal erworbenen Zertifikate durch regelmäßig wiederkehrende Sicherheitstrainings ständig zu erneuern.

7.2 Szenarien zur perspektivischen Entwicklung des Sektors

7.2.1 Situationsbeschreibung

Die bisherigen Recherchen und Analysen haben ergeben, dass es derzeit keine sektorspezifischen Ausbildungsberufe gibt. Demzufolge existiert auch noch keine berufsschulische Erstausbildung. Die Qualifikation der Auszubildenden und Facharbeiter erfolgt im Regelfall „vor Ort" bzw. im Rahmen von betrieblichen Fort- und Weiterbildungsmaßnahmen sowie in einigen wenigen Fällen auch an weiterbildenden Fachschulen. Der Fort- und Weiterbildungsbereich im Offshore-Sektor ist daher schon relativ gut entwickelt und etabliert. Eine Erstausbildung dagegen ist aufgrund fehlender Ausbildungsberufe überhaupt noch nicht angegangen worden.

7.2.2 Drei Entwicklungswege für den Offshore-Sektor

Nachstehend werden drei verschiedene Entwicklungswege für den Offshore-Sektor diskutiert und Schlussfolgerungen für die Beschäftigten und die Qualifizierung im Sektor gezogen. Dabei werden unterschiedliche Entwicklungsszenarien aufgestellt, die sich aus unterschiedlichen Vorhersagen der Bundesregierung, verschiedener wissenschaftlicher Studien und berufswissenschaftlichen Fallstudien ableiten lassen. Diese Entwicklungen werden mittels des Instruments des „Szenarios" von den Autoren bewertet.

Tab. 16: *Beschäftigtenzahlen in den Jahren 2010, 2016 und 2021 (vgl. PWC/WAB 2012)*

Beschäftigte Jahr	Gesamt	Anlagen-fertigung	Transport/ Montage/ Errichtung, Netzanbindung	Betrieb/ Instand-haltung	Projektpla-nung/-entwicklung, Finanzierung/Ver-sicherung, Rück-bau/Repowering
2010	14.260	10.760 (75 %)	2.670 (19 %)	170 (1 %)	660 (5 %)
2016	24.370	17.320 (71 %)	4.650 (19 %)	1.010 (4 %)	2.640 (6 %)
2021	**33.110**	22.400 (68 %)	**6.170** (19 %)	2.290 (7 %)	3.370 (6 %)

Wie viele Fachkräfte für die Errichtung, Inbetriebnahme, Service und Instandhaltung von Offshore-Windenergieanlagen benötigt werden, ist eine der zentralen Fragestellungen des BMBF-Projekts „Offshore-Kompetenz". Basierend auf dem

Ausbauziel der Bundesregierung für die Offshore-Windenergienutzung mit einer Gesamtanlagenleistung von 10.000 MW bis zum Jahr 2020 und 25.000 MW bis zum Jahr 2030 sind nachfolgend drei Szenarien entworfen worden, die eine Abschätzung des Fachkräftebedarfs ermöglichen. Dabei dienen die in der PWC/WAB Studie „Volle Kraft aus Hochseewind" genannten Beschäftigtenzahlen für die Jahre 2010, 2016 und 2021 als eine der Orientierungshilfen (vgl. Tab. 16). Aufgrund des derzeit verzögerten Windparkaufbaus finden sich die genannten Zahlen der Bundesregierung als „Maximalszenario" wieder. Daneben haben die Autoren zwei weitere Szenarien („Mittleres" und „Minimal-Szenario") mit deutlich geringerer Gesamtanlagenleistung und den entsprechenden Beschäftigtenzahlen generiert.

Szenario I: Ausbau der Offshore-Windenergie nach dem Energiekonzept der Bundesregierung (10 GW bis 2020, 25 GW bis 2030) – Konsequenzen für berufliche Erstausbildung

Beschreibung des Szenarios

Die Zahlen zur Beschäftigungsentwicklung der PWC/WAB-Studie in Tab. 16 werden zunächst auf das „Maximalszenario" (Ausbauziel der Bundesregierung) übertragen. PWC/WAB operieren mit vergleichbar optimistischen Zahlen und legen für das Jahr 2021 eine Gesamtleistung von 8,7 GW (anstelle von 10 GW = 10.000 MW im Jahr 2020) zugrunde. Die fett gedruckten Daten demonstrieren den Übertrag von Tab. 16 in Tab. 17. Insgesamt 33.110 Beschäftigte im Jahr 2021 laut PWC/WAB bedeuten für das „Maximalszenario" in etwa 34.000 Beschäftigte im Jahr 2020. Analog dazu wird das für die Errichtung eingesetzte Personal von 6.170 Beschäftigten in 2021 auf 6.800 Fachkräfte in 2020 überführt. Entsprechend des sich leicht abschwächenden Beschäftigungszuwachses von 2016 auf 2021 (vgl. Tab. 16) gehen die Autoren von einer weiteren moderaten Personalzunahme auf 40.000 Beschäftigte im Jahr 2030 aus.

Bewertung des Szenarios

Mit dem Energiekonzept der Bundesregierung liegt zwar ein relativ detailliertes und fundiertes prognostisches Szenario zur Entwicklung der Offshore-Windenergie bis zum Jahr 2050 vor. Aufgrund der gegenwärtigen Probleme bei der Installation von Windenergieanlagen und Stromnetzen ist dieses Szenario jedoch kaum noch realistisch. Da es sich bei Offshore um eine relativ neue Technologie handelt, sind insbesondere die Investitionskosten und -risiken schwer kalkulierbar. Erst wenn die nötigen Erkenntnisse und Erfahrungen vorliegen, sind die notwendigen Gesamtinvestitionen bis zum Jahr 2020 und 2030 kalkulierbar.

Tab. 17: *Maximal-Szenario für den Fachkräftebedarf in Abhängigkeit der gestellten Gesamtanlagenleistung (eigene Darstellung)*

Zeile		Maximal-Szenario	
		2020	2030
1	Gesamtanlagenleistung im Jahr [MW]	10.000	25.000
2	kumulierte Anlagenzahl [N] bezogen auf 4,5 MW durchschnittliche Anlagenleistung	2.223	5.556
3	Beschäftigte insgesamt	**34.000**	40.000
4	Beschäftigte Anlagenfertigung (60 %)	20.400	24.000
5	Beschäftigte Transport/Montage/Errichtung, Netzanbindung, Betrieb und Instandhaltung (alle zusammen 30 %)	10.200	12.000
6	Beschäftigte Transport/Montage/Errichtung, Netzanbindung (alle zusammen 20 %)	6.800	8.000
7	**Potentielle Anzahl an Auszubildenden für Transport/Montage, Netzanbindung, Betrieb und Instandhaltung bei einer Ausbildungsquote von 6,5 % (bezogen auf Zeile 5)**	663	780

Dies bestätigen auch die aktuellen Entwicklungszahlen der Offshore-Windenergieanlagen. Anfang 2013 sind 68 Anlagen mit einer Leistung von 280,3 MW am Netz (vgl. Offshore-Windenergie 2013), d. h. man hat im Januar 2013 ca. 2,8 % des Ziels von 2020 erreicht.

Die oben beschriebene Kurzbefragung kommt zum gleichen Ergebnis. Von den 51 befragten Experten des Offshore-Sektors halten nur 12 % das Szenario der Bundesregierung für realistisch.

Auswirkung auf Beschäftigung und Qualifikationsbedarf

Konzentriert man sich im „Maximalszenario" auf die in der PWC/WAB-Studie genannten Aufgaben für Fachkräfte im Bereich Transport/Montage, Netzanbindung, Betrieb und Instandhaltung und nimmt zusätzlich an, dass diese im Vergleich zu den Zahlen von PWC/WAB mit einem Anteil von 30 % etwas optimistischer ausfallen (die Anlagenfertigung mit 60 % dafür etwas schwächer), so wird folgendes deutlich: Selbst bei einer bundes- und branchenweit respektablen Ausbildungsquote von 6,5 % blieben im „Maximalszenario" die potentiellen Auszubildenden der Offshore-spezifischen Bereiche gewerblich-technischer Facharbeit weit unter 1.000 Personen. Diese Anzahl ist für die Schaffung einer bundesweiten Ausbildungsverordnung zu gering. Demnach ist eine rein offshore-spezifische Qualifizierung anhand der Beschäftigtenzahlen nach den Überlegungen der Autoren nicht empfehlenswert.

Szenario II: Verspäteter und schwächerer Anstieg bei der Entwicklung der Offshore- Windindustrie (5 GW bis 2020, 15 GW bis 2030) – Konsequenzen für die berufliche Erstausbildung

Beschreibung des Szenarios

Das „Mittlere Szenario" geht von einem langsameren Anstieg bei der Entwicklung der Offshore-Windindustrie aus, d. h. es wird gegenüber dem Maximalszenario bis 2020 nur 5 GW an Gesamtleistung erreicht. Der relativ langsame Anstieg bis zum Jahr 2020 beruht zum einen auf den politischen und investiven Anlaufschwierigkeiten und zum anderen auf den in der Anfangsphase weitgehend fehlenden technologischen Erfahrungen. Erst wenn diese Schwierigkeiten beseitigt und die notwendigen technologischen Erfahrungen gesammelt worden sind, ist bis 2030 eine Verdopplung des Anstiegs durchaus realistisch. Im Jahre 2030 würden 15 GW bei einer Anlagenzahl von ca. 3.334 Anlagen umgesetzt sein wie Tab. 18 zeigt.

Tab. 18: Mittleres Szenario für den Fachkräftebedarf in Abhängigkeit der gestellten Gesamtanlagenleistung (eigene Darstellung)

Zeile		Mittleres Szenario	
		2020	2030
1	Gesamtanlagenleistung im Jahr [MW]	5.000	15.000
2	kumulierte Anlagenzahl [N] bezogen auf 4,5 MW durchschnittliche Anlagenleistung	1.112	3.334
3	Beschäftigte insgesamt	20.000	24.000
4	Beschäftigte Anlagenfertigung (60 %)	12.000	14.400
5	Beschäftigte Transport/Montage/Errichtung, Netzanbindung, Betrieb und Instandhaltung (alle zusammen 30 %)	6.000	7.200
6	Beschäftigte Transport/Montage/Errichtung, Netzanbindung (alle zusammen 20 %)	4.000	4.800
7	**Potentielle Anzahl an Auszubildenden für Transport/Montage, Netzanbindung, Betrieb und Instandhaltung bei einer Ausbildungsquote von 6,5 % (bezogen auf Zeile 5)**	390	468

Bewertung des Szenarios

Von den Autoren wird zum aktuellen Zeitpunkt das „Mittlere Szenario" als das realistische Szenario eingeschätzt. Auch die Offshore-Experten in der ITB-Befragung schätzen das Mittlere Szenario mit 72 % am wahrscheinlichsten ein.

Die weitere Entwicklung wird sehr stark von der Verbesserung der aktuellen Rahmenbedingungen (Netzanbindung, Finanzierung von Windparks, aufwendige Genehmigungsverfahren) abhängig sein. Bisher (Anfang 2013) sind 29 Offshore-Windpark-Projekte in Deutschland mit insgesamt 2081 Windenergieanlagen (WEA) vom Bundesamt für Seeschifffahrt und Hydrographie (BSH) genehmigt worden, davon 26 in der Nordsee und drei in der Ostsee. Das entspricht nach Fertigstellung der Anlagen einer potenziellen Energieleistung von etwa 9 Gigawatt. Unklar ist jedoch noch der genaue Zeitpunkt der Fertigstellung. Weitere Anträge für Offshore-Parks sind in Vorbereitung oder in der Antragstellung.

Auswirkung auf Beschäftigung und Qualifikationsbedarf

Bei diesem Szenario würde sich die Anzahl der Beschäftigten insgesamt auf 20.000 im Jahre 2020 und auf 24.000 im Jahre 2030 belaufen. Bei diesem Szenario gehen die Autoren von rund 6.000 bis 7.200 Beschäftigen für den Bereich Transport/Montage/Errichtung, Netzanbindung, Betrieb und Instandhaltung aus.

Bei einer Ausbildungsquote von 6,5 % blieben im „Mittleren-Szenario" ca. 390 bis 468 Auszubildende für die offshore-spezifischen Bereiche der gewerblich-technischen Facharbeit. Diese Anzahl ist für die Schaffung einer bundesweiten Ausbildungsverordnung bei weitem zu gering.

Szenario III: Minimalszenario bei anhaltenden technischen Schwierigkeiten und politischem Unwillen für Offshore-Windstrom (3 GW bis 2020, 6 GW bis 2030) – Konsequenzen für die berufliche Erstausbildung

Beschreibung des Szenarios

Das „Minimalszenario" geht von einem sehr langsamen Wachstum der Offshore-Industrie aus. Weitere ungelöste technische Schwierigkeiten, fehlende politische Unterstützung und eine langfristige Wirtschaftskrise führen zu einer Gesamtanlagenleistung von 3.000 MW für das Jahr 2020 und einer relativen Stagnation mit 6.000 MW für das Jahr 2030 (vgl. Tab. 19). Damit würden die Ziele der Bundesregierung für das Jahr 2010 mit 10 GW auch im Jahr 2030 noch nicht erfüllt sein und die Energiewende in Deutschland müsste als gescheitert angesehen werden.

Tab. 19: *Minimal-Szenario für den Fachkräftebedarf in Abhängigkeit der gestellten Gesamtanlagenleistung (eigene Darstellung)*

Zeile		Minimal-Szenario	
		2020	2030
1	Gesamtanlagenleistung im Jahr [MW]	3.000	6.000
2	kumulierte Anlagenzahl [N] bezogen auf 4,5 MW durchschnittliche Anlagenleistung	667	1.334
3	Beschäftigte insgesamt	15.000	18.000
4	Beschäftigte Anlagenfertigung (60 %)	9.000	10.800
5	Beschäftigte Transport/Montage/Errichtung, Netzanbindung, Betrieb und Instandhaltung (alle zusammen 30 %)	4.500	5.400
6	Beschäftigte Transport/Montage/Errichtung, Netzanbindung (alle zusammen 20 %)	3.000	3.600
7	**Potentielle Anzahl an Auszubildenden für Transport/ Montage, Netzanbindung, Betrieb und Instandhaltung bei einer Ausbildungsquote von 6,5 % (bezogen auf Zeile 5)**	**176**	**234**

Bewertung des Szenarios

Dieses Szenario ist von den drei Szenarien das unwahrscheinlichste, da die Bundesregierung mit der Investition in die Offshore-Industrie eine erfolgreiche Energiewende und damit den Ausstieg aus der Atomenergie gestalten kann. Interessant ist jedoch, dass die Offshore-Experten bei der ITB-Befragung dieses Szenario mit 16 % wahrscheinlicher einstufen, als das Szenario der Bundesregierung (12 %). Allerdings sind es insgesamt nur acht Experten (von 51), die sich für dieses Szenario aussprechen.

Bei der Betrachtung der sich aktuell im Bau befindlichen Windparks wird deutlich, dass sich nach der Fertigstellung der Windparks Bard Offshore 1, Borkum West II, Global Tech I, Borkum Riffgat, Meerwind und Nordsee Ost die Nennleistung der Windparks auf insgesamt über 2.000 MW erhöhen wird (vgl. Deutsche Windguard 2012). Damit würde man nach der Fertigstellung (wahrscheinlich in ein oder zwei Jahren) 67 % dieses Szenarios erreicht haben.

Auswirkung auf Beschäftigung und Qualifikationsbedarf

Bei diesem Szenario erreicht man nur eine sehr kleine Beschäftigungszahl von insgesamt 15.000 für das Jahr 2020 und 18.000 für das Jahr 2030. Für den Bereich Transport/Montage, Netzanbindung, Betrieb würde dies 4.500 Beschäftigte für das Jahr 2020 und 5.400 Beschäftigte für das Jahr 2030 bedeuten. Bei einer Ausbildungsquote von 6,5 % blieben im „Minimal-Szenario" ca. 176 Auszubildende für die offshore-spezifischen Bereiche der gewerblich-technischen Facharbeit im Jahre 2020. Für das Jahr 2030 würde die Anzahl der Auszubildenden nur leicht anwachsen. Über eine Ausbildung müsste man bei dieser Beschäftigungsentwicklung nicht nachdenken.

7.2.3 Fazit

Mit der Offshore-Windenergie waren und sind große Erwartungen hinsichtlich des eingeleiteten Wandels zu regenerativen Energiekonzepten verbunden. Die anfängliche Euphorie über diese maritime Form der Energiegewinnung ist inzwischen jedoch verflogen oder zumindest stark zurückgegangen. Konnte der Aufbau von für den Offshore-Subsektor relevanten Fabriken und Hafenanlagen noch relativ problemlos realisiert werden, bereitet die Installation von Windrädern in der deutschen Wirtschaftszone entlang der Nord- und Ostseeküste sowie von Energienetzen in die süddeutschen Bundesländer zunehmend Probleme. Dabei hat „nicht erst die Insolvenz des Fundamentherstellers Siag-Nordseewerke in Emden mit 700 Mitarbeitern [...] die Politik in den Nordländern aufgeschreckt" (Sächsische Zeitung, 26. 10. 2012, S. E8). Der Aufbau der Anlagen auf See kommt insbesondere dadurch nicht mehr wie geplant voran, weil es zu Verzögerungen beim Netzausbau und bei der Übernahme von Ausfallrisiken gekommen ist. Zudem verunsichert die Ankündigung von Bundesumweltminister Peter Altmeier, das Erneuerbare-Energien-Gesetz (EEG) insbesondere hinsichtlich der EEG-Umlage zu reformieren, sowohl Investoren als auch Produzenten. Auch der zunehmende Interessenskonflikt zwischen den süddeutschen Bundesländern als Energieabnehmer und den norddeutschen Bundesländern als Offshore-Energieproduzenten, aber auch zwischen den einzelnen norddeutschen Bundesländern insbesondere zum Ausbau der Energienetze spielt in diesem Zusammenhang eine hemmende Rolle. Ein bundesländerübergreifender Konsens zur Nutzung und zum Ausbau der erneuerbaren Energien ist aber inzwischen eingeleitet worden. So versucht beispielsweise die Offshore-Wind-Industrie-Allianz als ein Zusammenschluss von Unternehmens-Netzwerken im Offshore-Sektor durch verschiedene Aktivitäten und Maßnahmen die Kooperation und den Einfluss regionaler Unternehmen in diesem Entwicklungsprozess zu stärken. Der geplante Ausbau der Offshore-Windenergie nach dem Energiekonzept der Bundesregierung (10 GW bis 2020, 25 GW bis 2030) erscheint jedoch kaum realisierbar zu sein.

Ein großes Hemmnis für den weiteren schnellen Ausbau des Offshore-Windenergiesektors sind somit die hohen technologischen Anforderungen sowie die hohen Kosten für den Bau, die Errichtung und die Instandhaltung der entsprechenden Windenergieanlagen. Zudem war und ist mit dieser Form der Energiegewinnung auch der Anstieg der auf den Strompreis aufgeschlagenen Umlage zur Förderung erneuerbarer Energien verbunden. Zumindest der Bau von Offshore-Windenergieanlagen weit entfernt von der Meeresküste wird daher von vielen Experten als ein ökonomischer und technologischer „Irrläufer" angesehen, aus dem zumindest mittelfristig kein Kapital erwirtschaftet werden kann. International haben sich daher Windenergieanlagen in Küstennähe durchgesetzt, was aber in Deutschland insbesondere an der Nordsee aufgrund des Wattenmeers kaum möglich ist. Zudem scheint sich die Energiewende in der Bundesrepublik immer stärker auf die Bereiche der Solar- und Onshore-Windenergie zu konzentrieren (vgl. Sächsische Zeitung vom 03.04.2013).

Unabhängig von diesen gegenwärtig problematischen Tendenzen zeigen die sektorspezifischen Daten und Ergebnisse der Studien zum Offshore-Sektor zumindest mittel- und langfristig ein wachsendes Feld, vielleicht sogar einen eigenen Industriezweig mit einer potenziell starken zukünftigen Bedeutung. Die Zahl der Offshore-Windparks wird in den nächsten Jahren wachsen, nur die Geschwindigkeit des Wachstums ist aktuell durch die Schwierigkeiten in der Finanzierung und den technologischen wie arbeitstechnischen Herausforderungen (komplizierte maritime Anforderungen durch die relativ große Entfernung der Anlagen zur Küstenlinie und die dadurch relativ große Wassertiefe) bestimmt und noch nicht eindeutig prognostizierbar. Trotzdem eröffnet sich ein Beschäftigungspotenzial für qualifizierte Fachkräfte. Unklar ist noch, woher die Fachkräfte kommen sollen, da es keine eigene Ausbildungstradition in den Bereichen der Errichtung, dem Betrieb sowie der Wartung und des Service von Windkraftanlagen im Offshore-Sektor gibt. Dies gilt bis auf wenige Ausnahmen auch für den Onshore-Sektor.

Die aktuellen Zwischenergebnisse aus dem Projekt „Offshore Kompetenz" führen für die Aus- und Weiterbildung zu folgenden Schlussfolgerungen:

- Quantitative und qualitative Zwischenergebnisse der sektoralen Entwicklung legen zum aktuellen Zeitpunkt den Schluss nahe, einheitliche Aus- und Weiterbildungsstrategien für On- und Offshore zu entwickeln.
- Bestehende metall- und elektrotechnische Ausbildungsberufe sind für die Qualifizierung im Bereich der Windenergie nutzbar, erscheinen jedoch durch die Abhängigkeit von der Fachkräftesituation in anderen Branchen nicht nachhaltig.

- Verzögerung bei der Errichtung der Offshore-Windparks bietet die Chance zur rechtzeitigen Initiierung von Qualifizierung zukünftiger Mitarbeiterinnen und Mitarbeiter.

Das Projekt „Offshore-Kompetenz" wird einen ersten Beitrag leisten, die Diskussion über die Notwendigkeit von speziellen Offshore-Ausbildungsberufen und/oder der Adaptierung von bestehenden Profilen für den Sektor der Windenergie auf der Basis der aktuellen Herausforderungen der Arbeitsprozesse im Sektor fortzuführen. Dazu werden noch weitere Arbeitsprozesse und -aufgaben für On- und Offshore genauer untersucht. Ziel ist es, mit Hilfe der Ergebnisse die Arbeitsaufgaben und -anforderungen der Fachkräfte für den Offshore-Bereich genau beschreiben zu können, um Vorschläge für die Erweiterung von Curricula für die Aus- und Weiterbildung um spezifische Windenergieinhalte machen zu können. Dazu sollen im Herbst 2013 Ergebnisse vorliegen.

7.3 Perspektiven der Technik und Technologien

Die Errichtung und Instandhaltung von Offshore-Windenergieanlagen im Allgemeinen und von relativ weit von der Meeresküste entfernt stehenden Anlagen im Speziellen sind mit meist besonders hohen technischen, technologischen, ökonomischen, ökologischen und vor allem maritimen Anforderungen und Problemen verbunden. Man kann aber davon ausgehen, dass diese inzwischen weitgehend erkannt und gelöst worden sind. Neue technische und technologische Probleme könnten allerdings entstehen, wenn diese Anlagen noch größer und damit leistungsstärker dimensioniert und/oder noch weiter in das Meer hinaus verlegt werden sollten oder müssten.

7.4 Perspektiven der Facharbeit und der Fachkräfte

Diese beschriebene technische und technologische Sachlage stellt auch an die sektorbezogene Facharbeit und die entsprechenden Facharbeiter/-innen besondere Anforderungen. Gefragt sind daher insbesondere Facharbeiter/-innen, die sowohl allgemeine metall- und/oder elektrotechnische, als auch sektorspezifische Qualifikationen und Kompetenzen besitzen. Erstere können in der beruflichen Erstausbildung in einem anerkannten Ausbildungsberuf mit sektorrelevanten Inhalten erworben werden. Letztere werden derzeit im Regelfall im Rahmen von betrieblichen Weiterbildungs- und/oder Trainingsmaßnahmen oder im Rahmen von Weiterbildungskursen an Universitäten und privaten Bildungseinrichtungen, im Einzelfall aber auch an Fachschulen vermittelt und erworben. Ob diese organisatorisch und lernorganisatorisch unsystematisierte Konstellation zukünftig die anstehenden fachlichen und didaktischen Anforderungen der Aus- und Weiterbildung im Sektor der Offshore-Windenergie erfüllen kann, ist noch nicht eindeutig zu beantworten.

7.5 Perspektiven der Aus- und Weiterbildung

Die bisherigen Recherchen und Analysen im Rahmen des Projekts haben ergeben, dass bei der Aus- und Weiterbildung im Sektor der Offshore-Windenergie noch erheblicher Handlungs- und Forschungsbedarf besteht. Insbesondere die Tatsache bzw. das Problem der fehlenden sektorbezogenen Erstausbildungsberufe und damit auch der fehlenden sektorspezifischen Erstausbildung muss mittelfristig in curricular und didaktisch angemessener Form gelöst werden.

Grundlegend müsste zunächst erforscht und diskutiert sowie von der Berufsbildungspolitik entschieden werden, in welcher oder in welchen berufsbildenden Form(en) die Berufsausbildung organisiert und gestaltet werden soll. Möglich ist zum einen die Entwicklung und Konstruktion von anerkannten sektorspezifischen Erstausbildungsberufen sowie entsprechender dualer Erstausbildungsgänge auf Grundlage des Berufsbildungsgesetzes und zum Teil auch der Handwerksordnung. Sinnvoll erscheint in diesem Zusammenhang zunächst die Entwicklung und Konstruktion von sektorspezifischen Berufen durch die Anpassung von solchen bestehenden technischen Ausbildungsberufen, die eine hohe inhaltliche und tätigkeitsbezogene Affinität zum Offshore-Sektor haben. Von den befragten Unternehmen wurde diesbezüglich empfohlen, zwischen den Einsatzgebieten „Fertigung von Großkomponenten" und „Montage, Inbetriebnahme, Service und Wartung" zu unterscheiden und die Ausbildungsberufe, die eine hohe inhaltliche Affinität zum Sektor haben, mit offshore-spezifischen Inhalten anzupassen. Dabei wurden folgende bestehende Ausbildungsberufe genannt:

- Für die Fertigung:
  - Konstruktionsmechaniker/-in und
  - Verfahrensmechaniker/-in,
- Für Montage, Inbetriebnahme, Service und Wartung:
  - Mechatroniker/-in,
  - Anlagenmechaniker/-in,
  - Industriemechaniker/-in,
  - Elektroniker/-in für Betriebstechnik sowie
  - Elektroniker/-in für Maschinen- und Antriebstechnik.

Möglich ist eine sektorspezifische Berufsbildung in Form einer formalisierten Weiterbildung. In diesem Rahmen müssten zunächst staatlich anerkannte technische Weiterbildungsberufe und entsprechende Weiterbildungsgänge generiert werden, deren Ausbildung dann an weiterbildenden gewerblich-technischen Fachschulen organisiert und angeboten werden muss. Dazu könnte/müsste im Fachbereich Technik eine neue Fachrichtung, wie z. B. „Windenergietechnik", eingerichtet werden. Ein Ausbildungsschwerpunkt dieser Fachrichtung könnte als „Offshore-Windenergietechnik" organisiert und angeboten werden. Aufgrund der inhaltlichen Fülle dieser Fachrichtung wäre eine Ausbildungsdauer von drei Jahren angemessen und sinnvoll. Die Organisation dieser weiterbildenden Form der Ausbildung richtet sich nach der dafür verbindlichen „Rahmenvereinbarung über Fachschulen" (KMK 2012). Die Absolventen dieser Bildungsgänge wären berechtigt, die Berufsbezeichnung „Staatlich geprüfte(r) Windenergietechniker/-in" zu führen.

Um hinsichtlich der beruflichen Erstausbildung zu einer abschließenden Verständigung zu kommen, ist es angebracht, die Sektorentwicklungen weitere zwei Jahre zu betrachten, um dann mit den Sozialpartnern eine Verständigung herbei zu führen.

8 Zusammenfassung

Die vorliegende Publikation liefert eine in dieser Form bislang nicht erfolgte, umfangreiche Analyse von Daten und Statistiken für den Sektor der Windenergie und seiner Strukturen aus berufswissenschaftlicher Perspektive. Anhand von Expertenbefragungen, Fallstudien, Arbeitsprozessanalysen, Experten-Facharbeiter-Workshops und Szenarien zur Sektorentwicklung können die Autoren deutlich machen, dass neben dem technologischen und organisatorischen Wandel vor allem die gewerblich-technischen Fachkräfte an Windenergieanlagen vor Ort eine tragende Rolle bei der Energiewende spielen. Diese schaffen in ihrer Berufsarbeit durch die Errichtung, Inbetriebnahme und Instandhaltung von Windenergieanlagen an Land und auf See die Voraussetzung für eine Stromerzeugung aus regenerativen Quellen. Gemäß dem Gestaltungsanspruch von Arbeit und Technik ist es den Autoren ein Anliegen, für eine an den tatsächlichen Arbeitsprozessen der Fachkräfte orientierte Aus- und Weiterbildung zu plädieren. Das Buch steht somit unter der Devise: Beschäftigungssicherung durch Qualifizierung. Damit befindet es sich im Einklang mit der nationalen Förderinitiative zur Beruflichen Bildung für eine nachhaltige Entwicklung.

Ausgehend von der derzeitigen Situation der Offshore-Windenergie, die gerade für die strukturschwachen Regionen Norddeutschlands Möglichkeiten wirtschaftlicher Neuorientierung bietet, wird eine strukturelle Betrachtung dieses noch jungen Industriezweiges vorgenommen. In der *Einleitung* werden Facharbeit und Technik als Gegenstände der Berufsbildung eingeführt und mittels einer Sektoranalyse als methodisches Forschungsinstrument der Berufswissenschaften entfaltet. Diese Analyse schafft die Voraussetzung dafür, den spezifischen Qualifikations- und Kompetenzbedarf der Beschäftigten zu erforschen. Dafür musste der Sektor zunächst abgegrenzt und beschrieben werden. Somit konnte der aktuelle Entwicklungsstand und sein Stellenwert für Wirtschaft, Politik und den Arbeitsmarkt identifiziert werden. Hierbei wurden auch Innovationen und Veränderungen nebst deren Implikationen für die windenergiespezifische Facharbeit ermittelt. Infolgedessen war es möglich, Dokumentenanalysen von bspw. Forschungspublikationen und Branchenberichten vorzunehmen sowie geeignete Unternehmen für Fallstudien und Arbeitsprozessanalysen auszuwählen.

Kapitel 2 verknüpft Facharbeit und Berufsbildung mit dem Nachhaltigkeitsprinzip als Leitziel der Energiewirtschaft. Die von 2005-2014 überschriebene UN-Dekade „Bildung für eine nachhaltige Entwicklung" wird also um den berufspädagogischen wie berufswissenschaftlichen Blick ergänzt und weitergeführt. Wirtschaftswachstum und Umweltschutz verstehen sich als komplementäre Flanken eines verantwortungsbewussten, prospektiven Handelns, in dem soziale, ökonomische und ökologische Aspekte in Einklang zu bringen sind. Dazu wurden die staatlichen wie rechtlichen Rahmenbedingungen einer regenerativen Energiegewinnung im Zuge der politischen Kehrtwende nach Fukushima dargelegt. Hier sei auf das Gesetz über den Vorrang Erneuerbarer Energien und die Genehmigungsverfahren für Offshore-Windparks verwiesen (vgl. Bundesministerium für Justiz 2009, vgl. BSH 2001). Gleichzeitig stehen auch die Unternehmen in der Verantwortung, denn der Zusammenhang zwischen Nachhaltigkeit, Facharbeit und beruflicher Bildung wird nur durch entsprechende Aus- und Weiterbildungsaktivitäten der beteiligten Firmen sichergestellt. Unter diesen Umständen kann nachhaltige Entwicklung über Lerninhalte gewerblich-technischer Berufsbildungsangebote vermittelt werden. Wenn es in der Berufsbildung gelingt, bei Facharbeiter/-innen ein Verständnis für Sinn und Notwendigkeit nachhaltiger Entwicklung zu schaffen und Gestaltungsspielräume aufzuzeigen, können sowohl individuelle Entwicklungspotentiale gehoben als auch ganze Regionen ausgebaut werden.

Nach einem kurzen geschichtlichen Abriss der Stromerzeugung aus Windkraft erfolgt in *Kapitel 3* die Abgrenzung und Definition des Sektors der Windenergie. Zu dieser ursprünglich an Landstandorte gebundenen Energiegewinnung ist in den letzten zehn Jahren die Planung und Umsetzung von Offshore-Windparks hinzugekommen. Diese stellen in Bezug auf Investitionsvolumen und Organisationsaufwand eine völlig neue Herausforderung für alle Beteiligten dar. Dementsprechend wurde der Sektor um die vertiefende Darstellung und Strukturierung des Subsektors der Offshore-Windenergie erweitert. Mithilfe von Daten und Statistiken konnte hierfür eine zukunftsträchtige Perspektive aufgezeigt werden, wobei deutsche Unternehmen mit Bewerbern aus Anrainerstaaten an Nord- und Ostsee durchaus im Wettbewerb um Aufträge stehen. Die staatliche Förderung von Offshore-Windstrom im europäischen Ausland wie bspw. in Großbritannien setzt dabei entsprechende Anreize für eine derzeit dynamischere Entwicklung als vor den deutschen Küsten. So ist der Offshore-Ausbau hierzulande in den vergangenen Jahren deutlich moderater vorangeschritten als die ambitionierten Ziele der Bundesregierung dies ursprünglich vorsahen. Entwicklungstendenzen gehen dahin, dass sich mit der Etablierung einer Offshore-Industrie auch die ursprünglich onshore gewachsene Struktur eines Windenergiesektors mit zumeist kleinen und mittelständischen Betrieben, Genossenschaften und Bürgerwindparks zugunsten der Beteiligung von Finanzinvestoren und Großkonzernen wandelt. Während Energieversorgungsunternehmen ihr Portfolio um die Stromerzeugung aus Windkraft ergänzen, versuchen auch Werften oder Reedereien den immensen logistischen Herausforderungen für die Seeschifffahrt mit innovativen Lösungen zu begegnen. Daneben rücken bundesweit diskutierte Fragen der Netzanbindung und -einspeisung in den Fokus.

Kapitel 4 befasst sich mit den an Offshore-Windenergie beteiligten Organisationen, Unternehmen und Verbänden. Zuerst wurden am Beispiel des ersten deutschen Offshore-Windparks Alpha Ventus die miteinander kooperierenden Partner umrissen und daraus Wertschöpfungsketten für die dazugehörige Wirtschaft abgeleitet. In der Folge legten die Autoren eine Struktur des Subsektors vor, in der Windenergieunternehmen von der WEA- und Komponenten-Fertigung über die Planung und Projektierung von OWP bis hin zum operativen Anlagenbetrieb beschrieben wurden. Daneben konnte zu den wachsenden Beschäftigtenzahlen und derzeit im Sektor vorhandenen Berufsstrukturen Stellung genommen werden. Die Fachkräftesituation stellt sich derzeit so dar, dass qualifiziertes Personal für die Errichtung, Inbetriebnahme und Instandhaltung von Windenergieanlagen an Land und auf See permanent gesucht wird. Aufgrund der prospektiven Sektorentwicklung ist nicht absehbar, dass diese Nachfrage in den kommenden Jahren stark sinken wird. Somit rückt auch die Rolle der Sozialpartner und Berufsgenossenschaften zusehends in das Blickfeld der Forscher. Diese Verbände unterstützen eine zukunftsorientierte und sichere Facharbeit im Windenergiesektor und entscheiden über entsprechende Aus- und Weiterbildungsprofile. Diesen und weiteren Fachverbänden, Interessensvertretern und Wissenschaftlern im Bereich Windenergie möchte dieses Buch eine um die Belange der gewerblich-technischen Facharbeit ergänzte Perspektive anbieten.

Die technologischen Herausforderungen beeinflussen die Offshore-Facharbeit stark. Wie *Kapitel 5* verdeutlicht, bestehen trotz des grundsätzlich vergleichbaren Aufbaus einer Windenergieanlage zu deren Einsatz auf See einige Spezifika und Besonderheiten. Angefangen von der WEA-Gründung im tiefen Wasser über die Windpark-Errichtung unter maritimen Bedingungen bis hin zur regelmäßigen Anlagenprüfung bezüglich Lastbeanspruchung und Korrosion wird von allen Beteiligten der Aufbau spezifischer Kompetenzen verlangt. Durch die Ausweisung der Kernarbeitsprozesse bei der Errichtung, Inbetriebnahme und Instandhaltung von Windenergieanlagen an Land mittels mehrtägiger Arbeitsprozessanalysen liegt nun erstmals eine detaillierte Beschreibung der tatsächlichen Berufsarbeit vor. Der Einsatz dieses berufswissenschaftlichen Instruments lieferte eine Vorlage für die weiterführende Untersuchung der Offshore-Facharbeit. Diesbezügliche organisatorische, technische und sicherheitsbezogene Anforderungen wurden in internationalen Fallstudien, durch Gespräche mit Fachexperten des Betriebs von OWP und bei Erhebungen bis zur Hafenkaje ermittelt.

In *Kapitel 6* rückt die Qualifikation der Fachkräfte in das Zentrum der Betrachtung. Der Stand von Aus- und Weiterbildungsaktivitäten im Offshore-Windenergiesektor wurde anhand einer Unternehmensbefragung beschrieben und um Anforderungen an berufliche Qualifikationen ergänzt. Hierbei ist festzuhalten, dass die gewachsenen Angebote windspezifischer Fort- und Weiterbildung der betrieblichen Nachfrage in der Vergangenheit entsprochen haben. Diese Situation befindet sich jedoch im Wandel, da speziell für den Offshore-Subsektor neben steigendem Personalbedarf auch gewachsene Ansprüche in puncto Qualität und Sicherheit zu verzeichnen sind. Hier müssen von den Fachkräften ebenso überfachliche Kompetenzen wie Führungsverantwortung und Sicherheitsbewusstsein für sich selbst und größere Teams aufgebaut werden. Daraus folgt, dass neben didaktischen Voraussetzungen für eine windspezifische Qualifizierung auch die Bedeutung von Lern- und Arbeitsumgebungen für eine arbeitsprozessorientierte Berufsbildung herauszustellen war. Lernende und Lehrende sind auf Ergebnisse berufswissenschaftlicher Forschung angewiesen, die erst die Grundlage didaktischer Entscheidungsmöglichkeiten bieten. Damit kann ein vertieftes und anwendungsbereites Wissen für das Handeln nichtakademischer Fachkräfte im Arbeitsprozess grundgelegt werden.

Mit *Kapitel 7* zeigt die Veröffentlichung Perspektiven von Technik, Facharbeit und Aus- und Weiterbildung für die Zukunft auf. Einschätzungen von Unternehmen zu Themen wie die Fortführung des begonnenen Offshore-Ausbaus in Nord- und Ostsee, der in den Betrieben identifizierte Qualifikationsbedarf sowie ein möglicher Fachkräftemangel wurden in einer Kurzbefragung erforscht und ausgewertet. Im Ergebnis zeigt sich eine realistische Einordnung des gegenwärtigen Baufortschritts vor den deutschen Küsten. Daneben spricht sich eine Mehrheit der untersuchten Sektorvertreter für eine windspezifische Erstausbildung aus. Der unternehmensbezogene Personalbedarf hingegen bleibt von der jeweiligen Einordnung der Firmen in der Sektorstruktur abhängig. Fertigungsbetriebe finden eher gut ausgebildete Fachkräfte als Unternehmen für Service und Wartung von Windenergieanlagen. Abschließend wurden Szenarien für eine sektorspezifische Erstausbildung entworfen und diskutiert. Aus quantitativer und qualitativer Sicht lohnt sich ein rein offshore-bezogener Berufsbildungsgang derzeit nicht. Die umfassende Betrachtung einer windspezifischen Qualifizierung für Tätigkeiten an Land bzw. auf See auf Basis der Arbeitsprozesse erscheint jedoch in jedem Fall sinnvoll und notwendig.

Zusammenfassend soll noch einmal folgendes herausgehoben werden:

Entsprechend ihres Unternehmensprofils in der Sektorstruktur konnten die für die Facharbeit an WEA relevanten Betriebe verortet und mit berufswissenschaftlichen Instrumenten wie Fallstudien und Arbeitsprozessanalysen beforscht werden. Ergebnis dieser an der tatsächlichen Facharbeit orientierten Qualifikationsforschung ist die Ausweisung von Kernarbeitsprozessen von Fachkräften bei der Errichtung, Inbetriebnahme und Instandhaltung von Windenergieanlagen. Die Qualifikationsanforderungen sind um spezifische Herausforderungen durch die maritimen Bedingungen in Nord- und Ostsee ergänzt worden. Gerade hier bestehen Besonderheiten in Bezug auf Arbeitsorganisation, technologische Anforderungen und Sicherheitsaspekte. Neben der Evaluation der Forschungsergebnisse mittels Experten-Facharbeiter-Workshops wurden auch Sektorvertreter aus Verbänden, Berufsgenossenschaften und Sozialpartner in die Befragungen einbezogen.

Die nun vorliegende Beschreibung der Kernarbeitsprozesse der windspezifischen Facharbeit, ergänzt um detaillierte Kompetenzanforderungen, bildet die Grundlage für ein Berufsprofil zur Qualifizierung von Fachkräften für Windenergieanlagen an Land und auf See. Dieses kann zur Konzeption eines eigenständigen

Ausbildungsberufs für die Windenergie aber auch für die Entwicklung spezifischer Weiterbildungsangebote genutzt werden.

Zukünftig muss es einer berufswissenschaftlichen Forschung darum gehen, die bestehenden und sich wandelnden Rahmenbedingungen des Offshore-Subsektors wie auch der Windenergie insgesamt weiter zu beobachten, um auf die Veränderungen im Hinblick auf Aus- und Weiterbildung reagieren zu können. Einer beruflichen Bildung für eine nachhaltige Entwicklung gerecht zu werden bedeutet demnach, Fachkräfte im Sektor der Windenergie durch Qualifizierungsangebote in die Lage zu versetzen, eine eigene Beruflichkeit zu entwickeln und ihre Beschäftigungsfähigkeit langfristig zu erhalten.

Literatur

Monographien und Sammelbände

Adolph, G. (2001): Handlungsorientierter Unterricht in Lernfeldern und verstehendes Lernen. In: Pahl, J.-P. (Hrsg.): Arbeitsorientierte Lernfelder. Didaktisch-methodische Konzepte für Berufsschulen im Rahmen elektrotechnischer Erstausbildung. Bremen: Donat Verlag, S. 13-42.

Aebli, H.; Montada, L.; Steiner, G. (1975): Erkennen, Lernen, Wachsen. Zur pädagogischen Motivationstheorie, zur Lernpsychologie und zur kognitiven Entwicklung. Stuttgart: Klett.

AEVO (2009): Ausbilder-Eignungsverordnung. In: Bundesgesetzblatt Jahrgang 2009 Teil 1 Nr. 5, Bonn 30.01.2009.

Arold, H.; Spöttl, G. (2012): Berufsbildung und Windenergie – was soll in welchen Berufen vermittelt werden? In: lernen & lehren. Heft 107, 27. Jahrgang, 3/2012, Wolfenbüttel: Heckner. S. 98 – 105.

Beck, U. (1986): Risikogesellschaft. Auf dem Weg in eine andere Moderne. Frankfurt am Main: Suhrkamp.

Becker, M.; Spöttl, G. (2008): Berufswissenschaftliche Forschung. Ein Arbeitsbuch für Studium und Praxis. Frankfurt am Main: Peter Lang.

BBiG (1969): Berufsbildungsgesetz vom 14. August 1969. In: Bundesgesetzblatt (BGBl.) Teil 1, Jg. 1969, S. 1112-1137.

BBiG (2005): Berufsbildungsgesetz vom 23.03.2005. In: Bundesgesetzblatt (BGBl.) Teil I, Jg. 2005, S. 931 ff.

BGFE (2006): BGI 657 - Windenergieanlagen. Berufsgenossenschaft der Feinmechanik und Elektrotechnik.

Biermann, H. (2011): Lernorte im Wandel. In: Biermann, H.; Piasecki, P. (Hrsg.): Dortmunder Fachgespräche 2010: Kommunikationsfördernde Lernortgestaltung. Verlag Dr. Dieter Winkler, Bochum, S. 35-50.

Birnbacher, D.; Schicha, Ch. (2001): Ethische Grundlagen der Zukunftsverantwortung. S. 17 -34. In: Birnbacher, D.; Brudermüller G. (Hrsg.): Zukunftsverantwortung und Generationensolidarität. Würzburg: Königshausen & Neumann.

Blättner, F. (1947): Menschenbildung und Beruf: Grundlinien einer Berufsschuldidaktik. Ein Lehr- und Arbeitsplan für die Tischlerberufe. Hamburg: Hansischer Gildenverlag.

BMBF – Bundesministerium für Bildung und Forschung (2006): Berufsbildungsbericht 2006. Bonn, Berlin: Druckpartner Moser, Rheinbach.

BMU – Bundesministerium für Umwelt, Naturschutz und Reaktorsicherheit (Hrsg.) (1998): Nachhaltige Entwicklung in Deutschland. Entwurf eines politischen Schwerpunktprogramms. Pressemitteilung 25/98 vom 28.04.1998. Bonn.

BMU (2008): Weiterentwicklung der Ausbaustrategie Erneuerbare Energien. Leitstudie 2008. Niestetal: Silber Druck oHG.

BMU (2010c): Langfristszenarien und Strategien für den Ausbau der erneuerbaren Energien in Deutschland bei Berücksichtigung der Entwicklung in Europa und global – Leitstudie 2010. BMU–FKZ 03MAP146, Deutsches Zentrum für Luft- und Raumfahrt, Stuttgart; Institut für Technische Thermodynamik, Abt. Systemanalyse und Technikbewertung; Fraunhofer Institut für Windenergie und Energiesystemtechnik, Kassel; Ingenieurbüro für neue Energien, Teltow, Dezember 2010.

BMU (2011b): Erneuerbare Energien in Zahlen. Nationale und internationale Entwicklung. Berlin: BMU.

BMU (2012): Erneuerbar beschäftigt! Kurz- und langfristige Wirkungen des Ausbaus erneuerbarer Energien auf den deutschen Arbeitsmarkt. Paderborn: Bonifatius.

BMWi; BMU (2010): Energiekonzept für eine umweltschonende, zuverlässige und bezahlbare Energieversorgung. Berlin: BMWi.

Bonz, B. (1999): Methoden der Berufsausbildung – Ein Lehrbuch. Stuttgart: Hirzel Verlag.

Bortz, J.; Döring, N. (2006): Forschungsmethoden und Evaluation für Human- und Sozialwissenschaftler. Heidelberg: Springer Verlag.

BP (2011): BP Statistical Review of World Energy. June 2011. London.

Brundtland, G.H. et. al. (1987): Our Common Future: World Commission on Environment and Development. Oxford: Oxford University Press.

Bruns, E.; Köppel, J.; Ohlhorst, D.; Schön, S. (2008): Die Innovationsbiografie der Windenergie. Berlin/Münster: LIT Verlag Dr. W. Hopf.

BSH (2007): Standard. Konstruktive Ausführung von Offshore-Windenergieanlagen. Bundesamt für Seeschifffahrt und Hydrografie (BSH). Hamburg und Rostock: BSH-Nr. 7005.

Buddensiek, W. (2008): Lernräume als gesundheits- und kommunikationsfördernde Lebensräume gestalten. Auf dem Wege zu einer neuen Lernkultur. h.e.p-Verlag, Bern.

Bühler, T.; Felten, Ch. (2005): Arbeitskräftebedarf und Qualifikationsprofile in der Erneuerbaren Energiewirtschaft. In: Wissenschaftsladen Bonn (Hrsg.): Arbeit und Ausbildung für Erneuerbare Energien. Bonn, 10-21.

Bühler, T.; Klemisch, H.; Ostenrath, K. (2007): Ausbildung und Arbeit für Erneuerbare Energien: Statusbericht 2007. Bonn: Wissenschaftsladen Bonn e.V.

BUND; Misereor (Hrsg.) (1996): Zukunftsfähiges Deutschland. Ein Beitrag zu einer nachhaltigen Entwicklung. Studie des Wuppertal Instituts. Basel et al.: Birkhäuser. Wuppertal.

Bundesregierung (2002): Strategie der Strategie der Bundesregierung zur Windenergienutzung auf See im Rahmen der Nachhaltigkeitsstrategie der Bundesregierung. o. O., Januar 2002.

BWE – Bundesverband WindEnergie e. V. (2010): BWE-Marktübersicht spezial – Offshore Service und Wartung. Bundesverband Windenergie e. V. Berlin.

BWE (2011b): Studie zum Potenzial der Windenergienutzung an Land – Kurzfassung. Berlin.

Carbon Trust (2008): Offshore wind power – big challenge, big opportunity. London.

Clement, U. (2006): Curricula für die berufliche Bildung – Fächersystematik oder Situationsorientierung? In: Arnold, R.; Lipsmeier, A. (Hrsg.): Handbuch der Berufsbildung. 2. Aufl. Wiesbaden: VS Verlag für Sozialwissenschaften, S. 260-268.

Czycholl, R. (2006): Handlungsorientierung. In: Kaiser, F.-J.; Pätzold, G. (Hrsg.): Wörterbuch Berufs- und Wirtschaftspädagogik. 2. Aufl., Bad Heilbrunn: Julius Klinkhardt, S. 271-274.

DBR – Deutscher Bildungsrat (1970): Empfehlungen der Bildungskommission: Strukturplan für das Bildungswesen. 2. Aufl., Klett Verlag, Stuttgart.

Dehnbostel, P. (2007a): Lernen im Prozess der Arbeit. Münster: Waxmann.

Dehnbostel, P. (2007b): Die Rolle des Ausbilders angesichts veränderter Lern- und Ausbildungsanforderungen. In: Loebe, H.; Severing, E. (Hrsg.): Effizienz in der Ausbildung. Strategien und Best-Practice-Beispiele. f-bb Band 41. W. Bertelsmann Verlag, Bielefeld, S. 153-160.

Deutscher Bundestag (2011): 17. Wahlperiode, Drucksache 17/5441. Berlin: Buch- und Offsetdruckerei H. Heenemann GmbH & Co. KG 2011.

Euler, D.; Pätzold, G.; von der Burg, J.; Thomas, B.; Walzik, S.; Diesner, I.; Lang, M. (2010): Selbstgesteuertes und kooperatives Lernen in der beruflichen Erstausbildung (SKOLA). Abschlussbericht des Programmträgers. Bochum.

Europäische Kommission (2008): Empfehlung des Europäischen Parlaments und des Rates vom 23. April 2008 zur Errichtung eines Europäischen Qualifikationsrahmens für Lebenslanges Lernen. Brüssel, Anhang II.

Falenski, B. (2001): Wirtschaftliche Perspektiven der Offshore-Windenergie. Diplomarbeit. Norderstedt: GRIN Verlag.

Fay, D. (2009): Dienstleistungen bei Errichtung und Betrieb von Windenergieanlagen. Eine Analyse der Dienstleistungen und ihres Wertschöpfungsanteils in Deutschland. Saarbrücken: VDM Verlag.

Fischer, A. (1998): Wege zu einer nachhaltigen beruflichen Bildung. Theoretische Überlegungen. Bielefeld: W. Bertelsmann.

Fraunhofer Institut für Windenergie und Energiesystemtechnik (2010): Windenergie Report Deutschland 2009 – Offshore. Kassel: Fraunhofer Institut für Windenergie und Energiesystemtechnik.

Gasch, R.; Twele, J. (2011) (Hrsg.): Windkraftanlagen – Grundlagen, Entwurf, Planung. 7. Aufl., Wiesbaden: Vieweg + Teubner Verlag, Springer Fachmedien.

Gerds, P.: (2001): Positionierung der gewerblich-technischen Berufsfeldwissenschaften im Zentrum des Studiums der BerufspädagogInnen? In: Fischer, M.; Heidegger, G.; Petersen, W.; Spöttl, G. (Hrsg.): Gestalten statt Anpassen in Arbeit, Technik und Beruf. Bielefeld: Bertelsmann Verlag, S. 241-257.

Grantz, T.; Molzow-Voit, F.; Windelband, L. (2013): Inhalte beruflicher (Fach)Arbeit bei der Instandhaltung von Offshore-Windenergieanlagen. In: Becker, M.; Grimm, A.; Petersen, A. W.; Schlausch, R. (Hg.): Kompetenzorientierung und Strukturen gewerblich-technischer Berufsbildung. Berufsbildungsbiografien, Fachkräftemangel, Lehrerbildung. Berlin: LIT Verlag.

Greenpeace e.V. (2010): Zukunft Windkraft: Die Energie aus dem Meer. Technische Möglichkeiten und ökologische Rahmenbedingungen. Hamburg: edp.

GWEC (o. J): Golbal Wind Report - Annual market update 2010. Brüssel, o.J.

Hacker, W. (2005): Allgemeine Arbeitspsychologie. Psychische Regulation von Wissens-, Denk- und körperlicher Arbeit. Bern: Huber.

Hammer, G.; Röhrig, R. (2005): Qualifikationsbedarfsanalyse Offshore-Windenergie-Industrie. Bremen/Bremerhaven.

Hartmann, M. D.; Mayer, S. (2012): Didaktische Zugänge für Ausbildungsberufe in Handlungsfeldern Erneuerbarer Energien. In: Hartmann, M. D.; Mayer, S. (Hg.): Erneuerbare Energien – Neue Ausbildungsberufe für die Zukunft. Didaktik und Ausgestaltung von zusätzlichen Qualifikationsangeboten in Kombination mit der dualen Erstausbildung. Bielefeld: Bertelsmann, S. 85-132.

Hartmann, M. D.; Mayer, S.; Biber, J. (2012): Das Lernfeldkonzept als Basis der Kompetenzentwicklung zukünftiger Fachkräfte. In: Hartmann, M. D.; Mayer, S. (Hg.): Erneuerbare Energien – Neue Ausbildungsberufe für die Zukunft. Didaktik und Ausgestaltung von zusätzlichen Qualifikationsangeboten in Kombination mit der dualen Erstausbildung. Bielefeld: Bertelsmann, S. 29-72.

Hau, E. (2008): Windkraftanlagen. Grundlagen, Technik, Einsatz, Wirtschaftlichkeit. Berlin: Springer-Verlag.

Hauff, V. (Hrsg.) (1987): Unsere gemeinsame Zukunft. Der Brundtland-Bericht der Weltkommission für Umwelt und Entwicklung. Greven: Verlag.

Herkner, V.; Pahl, J.-P. (1997): Lern- und Arbeitsumgebungen beruflichen Lernens. In: berufsbildung, 51. Jg., Heft 47, S. 3-9.

Herkner, V.; Pahl, J.-P. (2006): Lern- und Arbeitsumgebungen zum selbstgesteuerten Lernen bei der Instandhaltungsausbildung. In: Lang, M.; Pätzold, G. (Hrsg.): Wege zur Förderung selbstgesteuerten Lernens in der beruflichen Bildung. Dortmunder Beiträge zur Pädagogik, Band 39, Bochum/Freiburg: Projekt-Verlag, S. 93-108.

Himmelmann, G. (2003): Tarifautonomie. In: Andersen, U.; Wichard, W. (Hg.): Handwörterbuch des politischen Systems der Bundesrepublik Deutschland. Opladen: Leske+Budrich 2003.

Jarass, L.; Obermair, G. M.; Voigt, W. (2009): Windenergie: Zuverlässige Integration in die Energieversorgung. 2., vollständig neu bearbeitete Auflage. Berlin: Springer.

Jonas, H. (1979): Das Prinzip Verantwortung. Frankfurt/Main.

Jonas, H. (2004): Leben, Wissenschaft, Verantwortung. Ausgewählte Texte herausgegeben von Dietrich Böhler. Ditzingen: Reclam.

Keil, J.; Pasternack, P. (2011): Frühpädagogisch kompetent. Kompetenzorientierung in Qualifikationsrahmen und Ausbildungsprogrammen der Frühpädagogik. HoF-Arbeitsberichte 2/11, Institut für Hochschulforschung, Martin-Luther-Universität Wittenberg.

Kipp, M. (1987): "Perfektionierung" der industriellen Berufsausbildung im Dritten Reich. In: Greinert, W.-D. u. a. (Hrsg.): Berufsausbildung und Industrie – Zur Herausbildung industrietypischer Lehrlingsausbildung. Berlin: BIBB, S. 211-266.

Kirkby, J.; O'Keefe, P.; Timberlake, L. (1995): Sustainable Development: An Introduction. In: Dies. (Hrsg.): The Earthscan Reader in Sustainable Development. London: Earthscan. S. 1 - 14.

Klieme, E.; Leutner, D. (2006): Kompetenzmodelle zur Erfassung individueller Kernergebnisse und zur Bilanzierung von Bildungsprozessen. Beschreibung eines neu eingerichteten Schwerpunktprogramms der DFG. In: Zeitschrift für Pädagogik, 52. Jg., Heft 6, S. 876-903.

KMK (1973): Rahmenordnung für die Ausbildung und Prüfung der Lehrer für Fachpraxis im beruflichen Schulwesen. Beschluss der Kultusministerkonferenz vom 06.07.1973.

KMK (1996): Handreichungen für die Erarbeitung von Rahmenlehrplänen der Kultusministerkonferenz für den berufsbezogenen Unterricht in der Berufsschule und ihre Abstimmung mit Ausbildungsordnungen des Bundes für anerkannte Ausbildungsberufe. Beschluss der Kultusministerkonferenz vom 09.05.1996.

KMK (2007a): Rahmenvereinbarung über die Ausbildung und Prüfung für ein Lehramt der Sekundarstufe II (berufliche Fächer) oder für berufliche Schulen (Lehramtstyp 5). Beschluss der Kultusministerkonferenz vom 20.09.2007.

KMK (2007b): Handreichung für die Erarbeitung von Rahmenlehrplänen der Kultusministerkonferenz für den berufsbezogenen Unterricht in der Berufsschule und ihre Abstimmung mit Ausbildungsordnungen des Bundes für anerkannte Ausbildungsberufe. Beschluss der Kultusministerkonferenz vom September 2007.

KMK (2011): Handreichung für die Erarbeitung von Rahmenlehrplänen der Kultusministerkonferenz für den berufsbezogenen Unterricht in der Berufsschule und ihre Abstimmung mit Ausbildungsordnungen des Bundes für anerkannte Ausbildungsberufe. Beschluss der Kultusministerkonferenz in der Fassung vom 23.09.2011.

KMK (2012): Rahmenvereinbarung über Fachschulen. Beschluss der Kultusministerkonferenz vom 07.11.2002 i.d.F. vom 27.02.2013.

Köth, Ch. (2012): Nachhaltiges Handeln in der Kreis- und Abfallwirtschaft. Hamburg: Verlag Dr. Kovač.

KPMG (2010): Offshore-Windparks in Europa – Marktstudie 2010. KPMG Deutsche Treuhand-Gesellschaft Aktiengesellschaft Wirtschaftsprüfungsgesellschaft, o. O.

Lang, M.; Pätzold, G. (2006): Selbstgesteuertes Lernen – theoretische Perspektiven und didaktische Zugänge. In: Euler, D.; Lang, M.; Pätzold, G. (Hrsg.): Selbstgesteuertes Lernen in der beruflichen Bildung. Zeitschrift für Berufs- und Wirtschaftspädagogik (ZBW), Beiheft 20, S. 9-36.

Lange, U. (2008): Lernkultur durch Gebäudegestaltung der Berufsschule. In: berufsbildung, 62. Jg., Heft 109/110, S. 37-39.

Lipsmeier, A. (2006): Didaktik gewerblich-technischer Berufsausbildung (Technikdidaktik). In: Arnold, R.; Lipsmeier, A. (Hrsg.): Handbuch der Berufsbildung. 2. Aufl. Wiesbaden: VS Verlag für Sozialwissenschaften, S. 281-298.

Luks, F. (1999): Der Steady-State als Grundlage eines Sustainable Development. Elektronische Dissertation.

Mersch, F.F. (2001): Gestaltungsperspektiven für Berufsschulgebäude im gewerblich-technischen Bereich. In: Pahl, J.-P. (Hrsg.): Perspektiven gewerblich-technischer Berufsschulen. Visionen, Ansprüche und Möglichkeiten. Neusäß 2001, S. 393-408.

Mersch, F.F. (2006): Zur Gestaltung einer handlungsorientierten Lern- und Arbeitsumgebung. In: berufsbildung, Jg. 60, H. 100/101, S. 22ff.

Mersch, F. F. (2008): Zusammenhänge von Arbeit, Technik und Bildung im Bauwesen. Berufswissenschaftliche Grundlagen für didaktische Entscheidungen im Leichtbau. Verlag Dr. Kovac.

Mertens, D. (1974): Schlüsselqualifikationen. Thesen zur Schulung für eine moderne Gesellschaft. In: Mitteilungen aus der Arbeitsmarkt- und Berufsforschung (MittAB), Heft 1/1974, S. 36-43.

Meyer, H.; Stomporowski, S.; Vollmer, T. (Hrsg.) (2009): Globalität und Interkulturalität als integrale Bestandteile beruflicher Bildung für eine nachhaltige Entwicklung. GinE-Abschlussbericht. Norderstedt.

Minnameier, G. (2003): Wie verläuft Kompetenzentwicklung – kontinuierlich oder diskontinuierlich? In: Lehrstuhl für Wirtschaftspädagogik, Arbeitspapiere WP, Heft 43, Mainz, S. 1-11.

Müller, E.-P. (1980): Gewerkschaften und Arbeitgeberverbände: Probleme der Verbandsbildung und Interessenvereinheitlichung. In: Die Sozialpartner: Verbandsorganisationen, Verbandsstrukturen. Köln: Deutscher Instituts-Verlag.

Ott, B. (2001): Entwicklungslinien und Perspektiven einer ganzheitlichen Technikdidaktik. In: Bader, R.; Bonz, B. (Hg.): Fachdidaktik Metalltechnik. Berufsbildung konkret, Band 4. Baltmannsweiler: Schneider, S. 13-31.

Ott, B. (2011): Grundlagen des beruflichen Lehrens und Lernens. Berlin: Cornelsen.

Pätzold, G.; Lang, M. (Hrsg.) (2011): Selbstgesteuertes Lernen als Innovationsimpuls in berufsbildenden Schulen. Projektverlag: Bochum/Freiburg.

Pahl, J.-P. (Hrsg.) (1997): Lern- und Arbeitsumgebungen zur Instandhaltungsausbildung. Seelze-Velber: Kallmeyer'sche Verlagsbuchhandlung.

Pahl, J.-P. (2003): Arbeits- und Technikdidaktik – Zur Frage der Handlungs- und Gestaltungsorientierung beim beruflichen Lernen. In: Bonz, B.; Ott, B. (Hrsg.): Allgemeine Technikdidaktik - Theorieansätze und Praxisbezüge. Baltmannsweiler: Schneider, S. 55-71.

Pahl, J.-P. (2007): Berufsbildende Schule. Bestandsaufnahme und Perspektiven. Bielefeld: Bertelsmann.

Pahl, J.-P. (2008): Berufsschule. Annäherungen an eine Theorie des Lernortes. 2. erw. und aktual. Aufl., Bielefeld: Bertelsmann.

Pahl, J.-P. (2012): Berufsbildung und Berufsbildungssystem. Darstellung und Untersuchung nicht-akademischer und akademischer Lernbereiche. Bielefeld: W. Bertelsmann.

Pahl, J.-P. (2013): Berufsforschung und Berufswissenschaft – Eine Einführung zu Ausformungen, Aufgaben und Perspektiven. In: Pahl, J.-P.; Herkner, V. (Hrsg.): Handbuch Berufsforschung. Bielefeld: Bertelsmann, S. 17-37.

Pahl, J.-P.; Rach, G. (2004): Zusatzausbildung. Neue Wege zur Flexibilisierung beruflichen Lernens in der Wissensgesellschaft. Bremen: Donat Verlag.

Pahl, J.-P.; Ruppel, A. (2008): Bausteine beruflichen Lernens im Bereich Arbeit und Technik. Teil 1: Berufswissenschaftliche Grundlegungen, didaktische Elemente und Unterrichtsplanung. Bielefeld: W. Bertelsmann.

Pearce, D.; Markandya, A.; Barbier, E. B. (1989): Blueprint for a Green Economy. London.

Rauner, F.: (2001): Offene dynamische Beruflichkeit – Zur Überwindung einer fragmentierten industriellen Berufstradition. In: Bolder, A.; Heinz, W. R.; Kutscha, G. (Hrsg.): Deregulierung der Arbeit – Pluralisierung der Bildung? In: Jahrbuch Bildung und Arbeit 1999/2000, Opladen: Leske + Budrich, S. 183-203.

Rauner, F.; Haasler, B.; Heinemann, L.; Grollmann, P. (2009): Messen beruflicher Kompetenzen. Band 1: Grundlagen und Konzeption des KOMET-Projektes. 2. Aufl., Berlin/Münster: Lit.

Rebbe, T. (2008): Selbstorganisiertes Lernen in der Elektrobranche – ein Anwendungsbeispiel. In: Die berufsbildende Schule, 60. Jg., Heft 5, S. 155-159.

Reetz, L.; Seyd, W. (2006): Curriculare Strukturen beruflicher Bildung. In: Arnold, R.; Lipsmeier, A. (Hrsg.): Handbuch der Berufsbildung. 2., überarb. und aktual. Aufl., Wiesbaden: VS Verlag für Sozialwissenschaften.

Röben, P. (2010): Arbeits- und Geschäftsprozesse in den gewerblich-technischen Fachrichtungen. In: Pahl, J.-P.; Herkner, V. (Hrsg.): Handbuch Berufliche Fachrichtungen, Bielefeld: Bertelsmann, S. 718-731.

Röming, Y.; Dörfler, J.; Hipp, Ch. (2008): Die Auswirkungen des verstärkten Ausbaus der Windkraft auf den Fachkräfte- und Qualifizierungsbedarf in der Windindustrie. In: Forum der Forschung, 2008 (21), S. 161-168.

Rosendahl, J. (2010): Selbstreguliertes Lernen in der dualen Ausbildung. Lerntypen und Bedingungen. W. Bertelsmann Verlag, Bielefeld.

Rüdiger, T.; Oppermann, P. (2010): Kleine Mühlenkunde: Deutsche Technikgeschichte vom Reibstein zur Industriemühle. Berlin: Terra Press GmbH.

Sachverständigenkommission Arbeit und Technik (1988): Arbeit und Technik. Ein Forschungs- und Entwicklungsprogramm. Bonn: Verlag Neue Gesellschaft.

Schanz, H. (2010): Institutionen der Berufsbildung. Vielfalt in Gestaltungsformen und Entwicklung. Schneider Verlag Hohengehren, Baltmannsweiler.

Schemme, D. (2001): Differenzierung und Dynamisierung der Berufsbildung mittels Zusatzqualifikationen. In: Schemme, D.; Garcia-Wülfing, I. (Hrsg.): Zusatzqualifikationen. Ein Instrument zum Umgang mit betrieblichen Veränderungen und zur Personalentwicklung. Berichte des BIBB zur beruflichen Bildung, Heft 249, Bielefeld: Bertelsmann, S. 5-19.

Schilling, F. (1981): Grundlagen der Motopädagogik. In: Clauss, A. (Hrsg.): Förderung entwicklungsgefährdeter und behinderter Heranwachsender, Erlangen: perimed.

Schlausch, R. (2003): Beschäftigungseffekte, Qualifizierungsangebote und -bedarfe durch die Nutzung der Windenergie. In: lernen & lehren, 18, H. 72, 152-156.

Schmidt, H. (1996): Qualifizieren als Standortfaktor. In: Münch, J. (Hrsg.): Ökonomie betrieblicher Bildungsarbeit. Qualität – Kosten – Evaluierung – Finanzierung. Berlin: Erich Schmidt Verlag.

Schütte, F. (2001): Fachdidaktik Metall- und Maschinentechnik – Traditionen, Paradigmen, Perspektiven: In: Bader, R.; Bonz, B. (Hg.): Fachdidaktik Metalltechnik. Berufsbildung konkret, Band 4. Baltmannsweiler: Schneider, S. 32-56.

Seidel, M. (2007): Tragstruktur und Installation der REpower 5M in 45 m Wassertiefe. Veröffentlicht in: Stahlbau 76 (2007), Heft 9, S. 650-656.

Spöttl, G. (2000): Der Arbeitsprozess als Untersuchungsgegenstand berufsfeldwissenschaftlicher Qualifikationsforschung. In: J.-P.- Pahl; F. Rauner; G. Spöttl (Hrsg.): Berufliches Arbeitsprozeßwissen. Ein Forschungsgegenstand der Berufsfeldwissenschaften. Nomos Verlagsgesellschaft, Baden-Baden 2000, S. 205 – 222.

Spöttl, G. (2005): Sektoranalysen. In: Rauner, F. (Hrsg.): Handbuch Berufsbildungsforschung. Bertelsmann, Bielefeld 2005, S. 112-118.

Spöttl, G. (2013): Das Duale System. Frankfurt am Main: Peter Lang. In Druckvorbereitung.

Spöttl, G.; Becker; M. (2006): Arbeitsprozessanalysen – Ein unverzichtbares Instrument für die Qualifikations- und Curriculumforschung. In: Huisinga, R. (Hrsg.): Bildungswissenschaftliche Qualifikationsforschung im Vergleich. G.A.F.B.-Verlag, Frankfurt, S. 111-138.

Spöttl, G.; Blings, J. (2011): Kernberufe. Ein Baustein für ein transnationales Berufsbildungskonzept. Frankfurt am Main: Peter Lang.

SRU – Rat von Sachverständigen für Umweltfragen (1994): Umweltgutachten 1994. Für eine dauerhaft-umweltgerechte Entwicklung. Drucksache 12/6995 des Deutschen Bundestages. Bonn: Deutscher Bundestag.

Stadt Bremerhaven; Stadt und Landkreis Cuxhaven; Windenergie-Agentur Bremerhaven/Bremen e.V. (WAB) (2004): Aus- und Weiterbildung für die On- und Offshore-Windenergie – Handlungsempfehlungen und Analysen. Bremerhaven: Druckerei Ditzen GmbH & Co. KG.

Straka, G. A.; Macke, G. (2010): Kompetenz – nur eine „kontextspezifische kognitive Leistungsdisposition"? In: Forum der ZBW, Heft 3, S. 444-451.

Traxler, F. (1999): Gewerkschaften und Arbeitgeberverbände: Probleme der Verbandsbildung und Interessenvereinheitlichung. In: Müller-Jentsch, W. (Hrsg.): Konfliktpartnerschaft. Akteure und Institutionen der industriellen Beziehungen. München/Mering: Hampp, S. 57-77.

Ulmer, P.; Gutschow, K. (2009): Die Ausbilder-Eignungsverordnung 2009: Was ist neu? In: Berufsbildung in Wissenschaft und Praxis (BWP), 38. Jahrgang, Heft 3, S. 48-51.

UpWind (2011): UpWind. Design limits and solutions for very large wind turbines. Brüssel: De Visu Digital Document Design.

Verordnung (2009): Verordnung über die Prüfung zum anerkannten Fortbildungsabschluss Geprüfter Aus- und Weiterbildungspädagoge/Geprüfte Aus- und Weiterbildungspädagogin vom 21. August 2009. In: Bundesgesetzblatt Jahrgang 2009 Teil I Nr. 56, Bonn 26. August 2009.

WindPowerCluster (2011): Windenergie im Nordwesten Deutschlands. Spitzencluster-Wettbewerb 2011 – Strategie. Erstellt unter Mitwirkung von germanwind GmbH; ForWind – Zentrum für Windenergieforschung der Universitäten Oldenburg, Hannover und Bremen; Fraunhofer-Institut für Windenergie und Energiesystemtechnik; WAB – Windenergie-Agentur Bremerhaven/Bremen e.V., Bremerhaven 2011.

Websites

4C Offshore (2012): Offshore Windfarms. Text abrufbar unter http://www.4coffshore.com/windfarms/windfarms.aspx?windfarmid=DE01 (Zugriff am 11.05.2012).

Agenda 21 (2002): Die Bundesregierung. Perspektiven für Deutschland: unsere Strategie für eine nachhaltige Entwicklung. Text abrufbar unter http://www.nachhaltigkeitsrat.de/service/ download/ pdf/ Nachhaltigkeitsstrategie_Kurzfassung.pdf (Zugriff am 29.09.2007).

Albers, H./Greiner, S./Appel, S. (2013): The process chain offshore wind farm - no structured processes, no real benefits in operation phase – Posterpräsentation im Rahmen der COWEC -Conference of the Wind Power Engineering Community, Berlin. Poster abrufbar unter http://www.systop-wind.de/fileadmin/SystOp_Poster-COWEC_Prozesskette_final.pdf (Zugriff am 01.07.2013).

Alpha Ventus (2009): Deutschland geht offshore: EWE, E.ON und Vattenfall errichten erste Windkraftanlage für alpha ventus. Pressemitteilung vom 15.07.2009. Text abrufbar unter http://www.alpha-ventus.de/index.php?id=17 (Zugriff am 16.12.2011).

Alpha Ventus (2011): FACT-SHEET alpha ventus. Text abrufbar unter http://www.alpha-ventus.de/fileadmin/user_upload/av_Factsheet_de_Mai_2011.pdf (Zugriff am 28.11.2011).

Ambau (2012): Historie. Text abrufbar unter http://ambau.com/unternehmen/historie/ (Zugriff am 20.05.2012).

Areva Wind (2010): Offshore Wind: AREVA sicherte einen Offshore Wind Vertrag über 400 Millionen Euro in Deutschland. Text abrufbar unter http://www.areva-wind.com/fileadmin/pressemitteilungen/AREVA-Wind_PM_20101223_de.pdf (Zugriff am 20.05.2012).

BARD Engineering (o. J.): Konzepte > Betrieb > Trafo Plattform. Text abrufbar unter http://www.bard-offshore.de/konzepte/betrieb/trafo-plattform.html (Zugriff am 12.05.2012).

BARD Engineering (2013): BARD Offshore 1 feiert „Bergfest". Pressemitteilung vom 11.03.2013. Text abrufbar unter: http://www.bard-offshore.de/uploads/media/BARD_PM_BARD_Offshore_1_feiert_%E2%80%9EBergfest%E2%80%9C.pdf (Zugriff am 20.5.2013).

BDEW (2012): Der Verband. Text abrufbar unter http://www.bdew.de/internet.nsf/id/8E3FVZ-DE_Ueber-uns (Zugriff am 20.05.2013).

Berufliche Bildung Bremerhaven (2012): Verbundausbildung zur Elektronikerin/zum Elektroniker für Betriebstechnik mit Spezifikation für den Bereich

Windenergie. Text abrufbar unter http://www.bb-bremerhaven.de/ dat/ausbildung_windenergie.html (Zugriff am 15.02.2012).

bfw Windzentrum Bremen (2012a): Flyer Servicemonteur/in für Windenergieanlagentechnik (HK/IHK) Offshore. Verfügbar unter http://www.bfwbremen.de/attachments/055_2-5-Flyer_SM_WEAT_Offshore_mail.pdf (Zugriff am 13.01.2012).

bfw Windzentrum Bremen (2012b): Flyer Fachkraft im Aufbau von Windenergieanlagen Offshore. Verfügbar unter http://www.bfwbremen.de/attachments/055_2-5-Flyer_Fachkraft_Aufbau_WEA_Off_mail.pdf (Zugriff am 13.01.2012).

bfw Windzentrum Bremen (2012c): Flyer Fertigungsfachkraft für Windenergieanlagen. Verfügbar unter http://www.bfwbremen.de/attachments/055_2-5-Flyer_Fertigungsfachkraft_WEA_mail.pdf (Zugriff am 13.01.2012).

BG ETEM (2012): Die BG ETEM. Text abrufbar unter http://www.bgetem.de/diebgetem (Zugriff am 09.03.2012).

BMI (2009): Koalitionsvertrag 17. Legislaturperiode. Text abrufbar unter http://www.bmi.bund.de/SharedDocs/Downloads/DE/Ministerium/koalitionsvertrag.pdf?__blob=publicationFile (Zugriff am 10.5.2012).

BMU (2010a): Reiche betont Bedeutung der Windkraft. Potenzial für Wirtschaftswachstum und Arbeitsplätze. Text abrufbar unter http://www.bmu.de/pressemitteilungen/aktuelle_pressemitteilungen/pm/46462.php (Zugriff am 16.2.2011).

BMU (2010b): Runder Tisch „Maritime Offshore-Infrastruktur". Text abrufbar unter http://www.bmu.de/pressemitteilungen/aktuelle_pressemitteilungen/pm/46826.php (Zugriff am 16.2.2011).

BMU (2011a): Erneuerbare Energien 2010. Daten des Bundesministeriums für Umwelt, Naturschutz und Reaktorsicherheit zur Entwicklung der erneuerbaren Energien in Deutschland im Jahr 2010 auf der Grundlage der Angaben der Arbeitsgruppe Erneuerbare Energien- Statistik (AGEE-Stat) Vorläufige Angaben, Stand 23. März 2011. Text abrufbar unter http://www.bmu.de/files/pdfs/allgemein/application/pdf/ee_in_zahlen_2010_bf.pdf (Zugriff am 11.05.2012).

BMWi (2011): KfW-Sonderprogramm für Offshore-Windenergie startet. Pressemitteilung vom 8.6.2011. Text abrufbar unter http://www.bmwi.de/BMWi/Navigation/Presse/pressemitteilungen,did=405360.html (Zugriff am 11.05.2012).

BMWi (2012): Energiedaten. ausgewählte Grafiken Stand: 19.04.2012. Text abrufbar unter http://www.bmwi.de/BMWi/Redaktion/PDF/E/energiestatistiken-grafiken,property=pdf,bereich=bmwi,sprache=de,rwb=true.pdf (Zugriff am 11.05.2012).

Böhrnsen, J. (2010): Bremen steht zum Atomausstieg. Eröffnung der 6. Offshore-Windenergie-Konferenz in Bremerhaven. Text abrufbar unter http://www.senatspressestelle.bremen.de/ detail.php?id=32158 (Zugriff am 05.12.2011).

Bogumil, T. (2012): Ausbildung als Elektroniker/in für Betriebstechnik mit Spezifikation für den Bereich Windenergie. Text abrufbar unter http://www.etechnikportal.de/2012/01/ausbildung-als-elektronikerin-fur-betriebstechnik-mit-spezifikationen-fur-den-bereich-windenergie/ (Zugriff am 15.02.2012).

Brater, M. (2011): Markanter Rollenwandel beim betrieblichen Ausbildungspersonal. Text abrufbar unter http://www.denk-doch-mal.de/node/380 (Zugriff am 20.05.2013).

Briese, D.; Hoemske, T.; Buss, F. (2010): Offshore: Gebremster Boom. aus: „Offshore-Wind 2010 bis 2030 (2. Auflage)" trend:research GmbH Bremen. Text abrufbar unter http://www.energy20.net/pi/index.php?StoryID=317&articleID=167180 (Zugriff am 20.05.2012).

BSH – Bundesamt für Seeschifffahrt und Hydrographie (2001): Genehmigungsbescheid. Text abrufbar unter http://www.bsh.de/de/Meeresnutzung/Wirtschaft/Windparks/Genehmigungsbescheide/Nordsee/alpha_ventus/Genehmigungsbescheid_Borkum_West.pdf (Zugriff am 28.11.2011).

BSH (2011): Zulassung von Windenergieanlagen. Text abrufbar unter http://www.bsh.de/de/Meeresnutzung/Wirtschaft/Windparks/index.jsp (Zugriff am 12.12.2011).

BSH (2012): Meeresdaten. Beobachtungen. Seegang. Daten abrufbar unter http://www.bsh.de/de/Meeresdaten/Beobachtungen/Seegang/S2010/fno/FNO.jsp (Zugriff am 12.05.2012).

Bundesministerium für Justiz (2009): Gesetz für den Vorrang Erneuerbarer Energien. Text abrufbar unter http://www.gesetze-im-internet.de/eeg_2009/__31.html (Zugriff am 16.12.2011).

Bundesministerium für Justiz (2010): Gesetz über die Umweltverträglichkeitsprüfung, § 3 und Anlage 1 Liste "UVP-pflichtige Vorhaben". Text abrufbar unter http://www.gesetze-im-internet.de/uvpg/anlage_1_62.html (Zugriff am 16.12.2011).

Bundesministerium für Verkehr, Bau und Stadtentwicklung (2011): Raumordnungsplan für die ausschließliche Wirtschaftszone (AWZ) in der Nordsee und in der Ostsee. Text abrufbar unter http://www.bmvbs.de/SharedDocs/DE/Artikel/SW/raumordnungsplan-fuer-die-ausschliessliche-wirtschaftszone-awz-in-der-nordsee-und-in-der-ostsee.html (Zugriff am 12.12.2011).

BWE – Bundesverband WindEnergie e.V. (2011a): Abschaltung von Windenergieanlagen um bis zu 69 Prozent gestiegen. Pressemitteilung vom 01. November 2011. Text abrufbar unter http://www.wind-energie.de/presse/pressemitteilungen/2011/abschaltung-von-windenergieanlagen-um-bis-zu-69-prozent-gestiegen (Zugriff am 10.05.2012).

BWE (2012): Gestalten Sie mit uns die Zukunft! Text abrufbar unter http://www.wind-energie.de/verband/mitgliedschaft (Zugriff am 30.04.2013).

BWE (2013): Statistiken. Daten abrufbar unter: http://www.wind-energie.de/infocenter/statistiken (Zugriff am 30.04.2013).

BZEE (2012): Verbundausbildung Mechatroniker mit Zusatzqualifikation Windenergie – Projektdurchführung und Inhalte. Text abrufbar unter http://www.bzee.de/index.php?id=39 (Zugriff am 15.02.2012).

Czybulka, D. (2008): Ausschließliche Wirtschaftszone (AWZ). Text abrufbar unter http://www.meeresnaturschutz.de/index.html?/Meereszonen/AWZ.html (Zugriff am 16.12.2011).

DENA (o. J.): Übersichtstabelle Windparks. Text abrufbar unter http://www.offshore-wind.de/page/index.php?id=4761 (Zugriff am 20.5.2011).

Deutsche Bank Research (2007): Germany – the global force in wind energy. Text abrufbar unter http://www.dbresearch.de/PROD/DBR_INTERNET_DE-PROD/PROD0000000000218695/Germany+-+the+global+force+in+wind+energy.pdf (Zugriff am 16.12.2011).

Deutsche Windguard (2012): Status des Windenergieausbaus in Deutschland. Text abrufbar unter http://www.windguard.de/fileadmin/media/pdfs/UEber_Uns/Statistik_Ausbau_Windenergie/Gesamtjahr_2012/Fact_Sheet_Statistik_WE_2012-12-31.pdf (Zugriff am 20.05.2013).

Deutscher Bundestag (2011): Drucksache 17/5009 vom 04.03.2011. Text abrufbar unter http://dipbt.bundestag.de/dip21/btd/17/050/1705009.pdf (Zugriff am 12.05.2012).

DEWI (2010): Status der Windenergienutzung in Deutschland. In: Renews Spezial - Innovationsentwicklung der Erneuerbaren Energien. Text abrufbar unter http://www.unendlich-viel-energie.de/uploads/media/37_Renews_Spezial_ Innovationsentwicklung_durch_EE_Juli10.pdf (Zugriff am 16.12.2011).

DOTI (2010): alpha ventus. Ein Offshore-Windpark entsteht. Text abrufbar unter http://www.alpha-ventus.de/fileadmin/user_upload/Broschuere/av_Broschuere_deutsch_web_bmu.pdf (Zugriff am 17.12.2011).

DOTI (2011a): Bereits mehr als 230 Gigawattstunden Windstrom eingespeist. Text abrufbar unter http://www.alpha-ventus.de/index.php?id=22 (Zugriff am 22.5.2011).

DOTI (2011b): Alpha Ventus zieht positive Zwischenbilanz – Offshore-Stromausbeute höher als erwartet. Pressemitteilung 30.06.2011. Text abrufbar unter http://www.alpha-ventus.de/uploads/media/alpha_ventus_PM_Erste_Zwischenbilanz_dt.pdf (Zugriff am 11.05.2012).

DQR (2011): Entwurf eines Deutschen Qualifikationsrahmens für lebenslanges Lernen. Verabschiedet vom Arbeitskreis Deutscher Qualifikationsrahmen 22. März 2011. Text abrufbar unter www.deutscherqualifikationsrahmen.de (Zugriff am 04.05.2011).

E.ON (2011): Milliardenprogramm für die Energiewende. Pressemitteilung vom 15.12.2011. Text abrufbar unter http://www.eon.com/de/media/news-detail.jsp?id=10792 (Zugriff am 29.12.2011).

Enercon (2012): E126. Technische Daten. Daten abrufbar unter http://www.enercon.de/de-de/66.htm (Zugriff am 12.05.2012).

Eurostat (2008): NACE Rev. 2. Statistische Systematik der Wirtschaftszweige in der Europäischen Gemeinschaft. Text abrufbar unter http://epp.eurostat.ec.europa.eu/cache/ITY_OFFPUB/KS-RA-07-015/DE/KS-RA-07-015-DE.PDF (Zugriff am 10.05.2012).

EWE (2012): Weitere EWE Beteiligungen – Facetten der Energie . Text abrufbar unter http://www.ewe.com/de/konzern/portrait/struktur/ewe-energie/weitere-beteiligungen.php (Zugriff am20.05.2012).

EWEA (2009): European Wind Energy Association. Offshore Statistics January 2009. Text abrufbar unter http://www.ewea.org/fileadmin/ewea_documents/documents/statistics/Offshore_Wind_Farms_2008.pdf (Zugriff am 25.5.2011).

Faber, T. (2011): Erste Erfahrungen im Bereich der Offshore Windenergieanlagen (OWEA). Text abrufbar unter http://www.windlog.de/1Design/Assets/Erste%20Erfahrungen%20im%20Bereich%20der%20Offshore_WEA.pdf (Zugriff am 19.5.2011).

Fraunhofer Institut für Windenergie und Energiesystemtechnik (2011): Windmonitor. Daten abrufbar unter http://www.windmonitor.de/ (Zugriff am 16.12.2011).

Fraunhofer ISE (2012): Studie Stromgestehungskosten erneuerbare Energien. Daten abrufbar unter http://www.ise.fraunhofer.de/de/veroeffentlichungen/veroeffentlichungen-pdf-dateien/studien-und-konzeptpapiere/studie-stromgestehungskosten-erneuerbare-energien.pdf (Zugriff am 11.05.2012).

Grantz, T.; Schulte, S.; Spöttl, G. (2009): Lernen im Arbeitsprozess oder: Wie werden Kernarbeitsprozesse (berufspädagogisch legitimiert) didaktisch aufbereitet? In: bwp@ Berufs- und Wirtschaftspädagogik – online, Ausgabe 17, 1-18. Online: http://www.bwpat.de/ausgabe17/grantz_etal_bwpat17.pdf (Zugriff am 17.12.2009).

Grantz, T.; Schulte, S.; Spöttl, G. (2013): Impulse für eine arbeitsprozessorientierte Didaktik – Eine Reflexion des didaktischen Gehaltes von Kernarbeitsprozessen an den Grundfragen Klafkis. In: bwp@ Berufs- und Wirtschaftspädagogik – online, Ausgabe 24, 1-19. Online: http://www.bwpat.de/ausgabe24/grantz_etal_bwpat24.pdf (Zugriff am 25.06.2013).

Grundmann, M. (2004): Branchenreport Windkraft 2004. Online: http://www.boeckler.de/pdf/p_arbp_099.pdf (Zugriff am 28.12.2010).

Herold, S.; Röben. P. (2011): Der Wandel der Facharbeit in den Branchen der Windenergie und Solartechnik. Text abrufbar unter http://www.bwpat.de/content/ht2011/ft08/herold-roeben/ (Zugriff am 11.01.2013).

Husum WindEnergy (2008): WindEnergy Study 2008. Text abrufbar unter http://www.dewi.de/dewi/fileadmin/pdf/publications/Studies/Wind-Energy/Charts_2008.pdf (Zugriff am 22.03.2011).

Internationales Wirtschaftsforum Regenerative Energien (2013): Windparks. Text und Abbildung abrufbar unter: http://www.offshore-windenergie.net/windparks (Zugriff am 20.05.2013).

Klemisch, H.; Bühler, T. (2006): Windenergie – Berufsbilder und Ausbildungssituation. Text abrufbar unter http://www.wilabonn.de/Wila_Windergie_Studie_end.pdf (Zugriff am 5.12.2011).

Knight, S. (2010): Alpha Ventus offshore turbines faced with breakdown. Text abrufbar unter http://www.windpowermonthly.com/news/1010777/Alpha-Ventus-offshore-turbines-faced-breakdown/ (Zugriff am 11.05.2012).

Koch, H. (2011): Offshore-Energie. Windpark-Boom bedroht Schweinswale. Spiegel-Online Wissenschaft vom 23.01.2011. Text abrufbar unter http://www.spiegel.de/wissenschaft/natur/offshore-energie-windpark-boom-bedroht-schweinswale-a-740606.html (Zugriff am 18.06.2012).

KPMG (2011): Offshore-Wind – Potenziale für die deutsche Schiffbauindustrie. Text abrufbar unter http://www.kpmg.de/docs/offshore_wind_copyright_230511.pdf (Zugriff am 11.05.2012).

Kratzat, M.; Lehr, U. (2007): Internationaler Workshop „Erneuerbare Energien: Arbeitsplatzeffekte". Text abrufbar unter http://www.erneuerbare-energien.de/.../ee_jobs_workshop_071101_de.pdf (Zugriff am 05.12.2011).

KURSNET (2012): Anfrage zur Weiterbildung zum Servicemonteur / Servicetechniker für Windenergieanlagen. Verfügbar unter http://kursnet-finden.arbeitsagentur.de/kurs/ (Zugriff am 15.01.2012).

Latif, M. (2005): Verändert der Mensch das Klima? Diese Frage stellt sich nicht mehr. Text abrufbar unter http://www.springerlink.com/content/n002277703270147/ (Zugriff am 10.05.2012).

Nordex (2010): Technische Beschreibung Nordex N100/2500 Version gamma. Text abrufbar unter http://www.nordex-online.com/fileadmin/MEDIA/Planungsunterlagen/N100/DE/N100_techn_description_de.pdf (Zugriff am 12.05.2012).

Nordex (2012a): Nordex N117 (2,4 Megawatt). Text abrufbar unter http://www.nordex-online.com/de/produkte-services/windenergieanlagen/n117-24-mw/ (Zugriff am 12.05.2012).

Nordex (2012b): 3D-model gamma. Bild abrufbar unter http://www.nordex-online.com/fileadmin/user_upload/bilder_presse_2/Gamma-3_D.jpg (Zugriff am 12.05.2012).

Offshore-Windenergie (2013): Status Offshore-Windenergie. http://www.offshore-windenergie.net/ (Zugriff am 20.05.2013).

Pavlova, M. (2007): Two pathways, one destination – TVET for a sustainable future. Virtual converence. UNESCO International Centre for Technical and vocational Education and Training (UNESCO-UNEVOC). Text abrufbar unter http://www.ooorg.de/unevoc/susdev/ (Zugriff am 25.04.2008).

PowerBlades (2013): Über uns. Text abrufbar unter http://www.powerblades.de/index.php?id=8 (Zugriff am 20.05.2013).

PricewaterhouseCoopers (2008): Offshore-Windenergie in Deutschland. Potenziale, Anforderungen und Hürden der Projektfinanzierung von Offshore-Windparks in der deutschen Nord- und Ostsee. Text abrufbar unter http://www.presseportal.de/pm/8664/1314123/gegenwind-fuer-offshore-windparks) (Zugriff am 20.05.2012).

PWC; WAB (2012): Volle Kraft aus Hochseewind. Text abrufbar unter http://www.wab.net/images/stories/PDF/studien/Volle_Kraft_aus_Hochseew ind_PwC_WAB.pdf (Zugriff am 20.05.2012).

Reiche, K. (2010): Moderne Hafeninfrastruktur für einen erfolgreichen Ausbau der Offshore-Windenergie. Diskussionspapier von Katherina Reiche, Parlamentarische Staatssekretärin Bundesumweltministerium. Text abrufbar unter http://www.bundesumweltministerium.eu/presse/artikel_und_interviews/doc/print/46353.php (Zugriff am 21.5.2011).

Reuter, A. (2011): Wann kommt die 20 MW-Anlage? Baugrenzen von Windenergieanlagen. Text abrufbar unter http://www.forwind.de/forwind/files/vortragsfolien_andreas_ reuter.pdf (Zugriff am 20.5.2011).

Reuters (2010): China became top wind power market in 2009. Copenhagen 29.03.2012. Text abrufbar unter http://www.reuters.com/article/2010/03/29/us-windenergy-market-consultant-idUSTRE62S12620100329 (Zugriff am 20.05.2012).

RWE (2012): Mittelplate – Öl fördern im Wattenmeer. Text abrufbar unter http://www.rwe.com/web/cms/de/202604/mittelplate/home/ (Zugriff am 11.05.2012).

Schabbach, Th. (2007): Geschichte der Regenerativen Energien. Antrittsvorlesung an der Fachhochschule Nordhausen. Text abrufbar unter http://pia.fh-nordhausen.de/837.html?&no_cache=1&tx_ttnews[tt_news]=671 (Zugriff am 13.12.2011).

Schubert, K.; Klein, M. (2006): Unternehmerverbände: In: Das Politiklexikon. Bonn: Dietz 2006. Text abrufbar unter: http://www.bpb.de/nachschlagen/lexika/politiklexikon/18381/unternehmerverbaende (Zugriff am 20.05.2012).

Siemens (2011a): Siemens gewinnt Auftrag für fünftes Offshore-Windkraftwerk in Deutschland. Text abrufbar unter http://www.siemens.com/press/de/pressemitteilungen/?press=/de/pressemitteilungen/2011/renewable_energy/ere201102046.htm (Zugriff am 20.05.2012).

Siemens (2011b): Siemens bringt getriebelose 6-Megawatt-Windenergieanlage auf den Markt. Pressemitteilung vom 29.11.2011. Text abrufbar unter http://www.siemens.com/press/de/pressemitteilungen/?press=/de/pressemitteilungen/2011/wind-power/ewp201111014.htm (Zugriff am 13.05.2012).

Smoltczyk, A. (2011): Der Hausmeister der Meere. Text abrufbar unter http://www.spiegel.de/spiegel/print/d-81015415.html (Zugriff am 11.05.2012).

Stadt Cuxhaven (o.J.): Offshore Basis Cuxhaven. Text abrufbar unter http://www.offshore-basis.de/ (Zugriff am 12.05.2012).

Stiftung Offshore-Windenergie (2012): Die Stiftung OFFSHORE-WINDENERGIE: Sprachrohr der Offshore-Windenergie in Deutschland. Text abrufbar unter http://www.offshore-stiftung.com/Offshore/ueber-uns/-/79,79,60005,liste9.html (Zugriff am 12.02.2012).

Umweltbundesamt (2011): Information Unterwasserlärm. Empfehlung von Lärmschutzwerten bei der Errichtung von Offshore-Windenergieanlagen (OWEA). Text abrufbar unter http://www.umweltdaten.de/publikationen/fpdf-l/4118.pdf (Zugriff am 12.05.2012).

Vattenfall (2012): Offshore-Windkraftprojekt DanTysk. Text abrufbar unter http://www.vattenfall.de/de/offshore-windkraftprojekt-dantysk.htm (Zugriff am 11.05.2012).

Vestas (2012): Vestas brief history. Text abrufbar unter http://www.vestas.com/en/about-vestas/profile/vestas-brief-history.aspx (Zugriff am 11.05.2012).

WAB (2007): Jobmotor Windenergie. Berufliche Qualifizierung und Weiterbildung, akademische Angebote und Förderung in der Nordwest-Region. Text abrufbar unter http://www.windenergie-agentur.de/deutsch/PDFs/Jobmotor_Windenergie_2007.pdf (Zugriff am 16.12.2011).

WAB (2011a): Branchenbericht 2011. Offshore-Windenergiemarkt in Deutschland. Text abrufbar unter http://www.windenergie-agentur.de/deutsch/PDFs/WAB-Branchenbericht2011.pdf (Zugriff am 05.12.2011).

WAB (2011b): Sieben-Punkte-Programm zur Beschleunigung des Offshore-Windenergieausbaus. Text abrufbar unter http://offshore-wind-port.de/fileadmin/downloads/News/WAB_Sieben_Punkte_Programm_Offshore-Wind-Jan2011.pdf (Zugriff am 12.12.2011).

WAB (2012): Qualifizierung – Weitere Studiengänge. Text abrufbar unter http://www.wab.net/index.php?option=com_content&view=article&id=478&Itemid=152&lang=de (Zugriff am 15.02.2012).

WAB (2013): Der Zugang zur Offshore-Plattform als Schlüsselfaktor innerhalb der Prozesskette Betrieb eines Offshore-Windparks. Ergebnisse des WAB Arbeitskreis Service und Betrieb, Jörg Asmussen, HOCHTIEF Solutions AG, Hamburg (unveröffentlichter Foliensatz im Rahmen der Windforce Bremerhaven vom 06.06.2013). Konferenzflyer abrufbar unter http://www.offshore-stiftung.com/60005/Uploaded/Offshore_Stiftung|Windforce_Konferenzflyer_2013_de.pdf (Zugriff am 23.06.2013).

Weber, T. (2011): Technik für die See. Erneuerbare Energien vom 02.12.2011. Text abrufbar unter http://www.erneuerbareenergien.de/technik-fuer-die-see/150/469/32578/ (Zugriff am 12.05.2012).

Werner, K. (2011): Bard Offshore. Bremer Windparkpionier sucht Käufer. Text abrufbar unter http://www.ftd.de/unternehmen/industrie/:bard-offshore-bremer-windparkpionier-sucht-kaeufer/60100456.html (Zugriff am 11.05.2012).

Wildenhagen, A. (2012): „Keiner investiert so in die Energiewende". Wirtschaftswoche vom 02.05.2012. Text abrufbar unter http://www.wiwo.de/unternehmen/energie/tennet-chef-lex-hartman-keiner-investiert-so-in-die-energiewende/6564130.html (Zugriff am 13.05.2012).

WINDCOMM (2011): Jobmotor Offshore-Windkraft. Neue Fachkräfte braucht die Branche auch an Land. Pressemitteilung vom 24.10.2011. Text abrufbar unter http://www.windcomm.de/Downloads/Pressemeldungen_2011/900018M M20111011-PM_Jobs_OBMC.pdf#Jobmotor%20Offshore-Windkraft (Zugriff am 20.05.2012).

WindEnergieZirkel Hanse (2012): Mitglieder. Text abrufbar unter http://www.wez-hanse.de/mitglieder/ (Zugriff am 08.03.2012).

Wüstenhagen, R. (1998): Pricing Strategies on the Way to Ecological Mass Markets. Text abrufbar unter http://www.greenhydro.ch/veroeffentlichungen/rom_wuestenhagen.pdf (Zugriff am 13.11.2011).

Abkürzungsverzeichnis

Abkürzung	Beschreibung
AEVO	Ausbildereignungsverordnung
AG	Arbeitgeber
AGV Nord	Arbeitgeberverband Nord
AN	Arbeitnehmer
ANA	Allgemeinen Norddeutschen Arbeitgeberverband
AWEA	Amerikanischer Windenergieverband (engl.: American Wind Energy Association)
AWZ	Ausschließliche Wirtschaftszone
BBiG	Berufsbildungsgesetz
BBnE	Berufliche Bildung für eine nachhaltige Entwicklung
BDA	Bundesvereinigung der Deutschen Arbeitgeberverbände
BDEW	Bundesverband der Energie- und Wasserwirtschaft
BDI	Bundesverband der Deutschen Industrie
BE	Belgien
BEE	Bundesverband Erneuerbare Energie
BetrVG	Betriebsverfassungsgesetz
bfw	Berufsfortbildungswerk Gemeinnützige Bildungseinrichtung des DGB GmbH
BG	Berufsgenossenschaft
BGI	Berufsgenossenschaftliche Information
BImschG	Bundes-Immissionsschutzgesetz

BLG	Bremer Logistic Group
BMBF	Bundesministerium für Bildung und Forschung
BMI	Bundesministerium des Innern
BMU	Bundesministerium für Umwelt, Naturschutz und Reaktorsicherheit
BMWi	Bundesministerium für Wirtschaft und Technologie
BNatSchG	Bundesnaturschutzgesetz
BNE	Bildung für eine nachhaltige Entwicklung
BRD	Bundesrepublik Deutschland
BSH	Bundesamt für Seeschifffahrt und Hydrographie
bspw.	beispielsweise
BUND	Bund für Umwelt und Naturschutz Deutschland
BWE	Bundesverband WindEnergie
BWL	Betriebswirtschaftslehre
BZEE	Bildungszentrum für Erneuerbare Energien
CAPEX	Investitionsausgaben eines Unternehmens für längerfristige Anlagegüter (engl.: capital expenditure)
CFK	Carbon-faserverstärkter Kunststoff
CH	Schweiz (lat.: Confoederatio Helvetica)
CMS	Zustandsüberwachungssystem (engl.: Condition-Monitoring-System)
CO_2	Kohlendioxid
ct	Cent, Hundertstel eines Euro (Währung)
DBR	Deutscher Bildungsrat
DE	(Bundesrepublik) Deutschland

DFG	Deutsche Forschungsgemeinschaft
DGB	Deutscher Gewerkschaftsbund
DIHK	Deutscher Industrie- und Handelskammertag
DIN	Deutsches Institut für Normung
DOTI	Deutsche Offshore-Testfeld und Infrastruktur GmbH & Co. KG
DQR	Deutscher Qualifikationsrahmen
DVS	Deutscher Verband für Schweißen und verwandte Verfahren
ECTS	Europäisches Leistungspunktesystem zum Vergleich von Studienleistungen (engl.: European Credit Transfer System)
ECVET	Europäisches Leistungspunktesystem für die berufliche Aus- und Weiterbildung (engl.: European Credit System for Vocational Education and Training)
EDV	Elektronische Datenverarbeitung
EE	Erneuerbare Energie
EEG	Erneuerbare-Energien-Gesetz (Gesetz für den Vorrang Erneuerbarer Energien)
EFFT	Elektrotechnische Fachkraft für festgelegte Tätigkeiten
EQR	Europäischer Qualifikationsrahmen
EU	Europäische Union
EUP	Elektrisch unterwiesene Person
EUR/ €	Währung der Europäischen Wirtschafts- und Währungsunion
EVU	Elektrizitätsversorgungsunternehmen
EWEA	Europäischer Windenergieverband (engl.: European Wind Energy Association)
EWF	Europäischer Verband für Schweißen, Fügen und Schneiden (engl.: European Federation for Welding, Joining and Cutting)

Fa.	Firma
FH	Fachhochschule
FI	Finnland
FR	Frankreich
FINO	Forschungsplattformen in Nord- und Ostsee
GFK	Glasfaserverstärkter Kunststoff
GMT	Gesellschaft für Maritime Technik
GINE	Globalität und Interkulturalität als integrale Bestandteile beruflicher Bildung für eine nachhaltige Entwicklung (Projekt)
GROWIAN	Große Windenergieanlage (Projekt)
GWEC	Weltwindenergierat (engl.: Global Wind Energy Council)
GWh	Gigawattstunde
GWO	Weltwindenergieorganisation (engl.: Global Wind Organisation)
HGÜ	Hochspannungs-Gleichstrom-Übertragung
HSE	Gesundheitsschutz, Arbeitssicherheit und Umweltmanagement im Betrieb (engl.: Health, Safety and Environment)
HTV	Heuertarifvertrag
HUET	Hubschrauber-Unterwasserausstiegstraining
IFAM	Fraunhofer-Institut für Fertigungstechnik und Angewandte Materialforschung
IG	Industriegewerkschaft
IH	Instandhaltung
IHK	Industrie- und Handelskammer
IMO	Internationale Maritime Organisation

ISE	Fraunhofer-Institut für Solare Energiesysteme
ISPS-Code	Internationaler Code zur Gefahrenabwehr für Schiffe und Häfen (engl.: International Ship and Port Facility Security)
IT	Italien
IT	Informationstechnik
ITB	Institut Technik und Bildung der Universität Bremen
ITF	Internationale Transportarbeiter-Förderation
k. A.	Keine Angabe
KfW	Kreditanstalt für Wiederaufbau
Kfz	Kraftfahrzeug
km	Kilometer
KMK	Kultusministerkonferenz
KSchG	Kündigungsschutzgesetz
kV	Kilovolt
kWh	Kilowattstunde
LASKO	Gestaltung von Lern- und Arbeitsumgebungen in der Berufsschule durch instandhaltungsorientierte Konzepte zum selbstgesteuerten und kooperativen Lernen - Verbundprojekt des Staatlichen Berufsbildungszentrums Saale-Orla-Kreis (federführend) Thüringen und des Oberstufenzentrums Elbe-Elster (Brandenburg) im Rahmen des BLK-Programmes „Selbst gesteuertes und kooperatives Lernen in der beruflichen Erstausbildung" (Skola)
m	Meter
m^2	Quadratmeter
Mio.	Million
Mrd.	Milliarde

MTV	Manteltarifvertrag
MW	Megawatt
NACE	Statistische Systematik der Wirtschaftszweige in der Europäischen Gemeinschaft (franz.: Nomenclature statistique des activités économiques dans la Communauté européenne)
NL	Niederlande
NO	Norwegen
NSMT	Normenstelle Schiffs- und Meerestechnik
OPEX	Betriebskosten (engl.: operational expenditure)
OWEA	Offshore-Windenergieanlage
OWP	Offshore-Windpark
PL	Polen
PSAgA	Persönliche Schutzausrüstung gegen Absturz
SCC	kombiniertes Arbeits- und Umweltschutzmanagementsystem (engl.: Safety Certificate Contractors)
SDL	Systemdienstleistungsbonus
SeeAnlV	Seeanlagenverordnung
sm	Seemeile
SPMT	Modulfahrzeuge mit eigenem Antrieb (engl.: Self-propelled Modular Transporter)
SPS	Speicherprogrammierbare Steuerung
STCW	Internationale Übereinkommen über Normen für die Ausbildung, die Erteilung von Befähigungszeugnissen und den Wachdienst von Seeleuten (engl.: Standards of Training, Certification and Watchkeeping for Seafarers)
StromEinspG	Stromeinspeisegesetz

SVL Nord	Schweißtechnische Lehr- und Versuchsanstalt Nord
sWH	signifikante Wellenhöhe
t	Tonne (Einheit)
TU	Technische Universität
TÜV	Technischer Überwachungs-Verein
TVET	Technische und Berufliche Aus- und Weiterbildung (engl.: Technical and Vocational Education and Training)
TWh	Terrawattstunde
ÜBS	Überbetriebliche Berufsbildungsstätten
U/min	Umdrehungen pro Minute
UNESCO	Organisation der Vereinten Nationen für Bildung, Wissenschaft und Kultur
UNEVOC	Internationales Zentrum für Technische und Berufliche Ausbildung und Schulung der UNESCO (engl.: UNESCO's International Centre for Technical and Vocational Education and Training)
US$	US-Dollar, Währungseinheit der Vereinigten Staaten von Amerika
USV	Unterbrechungsfreie Stromversorgung
VCI	Verband der Chemischen Industrie
VDE	Verband der Elektrotechnik, Elektronik und Informationstechnik
VDI	Verein Deutscher Ingenieure
VDKS	Verband Deutscher Kapitäne und Schiffsoffiziere
VDMA	Verband Deutscher Maschinen- und Anlagenbau
VerpackV	Verpackungsverordnung
VSM	Verband für Schiffbau und Meerestechnik
WAB	Windenergie-Agentur in Bremerhaven/ Bremen

WEA	Windenergieanlagen
WHG	Wasserhaushaltsgesetz (Gesetz zur Ordnung des Wasserhaushalts)
WWEA	Internationaler Dachverband zur Förderung der Windenergie (engl.: World Wind Energy Association)
ZA	Zusatzausbildung
ZAA	Zusätzliche Ausbildungsangebote
ZQ	Zusatzqualifikationen
ZQBA	Zusätzliche Qualifizierungs- und Bildungsangebote
ZVEH	Zentralverband der Deutschen Elektro- und Informationstechnischen Handwerke
ZVEI	Zentralverband Elektrotechnik- und Elektronikindustrie

Berufliche Bildung in Forschung, Schule und Arbeitswelt
Vocational Education and Training: Research and Practice

Herausgegeben von Matthias Becker und Georg Spöttl

Die Reihe "Berufliche Bildung in Forschung, Schule und Arbeitswelt" hat den Anspruch, in erster Linie Beiträge zu publizieren, die sich mit Forschungsschwerpunkten zur beruflichen Bildung, zur Arbeitswelt und den beruflichen Schulen auseinandersetzen. Diese drei Schwerpunkte sind Gegenstand vielfältiger Untersuchungen, die von einer genauen Betrachtung der Arbeitswelt mittels Arbeitsprozessanalysen bis zur Auseinandersetzung mit Fragen einer erfolgreichen Gestaltung von Lernen und Lehren reichen. Forschungsergebnisse, die zu diesem Spannungsfeld beitragen haben erste Priorität in der Reihe und werden von Wissenschaftlern eingebracht, die schon viele Jahre in deren Gebieten arbeiten.

Band 1 Gert Loose / Georg Spöttl / Yusoff Md. Sahir (eds.): "Re-Engineering" Dual Training – The Malaysian Experience. 2008.

Band 2 Matthias Becker / Georg Spöttl: Berufswissenschaftliche Forschung. Ein Arbeitsbuch für Studium und Praxis. 2008.

Band 3 Martin Fischer / Georg Spöttl (Hrsg.): Forschungsperspektiven in Facharbeit und Berufsbildung. Strategien und Methoden der Berufsbildungsforschung. 2008.

Band 4 Joachim Dittrich / Jailani Md Yunos / Georg Spöttl / Masriam Bukit (eds.): Standardisation in TVET Teacher Education. 2009.

Band 5 Matthias Becker / Martin Fischer / Georg Spöttl (Hrsg.): Von der Arbeitsanalyse zur Diagnose beruflicher Kompetenzen. Methoden und methodologische Beiträge aus der Berufsbildungsforschung. 2010.

Band 6 Georg Spöttl / Jessica Blings: Kernberufe. Ein Baustein für ein transnationales Berufsbildungskonzept. 2011.

Band 7 Martin Fischer / Matthias Becker / Georg Spöttl (Hrsg.): Kompetenzdiagnostik in der beruflichen Bildung – Probleme und Perspektiven. 2011.

Band 8 Simone R. Kirpal (ed.): National Pathways and European Dimensions of Trainers' Professional Development. 2011.

Band 9 Torsten Grantz / Frank Molzow-Voit / Georg Spöttl / Lars Windelband: Offshore-Kompetenz. Windenergie und Facharbeit – Sektorentwicklung und Aus- und Weiterbildung. 2013.

www.peterlang.com